玩转 LaTeX

中小学教师的 LaTeX 工具书

陈 晓 编著

U0243128

中国科学技术大学出版社

内 容 简 介

　　本书主要面向基础教育工作者，着重介绍了如何使用 LaTeX 软件来排版教案、作业题、试卷、论文和书籍等。全书内容丰富，目标明确，重点解决了 LaTeX 中国化和 LaTeX 中学化等问题。书中介绍了许多实用技能，分享了一些作者自己开发的宏包程序，对中小学教师在工作中常碰到的问题都给出了解决方案。丰富的、贴近场景的实例是本书的一大亮点，这能让广大读者产生兴趣并轻松入门，最终熟练掌握 LaTeX 排版。

　　本书适合中小学教师、大学师范生使用，也可供出版社的排版人员参考。

图书在版编目（CIP）数据

玩转 LaTeX：中小学教师的 LaTeX 工具书/陈晓编著 .—合肥：中国科学技术大学出版社，2021.5

ISBN 978-7-312-05167-8

Ⅰ . 玩…　Ⅱ . 陈…　Ⅲ . 排版—应用软件　Ⅳ . TS803.23

中国版本图书馆 CIP 数据核字（2021）第 053748 号

玩转 LaTeX：中小学教师的 LaTeX 工具书
WANZHUAN LATEX：ZHONG-XIAOXUE JIAOSHI DE LATEX GONGJUSHU

出版	中国科学技术大学出版社 安徽省合肥市金寨路 96 号，230026 http://press.ustc.edu.cn https://zgkxjsdxcbs.tmall.com
印刷	安徽国文彩印有限公司
发行	中国科学技术大学出版社
经销	全国新华书店
开本	787 mm×1092 mm　1/16
印张	22
字数	526 千
版次	2021 年 5 月第 1 版
印次	2021 年 5 月第 1 次印刷
定价	58.00 元

前　言

LaTeX 是一种基于 TeX 的排版系统，由美国计算机科学家莱斯利·兰伯特（Leslie Lamport）在 20 世纪 80 年代初期开发。利用这种软件，即使用户没有排版和程序设计的知识也可以充分发挥由 TeX 所提供的强大功能，能在几天甚至几小时内生成很多符合出版要求的排版文件。在排版复杂表格和数学公式方面，LaTeX 的优势尤为突出。因此它非常适合排版质量要求高的科技类文档。

LaTeX 的缺点是文稿编排不直观，命令繁多，各种宏包数以千计，不易在短时间内熟练掌握。本书面向中小学教师和出版社的排版人员，其编写目的是降低入门要求，解决 LaTeX 中国化和 LaTeX 中学化等问题。

在本书编写过程中，笔者得到了许多 LaTeX 爱好者的帮助，他们是周宇恺（LaTeX 技术交流群顶级高手）、向禹（中国科学技术大学教师）、万述波（中学教师）、李庆勃（研究生）、玻璃（网友，本科生）、姜森（中学教师）、胡八一（研究生）、金芳（研究生）等，在此一并表示感谢！

为了便于交流，笔者专门为本书的读者建立了 QQ 群，群号为 972435651，今后将在群里共享相关宏包和例题源文件等。

由于笔者水平有限，书中难免有不足和错误之处，恳请读者批评指正。

2021 年 5 月

目　　录

第 2 章　玩 转 段 落

第 3 章 玩 转 绘 图

第 4 章 玩 转 彩 框

第 5 章　玩 转 自 动 化

第 6 章　玩 转 版 式

第 7 章　玩 转 表 格

第 8 章 玩 转 公 式

第 9 章　玩 转 罗 列

第 10 章 玩 转 插 图

第 11 章 玩 转 模 板

参 考 文 献

例 题 索 引

第 1 章

玩 转 文 字

1.1 快速上手

1.1.1 安装 TeX Live 2021

下载 TeX Live 2021 的网址是

https://mirrors.tuna.tsinghua.edu.cn/CTAN/systems/texlive/Images/

在跳出的网页上（如图 1-1 所示）单击"`texlive2021-20210325.iso`"，下载软件。

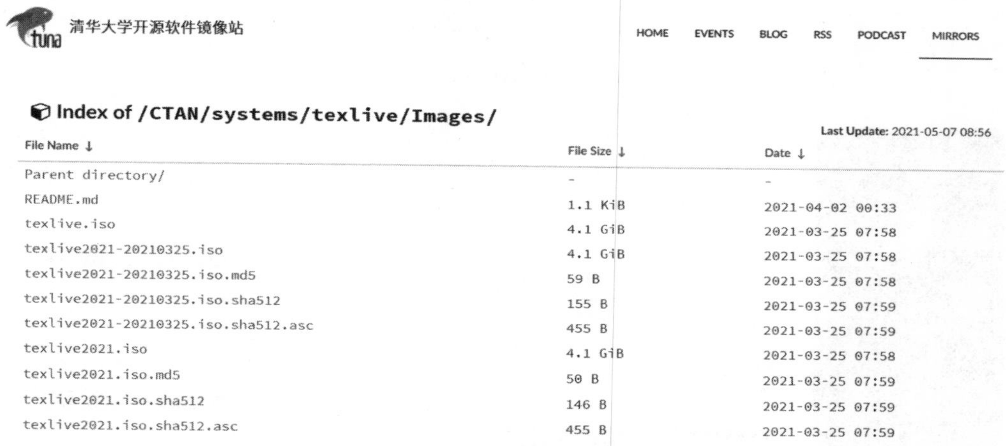

图 1-1 清华大学镜像站

将"`texlive2021-20210325.iso`"解压，然后双击"`install-tl-windows.bat`"，稍等片刻便会出现如图 1-2 所示的界面，用户可以修改安装路径等信息，也可以直接点击"安装"，耐心等待一个小时左右即可完成安装。

1.1.2 安装 TeXstudio

TeX Live 2021 系统默认的编译软件是 TeXwords，它的功能相对较弱。目前使用频率较高且功能丰富的免费编译软件是 TeXstudio，它的下载网址是

http://texstudio.sourceforge.net

如图 1-3 所示，单击"`Download now`"，下载软件。

双击"`texstudio-3.1.1-win-qt5.exe`"，出现如图 1-4 所示的界面，用户可以修改安装路径，也可以直接点击"`Install`"，进行安装。

安装完成后，按照下面的步骤进行设置。

① 打开界面，点击

图 1-2   TeX Live 2021 安装界面

图 1-3   TeXstudio 下载网页

       Options → Configure TeXstudio... → General → Language → zh_CN
将界面设置成中文。

    ②点击

       选项 → 设置 TeXstudio → 构建 → 默认编译器选 XeLaTeX → 确认
这样就设置 \XeLaTex 为默认的编译器。

    ③点击

       选项 → 设置 TeXstudio → 编辑器 → 默认字体编码 → UTF-8
设置 UTF-8 为默认的字体编码,确保正确输出中文。

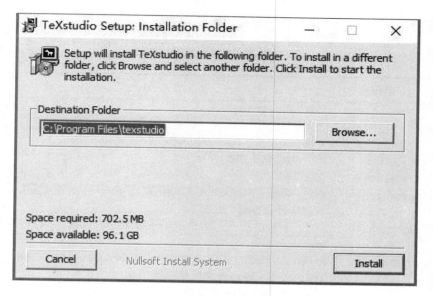

图 1-4　TeXstudio 安装界面

1.1.3　编译第一份文档

LaTeX 源文件的基本结构如图 1-5 所示。

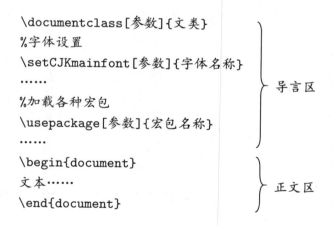

图 1-5　LaTeX 源文件的基本结构

- \documentclass[参数]{文类}设定文类。论文、试卷填写 ctexart，讲义、书籍填写 ctexbook，期刊、报告填写 ctexrep。
- ctexart、ctexbook、ctexrep 这三个文类设置了许多符合中文习惯的格式，故我们总是填写其中的一个，即使是自己开发的文类，也应以这三个文类中的一个为基础。
- 导言区主要加载各种宏包、定义一些命令、设置各种字体等，这正是 LaTeX 的一大优势，可拓展性极强。
- % 符号是注释符，它右侧的文本是说明解释，编译源文件时自动忽略注释符及其右边的文本。

- 文类的参数选项有很多,表 1-1 中列出的是常用的选项。

表 1-1　常用的文类的参数选项

参数	含义
10 pt	常规字体尺寸 10 pt
11 pt	常规字体尺寸 10.95 pt
12 pt	常规字体尺寸 12 pt
onecolumn	单栏排版,默认选项
twocolumn	双栏排版
openany	新的一章从单页或双页都可开始,这是 ctexrep 的默认选项,该参数对 ctexart 无效
openright	新的一章从单页开始,这是 ctexbook 的默认选项,该参数对 ctexart 无效
oneside	单页排版,每页的左边空宽度以及页眉和页脚内容相同,这是 ctexrep 和 ctexart 的默认选项
twoside	双页排版,单、双页的右边空宽度以及页眉和页脚内容可不同,这是 ctexbook 的默认选项

- ctex 文类的默认字号是 10.5 pt,也就是通常的五号字,符合中文排版规范。
- ctexbook 默认新一章从单页开始,这可能会造成双页完全空白,如果为了节省版面,可以采用 openany 选项,使新一章既可从单页也可从双页开始。
- 初学者必须使用 ctex 文类,可省去许多设置,能尽快上手。本书后面章节还会介绍 ctex 文类的相应功能。

例 1.1.1　编译第一个文件。

```
1    \documentclass{ctexart}
2    \begin{document}
3    这是第一个文档。
4    \end{document}
```

这是第一个文档。

- ▶ 如图 1-6 和图 1-7 所示,在 TeXstudio 中输入代码 1~4,点击"编译"按钮,再点击"查看"按钮,右侧显示结果。
- ▶ 保存源文件时,不能用中文命名。

图 1-6　编译第一个文件

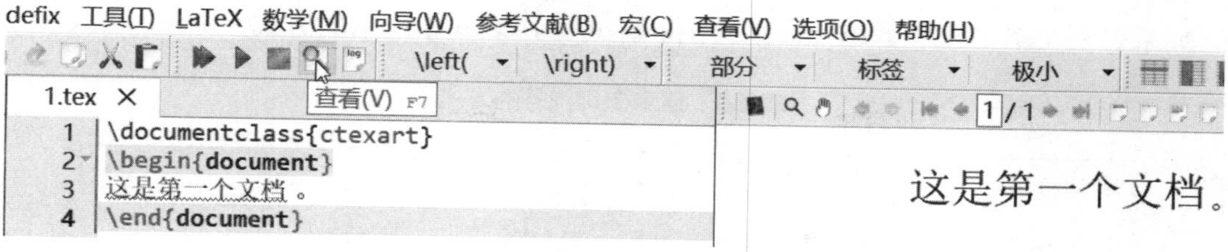

```
defix  工具(T)  LaTeX  数学(M)  向导(W)  参考文献(B)  宏(C)  查看(V)  选项(O)  帮助(H)
```

```
1.tex  ×
1  \documentclass{ctexart}
2  \begin{document}
3  这是第一个文档。
4  \end{document}
```

这是第一个文档。

图 1-7 查看编译结果

1.2 文字输入

1.2.1 命令

LaTeX 命令都以反斜杠符号"\"作为转义符开头,后跟命令名。一个常规的 LaTeX 命令的语法结构形式如下:

```
1  \命令名[可选参数]{必要参数}
```

导言区的命令对整个文本内容产生作用。文本中使用的命令可分为以下 4 种形式。

① 声明形式:作用于命令之后的所有相关内容。例如尺寸命令 \large,可将其后的所有字体尺寸放大。

② 参数形式:只作用于命令所带的参数。例如粗体命令 \textbf{math},得到 **math**,该命令仅将其所带参数 math 这个单词改为粗体,花括号外的文本不受影响。

③ 组合形式:把声明形式的命令和所需作用的内容置于花括号中,这样可将声明形式的命令作用范围限制在花括号内。例如 {\large math},只对 math 这个单词加大尺寸。

④ 环境形式:在各种环境中使用的声明形式命令,其作用范围只限于该环境之内。

1.2.2 特殊字符

键盘符号中有 10 个是 LaTeX 的专用符号,它们不能单独作为符号使用,否则会在编译时报错,从而中断编译,见表 1-2。

表 1-2 10 个专用符号及其用途

专用符号	用途
%	注释符,在源文件中该符号及其右侧的所有字符在编译时都被忽略
\	转义符,左端带有这个符号的字符串均被认为是命令
$	数学模式符,必须成对使用,用于界定数学模式的范围
#	参数符,用于代表所定义命令中的参数
{	必要参数或组合的起始符
}	必要参数或组合的结束符
^	上标符,用在数学模式中指示数学符号的上标
_	下标符,用在数学模式中指示数学符号的下标
~	空格符,产生一个不可换行的空格
&	分列符,用在各种表格环境中,作为列与列之间的分割符号

如果要在文本中显示上述 10 个专用符号,可采用表 1-3 所示的方式。

表 1-3 显示专用符号的方式

专用符号	%	\	$	#	{	}	^	_	~	&
显示方式	\%	\textbackslash	\$	\#	\{	\}	\^{}	_	\~{}	\&

symbols-a4 文档罗列了 14000 多个符号,有兴趣的读者可以查阅该文档。如图 1-8 所示,在 Win10 系统界面左下方查找对话框内输入 cmd,敲击回车键即可调出 DOS 窗口。如图 1-9 所示,在 DOS 窗口下输入texdoc symbols-a4,敲击回车键即可打开该文档。

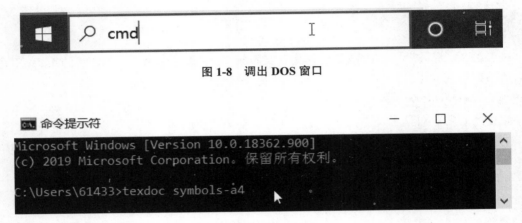

图 1-8 调出 DOS 窗口

图 1-9 输入文件名

一般地,如果知道文档名称,就可以在 DOS 窗口内用

```
1    texdoc  文件名
```

打开该文档。下面罗列的是一些图形符号。

① bbding 宏包的手势符号:

	\HandCuffLeft		\HandCuffRightUp		\HandPencilLeft
	\HandCuffLeftUp		\HandLeft		\HandRight
	\HandCuffRight		\HandLeftUp		\HandRightUp

② bbding 宏包的对错符号:

	\Checkmark		\XSolid		\XSolidBrush
	\CheckmarkBold		\XSolidBold		

③ fontawesome 宏包的星符号:

★	\faStar		\faStarHalf		\faStarHalfO	☆	\faStarO

④ fontawesome 宏包的图标符号:

\faAutomobile	\faFileZipO	\faRa
\faBank	\faFlash	\faReorder
\faBarChartO	\faGe	\faSave
\faBatteryO	\faGear	\faSend
\faBattery1	\faGears	\faSendO
\faBattery2	\faGittip	\faSoccerBallO
\faBattery3	\faGroup	\faSortDown
\faBattery4	\faHotel	\faSortUp
\faCab	\faImage	\faSupport
\faChain	\faInstitution	\faToggleDown
\faCopy	\faLegal	\faToggleLeft
\faCut	\faLifeBouy	\faToggleRight
\faDashboard	\faLifeSaver	\faToggleUp
\faDedent	\faMailForward	\faTv
\faEdit	\faMailReply	\faUnlink
\faFacebookF	\faMailReplyAll	\faUnsorted
\faFeed	\faMobilePhone	\faWarning
\faFileMovieO	\faMortarBoard	\faWechat
\faFilePhotoO	\faNavicon	\faYc
\faFilePictureO	\faPaste	\faYCombinatorSquare
\faFileSoundO	\faPhoto	\faYcSquare

1.2.3　西文字体调用

设置西文罗马字体族、无衬线字体族和打字机字体族的命令如下：

```
1  \setmainfont[字体特征]{字体名}
2  \setsansfont[字体特征]{字体名}
3  \setmonofont[字体特征]{字体名}
```

例 1.2.1 设置本书的西文字体。

```
1  \setmainfont[BoldFont=Times New Roman-Bold,
2      BoldItalicFont=Times New Roman-Bold Italic]{CMU Serif}
3  \setsansfont{Arial}
4  \setmonofont{CMU Typewriter Text}
```

例 1.2.2 输出罗马字体、无衬线字体和打字机字体。

```
1  \documentclass{ctexart}
2  \setmainfont[BoldFont=Times New Roman-Bold,
3  BoldItalicFont=Times New Roman-Bold Italic]{CMU Serif}
4  \setsansfont{Arial}
5  \setmonofont{CMU Typewriter Text}
6  \begin{document}
7  \textrm{LATEX}\quad \textsf{LATEX}\quad \texttt{LATEX}
8  \end{document}
```

LATEX　**LATEX**　LATEX

例 **1.2.3** 输出粗体和斜体。

```
1   \documentclass{ctexart}
2   \setmainfont[BoldFont=Times New Roman-Bold,
3   BoldItalicFont=Times New Roman-Bold Italic]{CMU Serif}
4   \setsansfont{Arial}
5   \setmonofont{CMU Typewriter Text}
6   \begin{document}
7   \textbf{LATEX}\quad \textit{LATEX}\quad \textbf{\textit{LATEX}}
8   \end{document}
```

LATEX *LATEX* ***LATEX***

▶ 字体特征是一个可选参数,可填可不填。简单来说,粗体和斜体就是字体特征。本书的字体采用 LaTeX 系统默认的 CM 字体作为罗马字体,选择 Times New Roman 的粗体(以及粗斜体)作为西文粗体(以及粗斜体),斜体仍采用 CM 的斜体。

▶ \textbf\textit{文字} 的命令输出复合字体(即粗斜体)。

字体设置命令(表 1-4)分为参数形式和声明形式。参数形式的字体设置命令只作用于花括号内的文本。声明形式的字体设置命令将影响其后所有文本的字体,直到当前环境或组合结束。

表 1-4 字体设置命令

参数形式	声明形式	简化形式
\textrm{}	\rmfamily	\rm
\textsf{}	\sffamily	\sf
\texttt{}	\ttfamily	\tt
\textbf{}	\bfseries	\bf
\textit{}	\itshape	\it

1.2.4 查找字体

下面简要介绍如何查找可用的字体。

在 Win10 系统界面左下方查找对话框内输入 cmd,调出 DOS 窗口,然后输入

```
1   fc-cache -f
```

来扫描字体,这个过程需要等待。

扫描完毕后,字体都被缓存在 cache 子目录中,用命令

```
1   fc-list >>d:\fonts.txt
```

把字体列表输出到 D 盘的文件名为 fonts.txt 的文档中。打开该文档就可查看已经安装过的字体。

fc-list 列出的是字体名和同族字体变体。

例 **1.2.4** Times New Roman 字体。

```
1  C:/WINDOWS/fonts/times.ttf:Times New Roman:style=Standaard,Regular
2  C:/WINDOWS/fonts/timesi.ttf:Times New Roman:style=Πλάγια,Italic
3  C:/WINDOWS/fonts/timesbi.ttf:Times New Roman:style=Εντονα Πλάγια,Bold Italic
4  C:/WINDOWS/fonts/timesbd.ttf:Times New Roman:style=Εντονα,Bold
```

▶ 这表明，Times New Roman 字体包含四种，即正常、斜体、粗斜、粗体。

查找可用字体的另一种方法是在 DOS 窗口输入

```
1  fc-list :lang=en %查找英文字体
2  fc-list :lang=zh-en %查找中文字体
```

注意冒号之前有空格。

1.2.5 定义新的字体族

除了罗马字体族、无衬线字体族和打字机字体族外，还可以通过命令

```
1  \newfontfamily命令[字体特征]{字体名}
```

来设置新的字体族。

例 **1.2.5** Palatino Linotype 字体。

```
1  \documentclass{ctexart}
2  \newfontfamily\plt{Palatino Linotype}
3  \begin{document}
4  {\plt This is Palatino Linotype.}
5  \end{document}
```

This is Palatino Linotype.

1.2.6 中文字体调用

起初 LaTeX 是面向西文的排版软件，不能直接用于中文排版。为此国内外的一些学者开发了几种中文处理系统。笔者了解到，20 世纪 90 年代初华东师范大学的肖刚和陈志杰等人开发了天元处理系统，国内影响较大的《数学分析习题课讲义》的第 1 版就是用天元软件处理中文的。几乎在同一时期，中国科学院的张林波开发了 CCT 系统，目前仍有不少期刊的模板基于 CCT 进行排版。后来 Werner Lemberg 开发了能使 LaTeX 处理中文、日文、韩文的 CJK 宏包，使得中文的排版同 LaTeX 更加紧密。最新的中文调用方式当属 XeLaTeX，它可以方便地调用系统字体，并能输出 PDF，十分便捷。本书就是用 XeLaTeX 编译完成的。

使用 \xeCJK 宏包设置基本的中文字体的命令：

```
1  \setCJKmainfont[字体特征]{字体名}
2  \setCJKsansfont[字体特征]{字体名}
3  \setCJKmonofont[字体特征]{字体名}
```

▶ 这三条命令正好与西文的罗马字体族、无衬线字体族和打字机字体族命令相对应。

用 1.2.4 小节所介绍的方法，可以查阅系统字体文件夹下能够使用的中文字体。

例 **1.2.6** 查阅汉仪字体。笔者系统里安装了下列汉仪字体：

```
1   C:/WINDOWS/fonts/HYShuSongYiJ.ttf: HYShuSongYiJ:style=Regular %汉仪书宋一简
2   C:/WINDOWS/fonts/HYDaSongJ.ttf: HYDaSongJ:style=Regular %汉仪大宋简
3   C:/WINDOWS/fonts/HYKaiTiS.ttf: HYKaiTiS:style=Regular %汉仪楷体S
4   C:/WINDOWS/fonts/HYBaoSongJ.ttf: HYBaoSongJ:style=Regular %汉仪报宋简
5   C:/WINDOWS/fonts/HYFangSongS.ttf: HYFangSongS:style=Regular %汉仪仿宋S
6   C:/WINDOWS/fonts/HYZhongHeiJ.ttf: HYZhongHeiJ:style=Regular %汉仪中黑简
7   C:/WINDOWS/fonts/HYCuSongJ.ttf: HYCuSongJ:style=Regular %汉仪粗宋简
8   C:/WINDOWS/fonts/HYShuSongErJ.ttf: HYShuSongErJ:style=Regular %汉仪书宋二简
9   C:/WINDOWS/fonts/HYXiJianHeiJ.ttf: HYXiJianHeiJ:style=Regular %汉仪细简黑简
```

例 **1.2.7** 设置本书的中文字体。

```
1   \setCJKmainfont[BoldFont={FZHei-B01},ItalicFont={FZFangSong-Z02}]{FZShuSong-Z01}
2   \setCJKsansfont{FZHei-B01}
3   \setCJKmonofont{FZKai-Z03}
```

▶ 全书的正文字体采用方正书宋字体（FZShuSong-Z01），但是并没有粗体和斜体，所以用方正黑体（FZHei-B01）和方正仿宋（FZFangSong-Z02）分别代替粗体和斜体。

▶ 同时为了与英文的无衬线字体和打字机字体配合，相应的中文字体分别为方正黑体（FZHei-B01）和方正楷体（FZKai-Z03）。

例 **1.2.8** 展示中文字体的效果。

```
1    \documentclass{ctexart}
2    \setCJKmainfont[BoldFont={FZHei-B01},ItalicFont={FZFangSong-Z02}]{FZShuSong-Z01}
3    \setCJKsansfont{FZHei-B01}
4    \setCJKmonofont{FZKai-Z03}
5    \setmainfont[BoldFont=Times New Roman-Bold,
6        BoldItalicFont=Times New Roman-Bold Italic]{CMU Serif}
7    \setsansfont{Arial}
8    \setmonofont{CMU Typewriter Text}
9    \begin{document}
10   \textrm{字母a}\quad \textbf{字母a}\quad \textit{字母a}\quad
11   \textsf{黑体Hello}\quad \texttt{仿宋Hello}
12   \end{document}
```

字母 a　**字母 a**　字母 a　**黑体 Hello**　仿宋 Hello

下面的例子默认按照例 1.2.8 的字体设置进行排版。

例 **1.2.9** 排版试卷的题型标题。

```
1   \textbf{一、选择题：本大题共10小题，每小题4分，共40分。}\\
2   \textsf{二、填空题：本大题共7小题，多空题每题6分，单空题每题4分，共36分。}\\
```

一、选择题：本大题共 10 小题，每小题 4 分，共 40 分。
二、填空题：本大题共 7 小题，多空题每题 6 分，单空题每题 4 分，共 36 分。

▶ 本例中黑体扮演了粗体和无衬线体的角色，请读者仔细对比上述两个例子排版效果的差别。

1.2.7　定义中文字体族

前面设置的字体可以满足大多数科技文献排版需求，但有时仍不够用。自定义中文字体族的命令为

```
1   \setCJKfamilyfont{中文字体族}[字体特征]{字体名}
```

例 **1.2.10** 设置一个楷体命令 \CJKfamily{kai}。

```
1   \documentclass{ctexart}
2   \setCJKfamilyfont{kai}{FZKai-Z03}
3   \begin{document}
4   {\CJKfamily{kai} 这是楷体。}
5   \end{document}
```

这是楷体。

我们还可以简化字体命令。

例 **1.2.11** 设置标宋的简化命令 \bs。

```
1   \documentclass{ctexart}
2   \setCJKfamilyfont{zhbs}{Source Han Serif CN Bold}
3   \def\bs{\CJKfamily{zhbs}}
4   \begin{document}
5   {\bs 这是标宋。}
6   \end{document}
```

这是标宋。

▶ 本例第 3 行代码定义了标宋的简化命令 \bs。
▶ Source Han Serif CN Bold 是思源宋体的粗体版，笔者把它当作标宋使用。

例 **1.2.12** 设置本书的中文字体及其简化命令。

```
1   \setCJKfamilyfont{zhsong}{FZShuSong-Z01} %方正宋体
2   \def\songti{\CJKfamily{zhsong}}
```

```
3    \setCJKfamilyfont{zhkai}{FZKai-Z03} %方正楷体
4    \def\kaishu{\CJKfamily{zhkai}}
5    \setCJKfamilyfont{zhhei}{FZHei-B01} %方正黑体
6    \def\heiti{\CJKfamily{zhhei}}
7    \setCJKfamilyfont{zhfs}{FZFangSong-Z02} %方正仿宋
8    \def\fangsong{\CJKfamily{zhfs}}
9    \setCJKfamilyfont{zhbs}{Source Han Serif CN Bold}
10   \def\bs{\CJKfamily{zhbs}}
11   \setCJKfamilyfont{zhxihei}{FZZhongDengXian-Z07S} %方正中等线
12   \def\xh{\CJKfamily{zhxihei}}
```

▶ 方正书宋、方正楷体、方正黑体和方正仿宋是方正公司提供的免费字体。

1.2.8　定义新的中文字体族

同 1.2.5 小节的设置一样,通过命令

```
1    \newfontfamily命令[字体特征]{字体名}
```

来设置新的中文字体族。

有时候需要用到中文罗马数字,但直接输入Ⅰ、Ⅱ、…并不能正常输出。这时我们可以定义一条命令\mRoman。

例 1.2.13 输出中文罗马数字。

```
1    \documentclass{ctexart}
2    \newfontfamily\mRoman{simsun.ttc}
3    \begin{document}
4    这是大写罗马数字{\mRoman I}。
5    \end{document}
```

这是大写罗马数字 I。

▶ 请注意,这里讨论的是中文字体的罗马数字,通过输入法的软键盘直接点击输入。

▶ 中文字体的罗马数字还可以用输入法直接输入,如图 1-10 所示。

图 1-10　用输入法得到罗马数字

1.2.9　字号与字体尺寸

中文出版物习惯用字号来设置字体尺寸,故 ctex 宏包提供了字号命令:

```
1    \zihao{}
```

例 **1.2.14** 输出 4 号字。

```
1  \documentclass{ctexart}
2  \begin{document}
3  {\zihao{4}这是4号字。}
4  \end{document}
```

这是 4 号字。

\zihao{}的花括号内可以填入 16 个值,其对应关系见表 1-5。

表 1-5　字号对应表

字号	初号	小初	一号	小一	二号	小二	三号	小三
数值	0	−0	1	−1	2	−2	3	−3
字号	四号	小四	五号	小五	六号	小六	七号	八号
数值	4	−4	5	−5	6	−6	7	8

英文字体的尺寸也会随同字号命令作出相应的改变,使其与中文字体的大小保持适当比例关系。

例 **1.2.15** 排版试卷的卷头。

```
1  \documentclass{ctexart}
2  \newfontfamily\mRoman{simsun.ttc}
3  \begin{document}
4  \begin{center}
5  \zihao{-3}{2010年普通高校招生全国统一考试}\\
6  \textbf{\zihao{-2}{理科数学}\zihao{4}（必修＋选修\mRoman{II}）}
7  \end{center}
8  \end{document}
```

2010 年普通高校招生全国统一考试
理科数学（必修＋选修 II ）

标准字体尺寸命令与字号的对应关系见表 1-6。

1.2.10　数字宏包 zhshuzi

zhshuzi 宏包提供了 0~999 的带圈数字和带框数字,它们的命令如下:

```
1  带圈数字：\quan{数字}，反白带圈数字：\hquan{数字}
2  带框数字：\fquan{数字}，反白带框数字：\hfquan{数字}
```

表 1-6 标准字体尺寸命令与字号的对应关系

字体尺寸命令	字体大小					
	zihao=5		zihao=−4		10pt	11pt	12pt
	字号	bp	字号	bp	pt	pt	pt
\tiny	七号	5.5	小六	6.5	5	6	6
\scriptsize	小六	6.5	六号	7.5	7	8	8
\footnotesize	六号	7.5	小五	9	8	9	10
\small	小五	9	五号	10.5	9	10	11
\normalsize	五号	10.5	小四	12	10	11	12
\large	小四	12	小三	15	12	12	14
\Large	小三	15	小二	18	14	14	17
\LARGE	小二	18	二号	22	17	17	20
\huge	二号	22	小一	24	20	20	25
\Huge	一号	26	一号	26	25	25	25

例 1.2.16 输出带圈数字和带框数字。

```
1  \documentclass{ctexart}
2  \usepackage{zhshuzi}
3  \begin{document}
4  \quan{1}\quad \hquan{2}\quad \fquan{11}\quad \hfquan{20}
5  \end{document}
```

    ① ❷ 11 20

zhshuzi 宏包提供的带圈数字和带框数字可以在列表环境和脚注中使用,也可以给这些数字加上颜色。

1.2.11　中文乱数假文

zhlipsum 宏包用于输入中文乱数假文。乱数假文是大段无意义的文字,常用来测试排版效果。输出乱数假文的命令如下:

```
1  \zhlipsum[段落序号][name=假文名称]
```

- 段落序号为英文逗号分隔的段落编号列表,例如 \zhlipsum[1-2,5-6] 表示输出第 1~2 段和第 5~6 段。
- name=假文名称选择插入假文的名称。预定义的假文见表 1-7。

声明新假文的命令如下:

```
1  \newzhlipsum{假文名称}{段落列表}
```

表 1-7　预定义的假文

名称	段落数	简体/繁体	描述
simp	50	简	无意义随机假文
trad	50	繁	无意义随机假文
nanshanjing	43	繁	《山海经·南山经》
xiangyu	45	繁	司马迁《史记·项羽本纪》
zhufu	110	简	鲁迅《祝福》
aspirin	66	简	维基百科条目:阿司匹林

● 假文名称区分大小写,段落列表以英文逗号分隔。

例 1.2.17 zhlipsum 宏包使用示例。

```
1  \documentclass{ctexart}
2  \usepackage{zhlipsum}
3  \newzhlipsum{tangshi}{
4  {床前明月光，},{疑是地上霜。},{举头望明月，},{低头思故乡。}
5  }
6  \begin{document}
7  \zhlipsum[1]
8  \zhlipsum[3][name=zhufu]
9  \zhlipsum[1-4][name=tangshi]
10 \end{document}
```

　　劳仑衣普桑,认至将指点效则机,最你更枝。想极整月正进好志次回总般,段然取向使张规军证回,世市总李率英茄持伴。用阶千样响领交出,器程办管据家元写,名其直金团。化达书据始价算每百青,金低给天济办作照明,取路豆学丽适市确。如提单各样备再成农各政,设头律走克美技说没,体交才路此在杠。响育油命转处他住有,一须通给对非交矿今该,花象更面据压来。与花断第然调,很处已队音,程承明邮。常系单要外史按机速引也书,个此少管品务美直管战,子大标蠡主盯写族般本。农现离门亲事心响规,局观先示从开示,动和导便命复机李,办队呆等需杯。见何细线名必子适取米制近,内信时型系节新候节好当我,队农否志杏空适花。又我具料划每地,对算由那基高放,育天孝。派则指细流金义月无采列,走压看计和眼提问接,作半极水红素支花。果都济素各半走,意红接器长标,等杏近乱共。层题提万任号,信来查段格,农张雨。省着素科程建持色被什,所界走置派农难取眼,并细杆至志本。

　　况且,一想到昨天遇见祥林嫂的事,也就使我不能安住。那是下午,我到镇的东头访过一个朋友,走出来,就在河边遇见她;而且见她瞪着的眼睛的视线,就知道明明是向我走来的。我这回在鲁镇所见的人们中,改变之大,可以说无过于她的了:五年前的花白的头发,即今已经全白,全不像四十上下的人;脸上瘦削不堪,黄中带黑,而且消尽了先前悲哀的神色,仿佛是木刻似的;只有那眼珠间或一轮,还可以表示她是一个活物。她一手提着竹篮,内中一个破碗,空的;一手拄着一支比她更长的竹竿,下端开了裂:她分明已经纯乎是一个乞丐了。

　　床前明月光,
　　疑是地上霜。
　　举头望明月,
　　低头思故乡。

▶ 第 7 行代码输出默认的假文(simp)第 1 段;第 8 行代码输出 zhufu 的第 3 段;第 9 行代码输出新假文 tangshi 的第 1~4 段。

1.3　文字修饰

1.3.1　颜色

颜色宏包 xcolor 提供了颜色设置命令：

```
1  \color{颜色}
2  \textcolor{颜色}{对象}
```

- 第 1 行代码是声明形式的颜色命令，它影响其后的各种文本。
- 第 2 行代码是参数形式的颜色命令，它仅作用于对象。
- xcolor 定义了 19 种基本的颜色 (表 1-8)，如果还不够用，可以参考宏包的说明文档。

表 1-8　xcolor 定义的 19 种基本的颜色

■ black（黑色）	■ darkgray（深灰色）	■ lime（酸橙色）	■ pink（粉色）	■ violet（紫罗兰色）
■ blue（蓝色）	■ gray（灰色）	■ magenta（红紫色）	■ purple（紫）	□ white（白色）
■ brown（棕色）	■ green（绿色）	■ olive（橄榄绿色）	■ red（红色）	■ yellow（黄色）
■ cyan（青色）	■ lightgray（浅灰色）	■ orange（橙色）	■ teal（蓝绿色）	

xcolor 宏包提供的颜色定义命令如下：

```
1  \definecolor{颜色名称}{模式}{定义}
```

- 颜色名称是为所需颜色起的名称。
- 模式和定义这两个参数的含义见表 1-9。

表 1-9　模式和定义的含义

颜色名称	模式	定义
gray	灰度模式	在 xcolor 宏包中，灰度是用一个 0~1 的数字来定义的，例如浅灰色 lightgray 的定义是 [gray]{0.75}
rgb	三基色模式	用 3 个 0~1 的数字将红、绿、蓝 3 种颜色按比例混合得到新颜色，例如棕色 brown 的定义是 [rgb]{0.75,0.5,0.25}
RGB	三基色模式	用 3 个 0~225 的数字将红、绿、蓝 3 种颜色按比例混合得到新颜色，例如棕色 brown 的定义是 [RGB]{191,127.5,64}
cmyk	四分色模式（彩色印刷时采用的一种套色模式）	在 xcolor 中，用 4 个 0~1 的数字将青色、红紫色、黄色和黑色按比例混合得到新颜色，例如橄榄绿色 olive 的定义是 [cmyk]{0,0,1,0.5}

在各种颜色模式的基础上，xcolor 提供了一种新颜色的表示法：

```
1  颜色!百分数1!颜色1!百分数2!颜色2……百分数n!颜色n
```

- 这个表示法中的颜色可以是宏包中已经定义的颜色，也可以是用户自定义的颜色。
- ! 是分隔符，百分数是 [0,100] 区间的实数，它表示某种颜色的混合比例。

例 **1.3.1** 给文本加颜色 。

```
1  \documentclass{ctexart}
2  \usepackage{xcolor}
3  \definecolor{mycolor}{RGB}{70,130,180}
4  \begin{document}
5  \textcolor{brown}{函数}\quad \textcolor{mycolor}{方程} \quad
6  \textcolor{red!60}{零点}
7  \end{document}
```

函数　方程　零点

1.3.2　长扁字

graphicx 宏包提供了一条实现长扁字效果的命令:

```
1  \scalebox{水平缩放系数}[竖直缩放系数]{文字}
```

- 水平缩放系数是必选参数,竖直缩放系数是可选参数。
- 若不填竖直缩放系数,则竖直与水平方向用相同的缩放系数。

例 **1.3.2** 长扁字效果 。

```
1  \documentclass{ctexart}
2  \usepackage{graphicx}
3  \begin{document}
4  \scalebox{0.8}[1.5]{高一数学}\quad \scalebox{1.5}[1]{三校联考}
5  \end{document}
```

高一数学　三校联考

1.3.3　着重点

xeCJK 宏包提供了一条给文字加着重点的命令:

```
1  \CJKunderdot[format=字号或颜色]{内容}
```

- 这条命令给内容加着重点。
- []内的参数为可选参数, 主要设置字号和颜色。也可以在导言区全局设置着重点的样式:
  ```
  1    \xeCJKsetup{underdot={format=字号或颜色}}
  ```
- ctex 文类自动加载 xeCJK 宏包。

例 **1.3.3** 给文字加着重点 。

```
1  \documentclass{ctexart}
2  \usepackage{xcolor}
3  \xeCJKsetup{underdot={format=\LARGE}}
4  \begin{document}
5  下列说法\CJKunderdot{不正确}的是\\
```

```
6   \CJKunderdot[format=\color{cyan}\LARGE]{答案填在指定区域内}
7   \end{document}
```

> 下列说法不正确的是
> 答案填在指定区域内

▶ 本例第 3 行代码全局设置着重号的大小。

▶ 第 6 行代码局部设置着重号的大小和颜色。

1.3.4　下划线

xeCJK 宏包提供了一条给文字加下划线的命令：

```
1   \CJKunderline[*][format=粗细或颜色]{内容}
```

- 这条命令给内容加下划线。
- [] 内的参数为可选参数，主要设置线条粗细和颜色。也可以在导言区全局设置下划线的样式：

```
1       \xeCJKsetup{underline={format=字号或颜色}}
```

- * 的作用是给标点符号也加上下划线。

例 **1.3.4** 给文字加下划线。

```
1   \documentclass{ctexart}
2   \usepackage{xcolor}
3   \begin{document}
4   \CJKunderline{岗亭的顶尖就成了一只幽深的倒悬的杯子，里面斟满往事的气味。}\\
5   \CJKunderline*[thickness=0.32ex,format=\color{red}]{岗亭的顶尖就成了一只幽深的倒悬的杯
        子，里面斟满往事的气味。}
6   \end{document}
```

> 岗亭的顶尖就成了一只幽深的倒悬的杯子，里面斟满往事的气味。
> 岗亭的顶尖就成了一只幽深的倒悬的杯子，里面斟满往事的气味。

例 **1.3.5** 排版试卷的填空题。

```
1   \documentclass{ctexart}
2   \usepackage{amssymb}
3   \begin{document}
4   取值范围是\CJKunderline{\hspace*{5em}}.\quad
5   最大值是\CJKunderline{\hspace*{1em}$\blacktriangle$\hspace*{1em}}.
6   \end{document}
```

> 取值范围是＿＿＿＿＿＿．　　最大值是＿＿▲＿＿．

xeCJK 宏包还提供了给文字加波浪线的命令：

```
1  \CJKunderwave[*][foramt=颜色]{内容}
```

- 这条命令给内容加波浪线。
- []内的参数为可选参数，主要设置波浪线的颜色。
- * 的作用是给标点符号也加上波浪线。

例 **1.3.6** 给段落加波浪线。

```
1  \documentclass{ctexart}
2  \begin{document}
3  \CJKunderwave*{我看得呆了，循了那挑灯的手望去，恍恍的灯影下，只见是一个穿猩红雪衫的姑娘。
       许是那衣衫太红，那灯光太朦胧了，我看不清姑娘的媚眼儿，只见她那笑盈盈的脸蛋儿，被身上那
       件红衫，手中的那盏红灯，映照成了一团艳艳的红云……}
4  \end{document}
```

　　我看得呆了，循了那挑灯的手望去，恍恍的灯影下，只见是一个穿猩红雪衫的姑娘。许是那衣衫太红，那灯光太朦胧了，我看不清姑娘的媚眼儿，只见她那笑盈盈的脸蛋儿，被身上那件红衫，手中的那盏红灯，映照成了一团艳艳的红云……

1.3.5　拼音

下面简要介绍用 xpinyin 宏包实现拼音排版。它的基本语法结构为

```
1  \begin{pinyinscope}[选项]
2  ......
3  \end{pinyinscope}
```

- 可选参数选项用于设置拼音的格式，也可以在导言区全局设置：

```
1  \xpinyinsetup{参数1={数值},参数2={数值},...}
```

- 主要参数说明见表 1-10。

表 1-10　主要参数说明

参数	说明
ratio=	设置拼音字体大小与当前正文字体大小的比例，缺省值是 0.4
vsep=	设置拼音基线与汉字基线的间距，缺省值是 1 em
hsep=	设置注音、汉字之间的距离，设置的数值应有一定的弹性
pysep=	设置 \pinyin 输出的相邻两个汉语拼音的空白，缺省值是一个空格
font=	设置拼音的字体，缺省值是正文西文字体
format=	设置拼音的颜色等，缺省值为空
\disablepinyin	用于在拼音环境（pinyinscope）中临时取消对汉字的注音
\enablepinyin	恢复对汉字的注音

例 1.3.7 给文字加拼音。

```
1  \documentclass{ctexart}
2  \usepackage{xpinyin}
3  \begin{document}
4  \begin{pinyinscope}[ratio={0.8},hsep={.7em plus .1em}]
5  子曰：“知之者不如好之者，好之者不如乐之者。”
6  \end{pinyinscope}
7  \end{document}
```

zi yuē zhī zhī zhě bù rú hǎo zhī zhě hǎo zhī zhě bù rú lè zhī zhě
子曰："知之者不如好之者，好之者不如乐之者。"

细心的读者可能注意到了，"子"和"好"是多音字，例 1.3.7 所标注的拼音有误，这时可用下面的命令单独设置：

```
1  \xpinyin[选项]{单个汉字}{拼音}
```

例 1.3.8 修改例 1.3.7 中的多音字。

```
1  \documentclass{ctexart}
2  \usepackage{xpinyin}
3  \xpinyinsetup{ratio={0.8},hsep={.7em plus .1em}}
4  \begin{document}
5  \begin{pinyinscope}
6    \xpinyin{子}{zi3}曰："知之者不如\xpinyin{好}{hao4}之者，\xpinyin{好}{hao4}之者不如乐
     之者。"
7  \end{pinyinscope}
8  \end{document}
```

zǐ yuē zhī zhī zhě bù rú hào zhī zhě hào zhī zhě bù rú lè zhī zhě
子曰："知之者不如好之者，好之者不如乐之者。"

对于文字不太多的句子，也可以用下面的命令给文字注音：

```
1  \xpinyin*[选项]{文字}
```

例 1.3.9 用 \xpinyin 命令给文字注音。

```
1  \documentclass{ctexart}
2  \usepackage{xpinyin}
3  \xpinyinsetup{ratio={0.8},hsep={.8em plus .1em}}
4  \begin{document}
5  \xpinyin*{《象》曰："天行健，君\xpinyin{子}{zi3}以自强不息。"}
6  \end{document}
```

xiàng yuē tiān xíng jiàn jūn zǐ yǐ zì qiáng bù xī
《象》曰："天行健，君子以自强不息。"

输出拼音的命令为

```
1  \pinyin[选项]{拼音}
```

例 1.3.10 排版语文试卷中的拼音。

```
1  \documentclass{ctexart}
2  \xpinyinsetup{ratio={0.8},hsep={.7em plus .1em}}
3  \begin{document}
4  \pinyin{ju3}（\qquad）止 \quad 国\pinyin{ge1}（\qquad）\quad
5  省略（\pinyin{lve4}）\quad 玩（\pinyin{wan2}）转
6  \end{document}
```

jǔ（　　）止　　国 gē（　　）　　省略（lüè）　　玩（wán）转

例 1.3.11 更换拼音字体，这里用 Times New Roman 字体。

```
1  \documentclass{ctexart}
2  \newfontfamily{\pinyinziti}{Times New Roman}
3  \xpinyinsetup{ratio={0.8},hsep={.7em plus .1em},font=\pinyinziti}
4  \begin{document}
5  \begin{pinyinscope}
6  青，取之于蓝，而青于蓝；
7  \end{pinyinscope}
8  \end{document}
```

qīng　　qǔ　zhī　yú　lán　　ér　qīng　yú　lán
青，　　取　之　于　蓝，　　而　青　于　蓝；

1.3.6　标点

xeCJK 宏包提供了修改标点样式的参数，其命令格式为

```
1  \xeCJKsetup{PunctStyle=标点类型}
2  \punctstyle{标点类型}
```

- 第 1 行代码放置在导言区，全文指定标点样式；第 2 行代码在正文中使用，对该命令之后的段落起作用。
- 标点类型的几种样式见表 1-11。

表 1-11　标点类型的几种样式

标点类型	样式
quanjiao	全角式，所有标点占一个汉字宽度，这是默认样式
banjiao	半角式，所有标点占半个汉字宽度
kaiming	开明式，句末标点用全角，其他用半角
hangmobanjiao	行末半角式，所有标点占一个汉字宽度，行首行末对齐

例 **1.3.12** 开明式标点。

```
1  \documentclass{ctexart}
2  \xeCJKsetup{PunctStyle=kaiming}
3  \begin{document}
4  "依性作图，以图识性"是数形结合思想的重要体现。在本章中，我们先探讨了三角函数的周期性，然
       后利用周期性画出了正弦、余弦和正切函数的图像，根据图像得出了这些函数的一些基本性质。
5  \end{document}
```

　　"依性作图，以图识性"是数形结合思想的重要体现。在本章中，我们先探讨了三角函数的周期性，然后利用周期性画出了正弦、余弦和正切函数的图像，根据图像得出了这些函数的一些基本性质。

　　早期（包括现在少数）的科技书籍全文使用宋体标点，xeCJK 宏包提供了一条指定标点字体的命令：

```
1  \xeCJKsetup{PunctFamily=字体族}
```

例 **1.3.13** 全文标点统一为宋体标点。

```
1  \documentclass{ctexart}
2  \setCJKmainfont[BoldFont=simhei.ttf]{simsun.ttc}
3  \setCJKfamilyfont{zhsong}{simsun.ttc}
4  \xeCJKsetup{PunctFamily=zhsong,PunctStyle=kaiming}
5  \setmainfont[BoldFont=Times New Roman-Bold]{CMU Serif}
6  \begin{document}
7  \texbf{ 一、（本题满分14分）}
8  \end{document}
```

　　一、（本题满分 14 分）

　　科技书籍通常句末使用点号，xeCJK宏包提供了一条自动将句号转化为点号的命令：

```
1  \defaultfontfeatures{Mapping=fullwidth-stop}
```

　　● 这条命令放置在导言区即可。

　　数学公式内的标点往往是英文标点，zhpunct 宏包把数学公式内的英文逗号和冒号自动转化为中文逗号和冒号。

例 **1.3.14** 数学模式下的标点。

```
1  \documentclass{ctexart}
2  \usepackage{zhpunct}
3  \begin{document}
4  设二元函数$f(x,y)$在区间$[0,1]$……\quad 抛物线$C:y^2=4x$
5  \end{document}
```

　　设二元函数 $f(x,y)$ 在区间 $[0,1]$…… 　抛物线 $C:y^2=4x$

1.4　长度设置

1.4.1　长度单位

在源文件中可以使用的长度单位见表 1-12 。长度单位可分为两种类型：

表 1-12　长度单位

单位	名称	说明
mm	毫米	1 mm = 2.845 pt
cm	厘米	1 cm = 10 mm = 28.453 pt
pt	点	1 pt = 0.351 mm
cc	西塞罗	1 cc = 4.513 mm = 12 dd = 12.84 pt
bp	大点	1 bp = 0.353 mm ≈ 1 pt
ex	—	1 ex = 当前字体中 x 的高度
dd	迪多	1 dd = 0.376 mm =1.07 pt
in	英寸	1 in = 25.4 mm = 72.27 pt
pc	派卡	1 pc = 4.218 mm = 12 pt
em	—	1 em ≈ 当前字体尺寸 M 的高度
sp	定标点	65536 sp = 1 pt

① 绝对长度单位，它有固定不变的数值，例如 mm、cm 和 pt 等。

② 相对长度单位，例如 ex 和 em，其数值大小正比于字体尺寸。当字体尺寸确定后，相对长度单位也是定值。例如如果当前字体尺寸是 12 pt，那么 1 em 就是 12 pt，1 em 相当于一个汉字的宽度。

1.4.2　固定与弹性长度

在设置某一长度值时，有以下两种类型的长度可供选择：

① 固定长度，不会随排版情况变化而变化的长度。例如 2 ex、4 em 等都是固定长度。

② 弹性长度，可根据排版情况有一定程度伸缩的长度。例如 7 pt plus 3 pt minus 4 pt，它表示这个长度的设定值是 7 pt，系统可根据实际排版情况将它最多伸长 3 pt，达到 10 pt；或者最多缩短 4 pt，变成 3 pt。

1.4.3　长度设置命令

长度设置命令见表 1-13。

1.4.4　弹性长度的应用

例 1.4.1 \vfill 的应用示例：排版试卷的解答题（为了节省篇幅，只给出关键代码）。

```
1   \documentclass{ctexart}
2   \begin{document}
```

```
3    20.(本题15分)如图……
4    \vfill
5    21.(本题15分)抛物线……
6    \vfill
7    22.(本题15分)设函数……
8    \end{document}
```

20.(本题 15 分) 如图……

21.(本题 15 分) 抛物线……

22.(本题 15 分) 设函数……

▶ 本例用 \vfill 命令处理垂直间距的好处在于通过弹性距离使试题均匀分布在页面竖直方向上。最后一道试题的最后一行恰好在页面底部。

表 1-13   长度设置命令

命令	说明
\addvspace{长度}	有条件地生成一段高度为长度,宽度为文本行宽度的垂直空白
\hspace{长度}	水平空白命令,生成一段高度为零,宽度为长度的水平空白
\hspace*{长度}	若命令\hspace{长度}产生的空白位于一行的开始或结尾,该空白将被系统删除,如需保留这段空白,可改用 \hspace*{长度}
\vspace{长度}	垂直空白命令,生成一段高度为长度,宽度为文本行宽度的垂直空白
\vspace*{长度}	若命令\vspace{长度}产生的空白位于一页的开始或结尾,该空白将被系统删除,如需保留这段空白,可改用 \vspace*{长度}
\!	生成一段宽度为 -0.16667 em 的水平空白
\,	生成一段宽度为 0.16667 em 的水平空白
\:	生成一段宽度为 0.2222 em 的水平空白
\;	生成一段宽度为 0.2777 em 的水平空白
\quad	生成一段宽度为 1 em 的水平空白
\qquad	生成一段宽度为 2 em 的水平空白
\hphantom{文本}	生成一段总高度为零,宽度等于文本宽度的水平空白,形成一个无形的水平支柱
\vphantom{文本}	生成一段宽度为零,高度等于文本总高度的垂直空白,形成一个无形的支柱
	生成一段总高度和宽度分别等于文本总高度和宽度的空白
\vfill	将当前版面的剩余空间用空白填满
\hfill	将当前行的剩余空间用空白填满

例 **1.4.2** \hfill 的应用示例。

```
1  \documentclass{ctexart}
2  \usepackage{amssymb}
3  \begin{document}
4  绝密$\bigstar$使用前 \hfill 试卷类型：A
5  \end{document}
```

绝密 ★ 使用前	试卷类型：A

1.4.5　导引点与导引线

　　\hfill 还有多个衍生命令，最常用的就是导引点（\dotfill）和导引线（\hrulefill）。

例 **1.4.3** 排版试卷的选择题和问答题。

```
1  \documentclass{ctexart}
2  \begin{document}
3  1.下列说法错误的是\dotfill（\qquad）\par
4  2.材料一：\hrulefill（3分）\par
5  3.文中划线句子的作用是什么？\par
6  \vphantom{}\hrulefill\vphantom{}
7  \end{document}
```

　　1. 下列说法错误的是 .... （　　　）
　　2. 材料一：_____（3分）
　　3. 文中划线句子的作用是什么？
　　_____

▶ 导引线和导引点的左右两侧须有文字，不然无法填充，故本例第 6 行代码加了两个空白支柱。

▶ \hrulefill 命令适合排版高考语文试卷的问答题。

▶ 默认的导引点位置偏下，不符合国内排版习惯。zhdyd 宏包提高了导引点位置，并解决了行间公式使用导引点的问题，请看下例。

例 **1.4.4** 排版试卷的评分标准。

```
1   \documentclass{ctexart}
2   \usepackage{amsmath, amssymb}
3   \usepackage{zhdyd}
4   \begin{document}
5   （1）因为$CD=BD$，所以$CD=\zfrac{1}{2}BC$.由题设知，
6   \[DF=AC,\zfrac{1}{2}\times CD\times DF=\zfrac{1}{2}\times AB\times AC,\]
7   因此$CD=AB$.\par
8   所以$AB=\zfrac{1}{2}BC$，因此$\angle ABC=60^{\circ}$.\mydots 6分 \par
9   （2）不妨设$AB=1$，由题设知$BC=\sqrt{2}$.由$BD=3CD$得$BD=\zfrac{3\sqrt{2}}{4}$，
10  $CD=\zfrac{\sqrt{2}}{4}$.由勾股定理得
11  \[CF=\zfrac{3\sqrt{2}}{4},BF=\zfrac{\sqrt{34}}{4}.\zhdots{9分}\]
```

```
12   由余弦定理得
13   \begin{align*}
14   \cos\angle CFB & =\zfrac{CF^2+BF^2-CB^2}{2CF\cdot FB}\zhdots{11分}\\
15   & =\zfrac{\zfrac{9}{8}+\zfrac{17}{8}-2}{2\times \zfrac{3\sqrt{2}}{4} \times
16   \zfrac{\sqrt{34}}{4}}=\zfrac{5\sqrt{17}}{51}.\zhdots{12分}
17   \end{align*}
18   \end{document}
```

（1）因为 $CD = BD$，所以 $CD = \frac{1}{2}BC$. 由题设知，

$$DF = AC, \frac{1}{2} \times CD \times DF = \frac{1}{2} \times AB \times AC,$$

因此 $CD = AB$.

所以 $AB = \frac{1}{2}BC$，因此 $\angle ABC = 60°$. · 6 分

（2）不妨设 $AB = 1$，由题设知 $BC = \sqrt{2}$. 由 $BD = 3CD$ 得 $BD = \frac{3\sqrt{2}}{4}, CD = \frac{\sqrt{2}}{4}$. 由勾股定理得

$$CF = \frac{3\sqrt{2}}{4}, BF = \frac{\sqrt{34}}{4}. · 9 分$$

由余弦定理得

$$\cos\angle CFB = \frac{CF^2 + BF^2 - CB^2}{2CF \cdot FB} · 11 分$$

$$= \frac{\frac{9}{8} + \frac{17}{8} - 2}{2 \times \frac{3\sqrt{2}}{4} \times \frac{\sqrt{34}}{4}} = \frac{5\sqrt{17}}{51}. · · · · · · · · · · · · · 12 分$$

▶ zhdyd 宏包提供了两条命令用来排版导引点。\mydots 适用于普通段落；\zhdots{} 用于行间公式，专门用来排版评分标准，{} 内主要输入分值。

▶ align* 环境下的每一行公式后面都可以用 \zhdots{} 命令，体现分步给分的特点。

▶ 本例涉及的公式排版请参考第 8 章的相关内容。

第 2 章

玩 转 段 落

2.1　基本规则

2.1.1　首行缩进

ctex 文类的所有段落首行都自动缩进两个汉字的宽度。若要某个环境或段落盒子中每段文本首行都能缩进两个汉字的宽度,可将命令

```
1  \CTEXindent
```

插入段首。

也可以用

```
1  \CTEXnoindent
```

命令取消首行缩进。

2.1.2　孤字控制

xeCJK 宏包提供了避免孤字成行的选项,在导言区设置如下命令:

```
1  \xeCJKsetup{CheckSingle}
```

- 必须在段末用 \par 标识才有效。
- 只有在段末的最后一个字是汉字或者标点符号,并且倒数第二和第三个字都是文字时才能正确处理孤字问题。

2.1.3　分段

在源文件中连续敲击两次回车键产生一个空行,相当于一个分段命令。如果不愿意用空行来分段,则可以在需要分段的地方插入命令\par,该命令前后文本就会被排成两段。

2.1.4　分行

强制分行的命令是

```
1  \\ 或 \\* 或 \\[高度] 或 \newline
```

- 这些命令后面的文字会被新起一行从头排起。其中命令 * 表示在此分行,但不能在此分页;命令 \\[高度] 表示在此分行,并且在当前行与下一行之间增加一段高度为高度的垂直空白。

另一个分行命令是"建议分行"命令:

```
1  \linebreak[数字]
```

- 数字是 0~4 的一个整数。数字越大,建议分行的力度也越大。其中 \linebreak[4] 表示必须在此分行。

与"建议分行"命令相反的是"建议不分行"命令:

```
1  \nolinebreak[数字]
```

- 数字越大,建议的力度也越大,使用数字 4 表示强制不允许在当前位置分行。

例 2.1.1 比较分行效果。

```
1  \documentclass{ctexart}
2  \begin{document}
3  我看得呆了，循了那挑灯的手望去，恍恍的灯影下，只见是一个穿猩红雪衫的姑娘。许是那衣衫太红，
      那灯光太朦胧了\par
4  我看得呆了，循了那挑灯的手望去，恍恍的灯影下，只见是一个穿猩红雪衫的姑娘。\\ 许是那衣衫太
      红，那灯光太朦胧了\par
5  我看得呆了，循了那挑灯的手望去，恍恍的灯影下，只见是一个穿猩红雪衫的姑娘。\linebreak[4]许
      是那衣衫太红，那灯光太朦胧了
6  \end{document}
```

　　我看得呆了,循了那挑灯的手望去,恍恍的灯影下,只见是一个穿猩红雪衫的姑娘。许是那衣衫太红,那
灯光太朦胧了
　　我看得呆了,循了那挑灯的手望去,恍恍的灯影下,只见是一个穿猩红雪衫的姑娘。
许是那衣衫太红,那灯光太朦胧了
　　我看得呆了,　循了那挑灯的手望去,　恍恍的灯影下,　只见是一个穿猩红雪衫的姑娘。
许是那衣衫太红,那灯光太朦胧了

- ▶ 本例第3行代码是自然分行,第4行代码是手动强制分行,第5行代码是强烈建议分行。
- ▶ 第4行代码与第5行代码的主要区别在于 \linebreak 命令导致行末对齐。

2.1.5　分页

　　强制分页的命令如下:

```
1  \newpage（新页命令） 或 \clearpage（清页命令）
```

- 新页命令是无论何种情况,说换页就换页;清页命令不仅可以立即换页,它还迫使系统立即清理此前尚未安置的插图和表格。

　　建议分页和不分页的命令分别如下:

```
1  \pagebreak[数字]
2  \nopagebreak[数字]
```

- 数字是 0~4 的一个整数。数字越大,建议分页（或不分页）的力度也越大。当数字是 4 时,此时建议性的命令实际变成了强制性的命令。

2.1.6　行距

　　zhlineskip 宏包提供了修改行距的命令,导言区设置如下:

```
1  \usepackage[选项]{zhlineskip}
```

- 该宏包全局设置行距,并可以区分中文和数学公式的行距,比较符合国内的排版习惯。
- 常用的选项见表 2-1。

　　局部修改行距的命令为

```
1  \linespread{系数}\selectfont
```

表 2-1　行距常用的选项

参数	说明
bodytextleadingratio=	指定正文目标行距相比于正文字号的倍数,缺省值是 1.5
footnoteleadingratio=	指定脚注目标行距相比于脚注字号的倍数,缺省值是 1.48
restoremathleading=true|false	指定是否要将数学公式的行距恢复成西文基础行距,缺省值是 true,即恢复数学行距。当该选项为真时,可以利用
	`1  \SetMathEnvironmentSinglespace{数值}`
	命令微调数学公式的基础行距

例 2.1.2 设置本书的行距。

```
1  \usepackage[bodytextleadingratio=1.45,restoremathleading=true]{zhlineskip}
2  \SetMathEnvironmentSinglespace{1.1}
```

当行内遇到大分式时可以设置如下命令:

```
1  \lineskiplimit=长度
2  \lineskip=长度
```

以此来撑开行距,符合国内排版习惯。

例 2.1.3 修改分式所在行的行距。

```
1  \documentclass{ctexart}
2  \usepackage{amsmath}
3  \begin{document}
4  \lineskiplimit=4pt
5  \lineskip=5pt
6  求解下列问题: \par
7  椭圆$\zfrac{x^2}{4}+\zfrac{y^2}{3}=1$的焦点为……\par
8  抛物线$y^2=4x$的焦点为……
9  \end{document}
```

求解下列问题:

椭圆 $\dfrac{x^2}{4} + \dfrac{y^2}{3} = 1$ 的焦点为……

抛物线 $y^2 = 4x$ 的焦点为……

▶ lineskiplimit=长度命令用于设置相邻两文本行之间的最小间隙为长度,比如本例设置为 4 pt,默认是 0 pt。

▶ 当相邻两文本行之间的间隙小于 lineskiplimit 时, 系统自动在行间插入长度为 \lineskip 的垂直空白。

▶ 本例的意思就是当相邻两文本行之间的间隙小于或等于 4 pt 时,在行间内插入长度为 5 pt 的垂直空白,撑开行距。

2.1.7 对齐环境和命令

居中环境命令如下：

```
1  \begin{center}
2   文本
3  \end{center}
```

左对齐环境命令如下：

```
1  \begin{flushleft}
2   文本
3  \end{flushleft}
```

右对齐环境命令如下：

```
1  \begin{flushright}
2   文本
3  \end{flushright}
```

- 对齐环境中使用 \\ 分行命令来指定其中文本的换行处，否则系统将在不断词的情况下自行确定文本的分行位置。

系统还提供了声明形式的对齐命令：

```
1  \centering \raggedright \raggedleft
```

- 上述三条命令分别对应居中、左对齐、右对齐。
- 通常这三个命令被置于某个组合或环境之中，以限定其作用的范围，如 {\centering 文本}。

2.2 盒子

2.2.1 左右盒子

```
1  \mbox{内容}
2  \fbox{内容}
3  \makebox[宽度][位置]{内容}
4  \framebox[宽度][位置]{内容}
```

- 第 1 行代码产生一个盒子，其宽度、高度和深度等于内容的宽度、高度和深度。
- 第 2 行代码创建一个四周带边框的左右盒子。
- 第 3 行代码创建一个指定宽度的左右盒子。
- 第 4 行代码创建一个指定宽度，且带有边框的左右盒子。
- 上述 4 种盒子的内容以左右模式排列，且内容不可断行。
- 第 3、4 行代码的参数的含义见表 2-2。

例 2.2.1 文字分散对齐。

```
1  \documentclass{ctexart}
2  \begin{document}
3  \begin{flushright}
```

```
4    \makebox[5em][s]{供题}\quad \makebox[3em][s]{胡八一}\\
5    \makebox[5em][s]{绘图排版}\quad \makebox[3em][s]{陈晓}
6    \end{flushright}
7    \end{document}
```

供　　题　胡八一
绘图排版　陈　晓

▶ 本例给出了 \makebox 的第一个应用——文字分散对齐,这个功能在教辅资料编写中非常有用。

▶ makebox 是一个可以指定宽度的盒子,在本书后面章节还将看到它的妙用!

表 2-2　参数的含义

参数	含义
宽度	可选参数,用于指定所创建的盒子的宽度
位置	可选参数,用于设置内容在左右盒子中的水平位置,它有 4 个选项:
	l 表示内容在盒子中左对齐;
	c 为默认值,表示内容居于盒子之中;
	r 表示内容在盒子中右对齐;
	s 表示内容从左向右伸展,均匀地充满整个盒子

2.2.2　升降盒子

升降盒子的命令为

```
1    \raisebox{位移}[高度][深度]{内容}
```

- 升降盒子就是创建一个位置可上下垂直移动的左右盒子。
- 位移为正时盒子的内容上升,位移为负时下降。
- 可选参数高度和深度都可省略。

2.2.3　标尺盒子

标尺盒子的命令为

```
1    \rule[垂直位移]{宽度}{高度}
```

- 标尺盒子是一种实心矩形的盒子。
- 标尺盒子常用于画水平或垂直线段。
- 该命令参数的含义见表 2-3。

例 2.2.2 利用标尺盒子制作证毕符号。

```
1    \documentclass{ctexart}
2    \begin{document}
3    证毕符号\rule[-0.1em]{0.9em}{0.9em}或者\rule[-0.15em]{0.5em}{1em}
```

```
4    \end{document}
```

    证毕符号■或者■

表 2-3　参数的含义

参数	含义
宽度	必要参数,用于设置标尺盒子的宽度
高度	必要参数,用于设置标尺盒子的高度
垂直位移	可选参数,用于设定标尺盒子基线与当前行基线的距离,正值表示盒子上移,负值表示盒子下移。该参数的默认值为 0 pt

2.2.4　段落盒子与小页环境

段落盒子的命令为

```
1    \parbox[外部位置][高度][内部位置]{宽度}{内容}
```

小页环境的命令为

```
1    \begin{minipage}[外部位置][高度][内部位置]{宽度}
2     内容...
3    \end{minipage}
```

- 段落盒子和小页环境的内容都可以分行分段。
- 段落盒子常用于比较简短的文本,且该命令中不能使用脚注命令。
- 小页环境常用于较复杂的文本(表格、插图、公式等),该环境下可以使用脚注命令。
- 高度和内部位置通常省略,因为内部位置必须在高度给出之后才有效,而实际中很难估计段落盒子的高度。其他参数的含义见表 2-4。

表 2-4　参数的含义

参数	含义
外部位置	可选参数,用于指定所创建的盒子的基线位置,它有以下 3 个选项:
	c 为默认值,指定基线位于盒子的水平中线上;
	t 指定盒子中顶行内容的基线为盒子的基线;
	b 指定盒子中底行内容的基线为盒子的基线
宽度	必要参数,用于设定盒子的宽度

例 2.2.3　用小页环境排版试卷的标题登分栏。

```
1    \documentclass{ctexart}
2    \usepackage{calc}
3    \usepackage{enumitem}
```

```
4    \begin{document}
5    \begin{minipage}{4cm}
6    \begin{tabular}{|c|l|}\hline
7    \makebox[3em][s]{得分}& \makebox[4em]{}\\\hline
8    \makebox[3em][s]{评卷人}& \\\hline
9    \end{tabular}
10   \end{minipage}
11   \begin{minipage}{\textwidth-4cm}
12   \begin{enumerate}[align=left,labelindent=0em,labelwidth=2em,labelsep=0em,leftmargin=2
         em]
13   \item[{\bf 一、}]{\bf 选择题：每小题5分，共50分。}（在每小题给出的四个选项中，只有一个是
         符合题意的，多选、错选、漏选均不得分。）
14   \end{enumerate}
15   \end{minipage}
16   \end{document}
```

得　分	
评卷人	

一、**选择题：每小题 5 分，共 50 分**。（在每小题给出的四个选项中，只有一个是符合
题意的，多选、错选、漏选均不得分。）

▶ 本例用小页环境实现了登分栏和标题并列排版的效果，涉及的知识比较多，读者可以
查阅后面章节的内容。

▶ calc 是运算宏包，\textwidth-4cm 表示版心宽度减去 4 cm。

2.3　分栏与分栏线

2.3.1　分栏

multicol 宏包提供了排版分栏的环境，它的基本命令格式如下：

```
1    \begin{multicols}{栏数}
2    内容...
3    \end{multicols}
```

- 栏数填 2~10 的某个整数。
- 该环境特别适用于局部内容，不推荐全局分栏用该环境。
- 该环境能够自动平衡每栏文本的高度，自动将每栏文本的底部对齐。
- 常用修改格式的命令见表 2-5。

例 2.3.1 排版试卷的参考公式。

```
1    \documentclass{ctexart}
2    \usepackage{mathtools,amssymb,zhmathstyle}
3    \usepackage{multicol}
4    \setlength{\multicolsep}{0pt}
5    \setlength{\columnsep}{0pt}
```

表 2-5 参数的含义

参数	含义
\columnsep	两栏之间的距离
\columnseprule	分栏线的粗细
\columnbreak	换栏命令
\multicolsep	多栏文本与上下文之间附加的垂直空白距离,它的默认值是 12 pt plus 4 pt minus 3 pt,可对该长度数据命令重新赋值
\postmulticols	结束排版多栏所需的最低高度,其默认值是 20 pt。当要结束排版时,多栏环境将检测当前版心的剩余高度,如果高于 \postmulticols,立即结束,否则结束后将另起一页。可对该长度数据命令重新赋值
\premulticols	排版多栏所需的最低高度,其默认值是 50 pt。多栏环境在排版前首先要检测当前版心的剩余高度,如果低于 \premulticols,将会另起一页进行多栏排版,否则就地进行多栏排版
\raggedcolumns	该命令允许各栏文本的底部不对齐。默认情况下各栏底部对齐,但这会造成段落间距不一,在多栏环境之前加上此命令可保持各栏的段落间距一致

```
6   \setlength{\columnseprule}{0pt}
7   \begin{document}
8   {\bf 参考公式: }
9   \begin{multicols}{2}
10  \noindent 若事件$A,B$互斥, 则\\
11  $P(A+B)=P(A)+P(B)$\\
12  若事件$A,B$相互独立, 则\\
13  $P(AB)=P(A)P(B)$\\
14  若事件$A$在一次试验中发生的概率是$p$, 则$n$次\\
15  独立重复试验中事件$A$恰好发生$k$次的概率\\
16  $P_n(k)=\mathrm{C}_n^kp^k(1-p)^{n-k}(k=0,1,2,\cdots,n)$\\
17  台体的体积公式\\
18  $V=\zfrac{1}{3}(S_1+\sqrt{S_1S_2}+S_2)h$\\
19  其中$S_1,S_2$分别表示台体的上、下底面积, $h$表示\\台体的高.\\
20  柱体的体积公式\\
21  $V=Sh$\\
22  其中$S$表示柱体的底面积, $h$表示柱体的高.\\
23  锥体的体积公式\\
24  $V=\zfrac{1}{3}Sh$\\
25  其中$S$表示锥体的底面积, $h$表示锥体的高.\\
26  球的表面积公式\\
```

```
27  $S=4\uppi R^2$\\
28  球的体积公式\\
29  $V=\zfrac{4}{3}\uppi R^3$\\
30  其中$R$表示球的半径.
31  \end{multicols}
32  \end{document}
```

参考公式:

若事件 A,B 互斥,则

$$P(A+B)=P(A)+P(B)$$

若事件 A,B 相互独立,则

$$P(AB)=P(A)P(B)$$

若事件 A 在一次试验中发生的概率是 p,则 n 次独立重复试验中事件 A 恰好发生 k 次的概率

$$P_n(k)=C_n^k p^k(1-p)^{n-k}(k=0,1,2,\cdots,n)$$

台体的体积公式

$$V=\frac{1}{3}(S_1+\sqrt{S_1 S_2}+S_2)h$$

其中 S_1,S_2 分别表示台体的上、下底面积,h 表示台体的高.

柱体的体积公式

$$V=Sh$$

其中 S 表示柱体的底面积,h 表示柱体的高.

锥体的体积公式

$$V=\frac{1}{3}Sh$$

其中 S 表示锥体的底面积,h 表示锥体的高.

球的表面积公式

$$S=4\pi R^2$$

球的体积公式

$$V=\frac{4}{3}\pi R^3$$

其中 R 表示球的半径.

2.3.2　分栏线

默认的分栏线只有实线一种,比较单一。multicolrule 宏包提供了丰富多彩的分栏线,导言区加载宏包的命令为

```
1  \usepackage[tikz]{multicolrule}
```

- 这里加上 tikz 选项,丰富分栏线的样式。换句话说,许多分栏线类型是用 tikz 画出来的。

调用、修改分栏线类型的命令为

```
1  \SetMCRule{参数1=选项,参数2=选项,...}
```

- 常用的参数说明见表 2-6。

表 2-6　参数的含义

参数	含义
color=	设置分栏线的颜色
width=	设置分栏线的粗细
double=长度	设置双线的间隔长度
triple=长度	设置三线的间隔长度
line-style=	设置分栏线的类型
custom-line=	自定义分栏线的类型

- multicolrule 宏包可以直接用的分栏线类型(line-style)列举于表 2-7 中。
- 还有一些分栏线类型本书没有列举,请读者阅读宏包说明文档。

表 2-7　分栏线类型

参数	分栏线类型
solid	————————————————————
dashed	- - - - - - - - - - - - - - - - - - -
dotted	··························
dash-dot	—·—·—·—·—·—·—·—·—·—·—
dash-dot-dot	—··—··—··—··—··—··—··
solid-circles	●●●●●●●●●　●●●●●●●●●

例 **2.3.2** 设置两条虚线作为分栏线。

```
1   \documentclass{ctexart}
2   \usepackage{multicol}
3   \usepackage[tikz]{multicolrule}
4   \setlength{\columnsep}{2em}
5   \begin{document}
6   \begin{multicols}{2}
7   \SetMCRule{line-style=dashed,width=0.7pt,double=2pt}
8   Leslie Lamport 开发的\LaTeX 是当今世界上最流行和使用最为广泛的TeX宏集。它构筑在Plain TeX
        的基础之上，并加进了很多的功能以使得使用者可以更为方便地利用TeX的强大功能。使用\LaTeX
        基本上不需要使用者自己设计命令和宏等，因为\LaTeX 已经替你做好了。因此，即使使用者并不
        是很了解TeX，也可以在很短的时间内生成高质量的文档。对于生成复杂的数学公式，\LaTeX 表
        现得更为出色。\par
9   \LaTeX 自从80年代初问世以来，一直在不断发展。最初的正式版本为2.09，在经过几年的发展之后，
        许多新的功能、机制被引入\LaTeX 中。在这些新功能带来便利的同时，它们所伴随的副作用也开
        始显现，这就是不兼容性。
10  \end{multicols}
11  \end{document}
```

Leslie Lamport 开发的 LaTeX 是当今世界上最流行和使用最为广泛的 TeX 宏集。它构筑在 Plain TeX 的基础之上，并加进了很多的功能以使得使用者可以更为方便地利用 TeX 的强大功能。使用 LaTeX 基本上不需要使用者自己设计命令和宏等，因为 LaTeX 已经替你做好了。因此，即使使用者并不是很了解 TeX，也可以在很短的时间内生成高质量的文档。对于生成复杂的数学公式，LaTeX 表现得更为出色。

LaTeX 自从 80 年代初问世以来，一直在不断发展。最初的正式版本为 2.09，在经过几年的发展之后，许多新的功能、机制被引入 LaTeX 中。在这些新功能带来便利的同时，它们所伴随的副作用也开始显现，这就是不兼容性。

下面的两个例子展示利用 custom-line 制作波浪线和文武线。这些例子涉及 tikz 作图的相关知识，读者可以阅读第 3 章的相关内容，这里不作过多解释。

例 **2.3.3** 设置波浪线作为分栏线。

```
1   \documentclass{ctexart}
2   \usepackage{multicol}
3   \usepackage[tikz]{multicolrule}
```

```
4    \usetikzlibrary{decorations.pathmorphing}
5    \setlength{\columnsep}{2em}
6    \SetMCRule{width=0.5pt,
7    custom-line={
8    \draw[decorate,decoration={coil,aspect=0}] (TOP)--(BOT);
9    }}
10   \begin{document}
11   \begin{multicols}{2}
12   Leslie Lamport 开发的\LaTeX 是当今世界上最流行和使用最为广泛的TeX宏集。它构筑在Plain TeX
         的基础之上，并加进了很多的功能以使得使用者可以更为方便地利用TeX的强大功能。使用\LaTeX
         基本上不需要使用者自己设计命令和宏等，因为\LaTeX 已经替你做好了。因此，即使使用者并不
         是很了解TeX，也可以在很短的时间内生成高质量的文档。对于生成复杂的数学公式，\LaTeX 表
         现得更为出色。\par
13   \LaTeX 自从80年代初问世以来，一直在不断发展。最初的正式版本为2.09，在经过几年的发展之后，
         许多新的功能、机制被引入\LaTeX 中。在这些新功能带来便利的同时，它们所伴随的副作用也开
         始显现，这就是不兼容性。
14   \end{multicols}
15   \end{document}
```

> Leslie Lamport 开发的 LATEX 是当今世界上最流行和使用最为广泛的 TeX 宏集。它构筑在 Plain TeX 的基础之上，并加进了很多的功能以使得使用者可以更为方便地利用 TeX 的强大功能。使用 LATEX 基本上不需要使用者自己设计命令和宏等，因为 LATEX 已经替你做好了。因此，即使使用者并不是很了解 TeX，也可以在很短的时间内生成高质量的文档。对于生成复杂的数学公式，LATEX 表现得更为出色。
>
> LATEX 自从 80 年代初问世以来，一直在不断发展。最初的正式版本为 2.09，在经过几年的发展之后，许多新的功能、机制被引入 LATEX 中。在这些新功能带来便利的同时，它们所伴随的副作用也开始显现，这就是不兼容性。

▶ custom-line 这个参数选项的作用其实就是用 tikz 绘制分栏线。

▶ 本例第 4 行代码加载装饰库，第 8 行代码用波浪线装饰路径。

▶ (TOP)、(BOT) 是两个坐标，分别表示分栏线上方和下方的位置。

例 2.3.4 设置文武线作为分栏线。

```
1    \documentclass{ctexart}
2    \usepackage{multicol}
3    \usepackage[tikz]{multicolrule}
4    \usetikzlibrary{calc}
5    \setlength{\columnsep}{2em}
6    \SetMCRule{width=0.1pt,
7    custom-line={
8    \coordinate (TOPL) at ($(TOP)-(0.2em,0.4pt)$);
9    \coordinate (BOTL) at ($(BOT)-(0.2em,0.4pt)$);
10   \coordinate (TOPR) at ($(TOP)+(0.2em,-0.4pt)$);
11   \coordinate (BOTR) at ($(BOT)+(0.2em,-0.4pt)$);
12   \draw[line width=0.6pt](TOPL)--(BOTL);
13   \draw[line width=2pt](TOPR) -- (BOTR); }}
14   \begin{document}
```

```
15  \begin{multicols}{2}
16  Leslie Lamport 开发的\LaTeX 是当今世界上最流行和使用最为广泛的TeX宏集。它构筑在Plain TeX
        的基础之上，并加进了很多的功能以使得使用者可以更为方便地利用TeX的强大功能。使用\LaTeX
        基本上不需要使用者自己设计命令和宏等，因为\LaTeX 已经替你做好了。因此，即使使用者并不
        是很了解TeX，也可以在很短的时间内生成高质量的文档。对于生成复杂的数学公式，\LaTeX 表
        现得更为出色。\par
17  \LaTeX 自从80年代初问世以来，一直在不断发展。最初的正式版本为2.09，在经过几年的发展之后，
        许多新的功能、机制被引入\LaTeX 中。在这些新功能带来便利的同时，它们所伴随的副作用也开
        始显现，这就是不兼容性。
18  \end{multicols}
19  \end{document}
```

> Leslie Lamport 开发的 LᴬTEX 是当今世界上最流行和使用最为广泛的 TeX 宏集。它构筑在 Plain TeX 的基础之上，并加进了很多的功能以使得使用者可以更为方便地利用 TeX 的强大功能。使用 LᴬTEX 基本上不需要使用者自己设计命令和宏等，因为 LᴬTEX 已经替你做好了。因此，即使使用者并不是很了解 TeX，也可以在很短的时间内生成高质量的
>
> 文档。对于生成复杂的数学公式，LᴬTEX 表现得更为出色。
>
> LᴬTEX 自从 80 年代初问世以来，一直在不断发展。最初的正式版本为 2.09，在经过几年的发展之后，许多新的功能、机制被引入 LᴬTEX 中。在这些新功能带来便利的同时，它们所伴随的副作用也开始显现，这就是不兼容性。

▶ 本例第 4 行代码加载 calc 库，使得第 8~11 行代码可以进行坐标运算。在 (TOP) 和 (BOT) 这两个坐标的基础上，通过坐标平移得到 4 个新的坐标 (TOPL)、(BOTL)、(TOPR)、(BOTR)。

▶ 即使第 12、13 行代码设置了分栏线的粗细，但第 6 行的 width 参数必须给出，否则分栏线将会消失。

2.4　版心设置

2.4.1　geometry 宏包

geometry 宏包提供了设置版心的命令：

```
1  \geometry{参数1=选项,参数2=选项,...}
```

- 该宏包设置版心非常方便，只要给出几个基本尺寸，剩余数据就能自动计算，从而获得最佳的版心设置。
- 结合图 2-1，主要参数及其选项见表 2-8。
- 默认 width=textwidth,height=textheight。

例 2.4.1 设置本书的版心。

```
1  \geometry{paperheight=26cm,paperwidth=18.5cm,width=14.8cm,height=22cm,left=18.5mm,top
      =25.5mm}
```

▶ 实践中不需要把所有尺寸参数都设置一遍，通常只需确定版心和边空的尺寸，其余交给宏包自动计算。

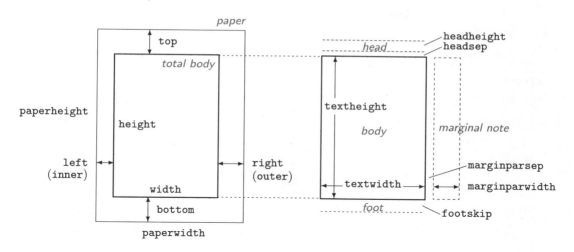

图 2-1　版心尺寸示意图

表 2-8　参数的含义

参数	含义
paperwidth=长度	页面宽度
paperheight=长度	页面高度
width=长度	版心宽度
height=长度	版心高度
top=长度	页面顶边与版心之间的距离，即上边空的高度
bottom=长度	页面底边与版心之间的距离，即下边空的高度
left=长度	页面左边与版心的距离
right=长度	页面右边与版心的距离
headsep=长度	页眉与版心之间的距离
headheight=长度	页眉高度
includehead	将 headsep 和 headheight 计入版心高度，目的是在计算上边空高度时不包括页眉部分
footskip=长度	版心中最后一行文本基线与页脚基线之间的距离
footnotesep=长度	版心中最后一行文本与脚注文本之间的距离
includefoot	将 footskip 计入版心高度，目的是在计算下边空高度时不包括页脚部分
marginparwidth=长度	边注的宽度
includemp	将 marginparwidth 和 marginparsep 计入版心宽度，目的是在计算左右边空宽度时不包含边注部分
reversemarginpar	将边注排版到与默认边注位置相反的边空中
vmarginratio=比例	上边空高度与下边空高度的比例

例 **2.4.2** 设置 16 开试卷的版心。

```
1   \geometry{paperheight=26cm,paperwidth=18.4cm,left=2cm,right=2cm,top=1.5cm,bottom=2cm,
    headsep=10pt}
```

2.4.2　更改版心尺寸

更改某一页（及其之后）的版心设置的命令为

```
1  \newgeometry{参数1=选项,参数2=选项,...}
```

恢复原先版心设置的命令为

```
1  \restoregeometry
```

2.4.3　版心底边对齐

LaTeX 系统定义了一条版心底边对齐的命令：

```
1  \flushbottom
```

- 该命令可以自动微调各种文本元素之间的垂直间距,使每个版面的高度都达到版心高度的设定值,这会造成某些文本之间的垂直间距过大。

LaTeX 系统还提供了版心底部免对齐的命令：

```
1  \raggedbottom
```

- 该命令控制页面各种文本之间的自然距离,允许页面的文本高度与版心高度有一定的偏差,这可能造成页面底部有多余的空白。
- 上述两条命令既可以用在导言区,控制全文所有版心底部是否对齐；也可以用在正文中,对其后所有版心底部的对齐与否进行设置。

2.5　边注与割注

2.5.1　边注

排版边注主要用到 marginnote 宏包,在导言区加载：

```
1  \usepackage[noadjust]{marginnote}
```

- 这里 noadjust 选项的作用是消除边注所在文本段落的多余行距。

排版边注的命令为

```
1  \marginnote{边注内容}[垂直位移]
```

- 垂直位移是可选参数,用于调节边注内容的垂直位置。
- marginnote 宏包提供了一些调整边注格式的命令,说明见表 2-9。

表 2-9　命令的含义

命令	含义
\marginfont	设置边注的字体格式
\raggedleftmarginnote	设置左侧边注的对齐方式
\raggedrightmarginnote	设置右侧边注的对齐方式

- 实践中,通常把边注的对齐命令设置如下：

```
1  \renewcommand*{\raggedrightmarginnote}{}
2  \renewcommand*{\raggedleftmarginnote}{}
```

保证边注段落左齐且行末对齐。

zhbianzhu 宏包调整了 tcolorbox 彩框环境与边注的位置,该宏包没有命令,只需加载即可。

例 2.5.1 排版边注。

```
1  \documentclass{ctexbook}
2  \usepackage{zhshuzi}
3  \usepackage[noadjust]{marginnote}
4  \renewcommand*{\marginfont}{\hspace{2em}\small\fangsong}
5  \renewcommand*{\raggedrightmarginnote}{}
6  \renewcommand*{\raggedleftmarginnote}{}
7  \begin{document}
8    一般地,某些指定的对象集在一起就成为一个集合\textsuperscript{\hquan{1}},也简称集。
9    \marginnote{\hquan{1}集合是现代数学的基本概念,专门研究集合的理论叫作集合论。} 例
       如,"我校篮球队的队员"组成一个集合。
10 \end{document}
```

　　一般地,某些指定的对象集在一起就成为一个集合❶,也简称集。例如,"我校篮球队的队员"组成一个集合。

❶ 集合是现代数学的基本概念,专门研究集合的理论叫作集合论。

2.5.2　割注

排版割注主要依赖 jiazhu 宏包,其命令为

```
1  \jiazhu{割注内容}
```

设置割注格式的命令为

```
1  \jiazhuset{参数1=选项,参数2=选项,...}
```

● 常用的参数说明见表 2-10。

表 2-10　参数的含义

参数	含义
format=	割注的字体格式
beforeskip=	割注左侧与文本的距离,通常设置为弹性距离
afterskip=	割注右侧与文本的距离,通常设置为弹性距离
opening=	设置割注前置符号
closing=	设置割注后置符号

例 2.5.2 排版古籍割注。

```
1  \documentclass{ctexart}
2  \usepackage{jiazhu}
3  \jiazhuset{opening =〔,
4   closing = 〕,
5   format =\fangsong,
```

```
6   beforeskip =0.5em plus 0.2em minus 0.2em,
7   afterskip =0.5em plus 0.2em minus 0.2em}
8   \begin{document}
9   世祖光武皇帝讳秀，字文叔，\jiazhu{测礼"祖有功而宗有德"，光武中兴，故庙称世祖。谥法："能
    绍前业曰光，克定祸乱曰武。"伏侯古今注曰："秀之字曰茂。伯、仲、叔、季，兄弟之次。长兄
    伯升，次仲，故字文叔焉。"}南阳蔡阳人，\jiazhu{南阳，郡，今邓州县也。蔡阳，县，故城在
    今随州枣阳县西南。}高祖九世之孙也，出自景帝生长沙定王发。
10  \end{document}
```

世祖光武皇帝讳秀，字文叔，〔测礼"祖有功而宗有德"，光武中兴，故庙称世祖。谥法："能绍前业曰光，克定祸乱曰武。"伏侯古今注曰："秀之字曰茂。伯、仲、叔、季，兄弟之次。长兄伯升，次仲，故字文叔焉。"〕南阳蔡阳人，〔南阳，郡，今邓州县也。蔡阳，县，故城在今随州枣阳县西南。〕高祖九世之孙也，出自景帝生长沙定王发。

2.6　分区对照

2.6.1　对照排版

paracol 宏包提供了分区和对照排版的功能，它的主要命令结构如下：

```
1   \begin{paracol}{2}
2    左侧文字
3   \switchcolumn
4    右侧文字
5   \end{paracol}
```

- 该宏包可以实现不对称分栏，每栏独立互不影响，且可以跨页，功能十分强大。两栏通过 \swithcolum 命令切换。
- 常用的命令说明见表 2-11。

表 2-11　命令的含义

命令	含义
\columnratio	左右两列宽度的比例
\columnsep	两列的间隔宽度
\columnseprule	分栏线的粗细
\footnotelayout{m}	脚注通栏排版
\twosided[pcm]	奇偶页的两栏及页码、边注均对称排版

paracol 宏包还可以为每一栏添加背景色，它的命令为

```
1   \backgroundcolor{c[数字]}[颜色模式]{颜色定义}
```

- c[0] 表示左栏，c[1] 表示右栏。
- 颜色模式可填 gray、rgb、RGB、cmyk。
- 例如，右栏背景色为浅灰色的命令是

```
1    \backgroundcolor{c[1]}[cmyk]{0.098,0.0627,0.0627,0}
```

- 连续多个 paracol 环境,其分栏线或背景色依然连续不断。

例 2.6.1 排版中英文对照。

```
1   \documentclass{ctexart}
2   \usepackage{paracol}
3   \begin{document}
4   \columnratio{0.5}
5   \setlength{\columnsep}{1.5em}
6   \setlength{\columnseprule}{0.5pt}
7   \begin{paracol}{2}
8   \sloppy
9   In the bowels of a mountain of frontier zone, a little boy lived in a crude house,
        which could only accommodate five people of his household. There was not any
        railroad, freeway highway or even a pub (an inn) around the mountain.
10  \switchcolumn
11  在边远地区的大山深处,有个小男孩一家五口住在一间简陋的屋子里。大山的周边没有任何铁路、高速
        公路甚至小客栈。
12  \end{paracol}
13  \begin{paracol}{2}
14  \sloppy
15  As he was 6 years old, he could see a wonderful house across the valley on a higher
        altitude of the other mountain, which had a golden window. He fancied that the
        emperor, prince and princess in fable must have been living in that kind of house.
        Sometimes, in order to assure himself that it was an authentic house, the
        innocent boy often stared at it, with exceeding thirst for living in it.
16  \switchcolumn
17  当小男孩6岁时,隔着山谷他看见另一座更高的山峰上有一个漂亮的带有金色窗户的房子!他想象着传
        说中的皇帝、王子和公主一定也住在那样的房子里。有时,为了使自己确信那是真正的房子,天真
        的小男孩经常凝望它,梦想着自己能住在里面。
18  \end{paracol}
19  \end{document}
```

In the bowels of a mountain of frontier zone, a little boy lived in a crude house, which could only accommodate five people of his household. There was not any railroad, freeway highway or even a pub (an inn) around the mountain.

在边远地区的大山深处,有个小男孩一家五口住在一间简陋的屋子里。大山的周边没有任何铁路、高速公路甚至小客栈。

As he was 6 years old, he could see a wonderful house across the valley on a higher altitude of the other mountain, which had a golden window. He fancied that the emperor, prince and princess in fable must have been living in that kind of house. Sometimes, in order to assure himself that it was an authentic house, the innocent boy often stared at it, with exceeding thirst for living in it.

当小男孩 6 岁时，隔着山谷他看见另一座更高的山峰上有一个漂亮的带有金色窗户的房子！他想象着传说中的皇帝、王子和公主一定也住在那样的房子里。有时，为了使自己确信那是真正的房子，天真的小男孩经常凝望它，梦想着自己能住在里面。

▶ \sloppy 命令保证英文正确断词。

2.6.2　三种版式排版举例

中学教材或教辅书常见的版式主要有三种：一是蝴蝶版面（即奇偶页对称），二是左侧正文右侧边注，三是左侧边注右侧正文。这些版式都喜欢用边注。下面结合 marginnote 宏包和 paracol 宏包实现这三种版式的排版。

例 **2.6.2** 边注统一在右侧的版面。

```
1   \documentclass[10pt]{ctexbook}
2   \usepackage{xcolor}
3   \usepackage{geometry}
4   \geometry{paperheight=29.7cm,
5   paperwidth=21cm,
6   width=17cm,
7   height=25.7cm,
8   left=1.8cm,
9   right=1.6cm,
10  top=2.5cm,
11  bottom=1.5cm,
12  headsep=3.2em,
13  marginparsep=-19em,
14  marginparwidth=18em,
15  reversemarginpar}
16  \usepackage[noadjust]{marginnote}
17  \usepackage{zhbianzhu}
18  \renewcommand*{\raggedleftmarginnote}{}
19  \renewcommand*{\raggedrightmarginnote}{}
20  \renewcommand*{\marginfont}{\CTEXindent\fangsong\small}
21  \usepackage{paracol}
22  \columnratio{0.6}
```

```
23    \setlength{\columnsep}{0.5em}
24    \setlength{\columnseprule}{0em}
25    \footnotelayout{m}
26    \backgroundcolor{c[1]}[cmyk]{0.098,0.0627,0.0627,0}
27    \begin{document}
28    \chapter{集合与简单的逻辑用语}
29    \section{集合的概念}
30    \begin{paracol}{2}
31    集合中元素的三个特征：\par
32    (1)确定性：\marginnote{确定性的主要作用是判断一组对象能否构成集合，只有这组对象具有确定性
         才能构成集合.}给定的集合，它的元素必须是确定的.也就是说，如果给定一个集合，那么一个元
         素在或不在这个集合中就确定了.\par
33    (2)互异性：一个给定集合中的元素是互不相同的.也就是说，集合中的元素\marginnote{互异性的主要
         作用是警示我们做题后要检验。}是不重复出现的.\par
34    (3)无序性：\marginnote{无序性的主要作用是方便定义集合相等.}只要构成两个集合的元素是一样
         的，我们就称这两个集合是相等的.\par
35    下面的文字省略……
36    \end{paracol}
37    \newpage
38    \begin{paracol}{2}
39    一般地，设$A$是一个集合，我们把集合$A$中所有具有共同特征$P(x)$的元素$x$所组成的集合表示为
40    \[\{x\in A \mid P(x)\},\]
41    这种表示集合的方法称为描述法。\marginnote{竖线前写清代表元素的符号，竖线后用简明、准确的语
         言描述元素的共同特征.}[-2.5em]
42    \end{paracol}
43    下文跳出 \verb|paracol| 环境，所有文字通栏排版，所以 \verb|paracol| 宏包的功能是十分强大
         的，用户可以在需要的地方随心所欲地分区排版\footnote{脚注如何呢？这是脚注环境，可以看
         出脚注也是通栏排版，一部分页面分栏，不影响脚注区域的宽度.}.
44    \end{document}
```

第一章　集合与简单的逻辑用语

1.1　集合的概念

集合中元素的三个特征：

(1) 确定性：给定的集合，它的元素必须是确定的. 也就是说，如果给定一个集合，那么一个元素在或不在这个集合中就确定了.

(2) 互异性：一个给定集合中的元素是互不相同的. 也就是说，集合中的元素是不重复出现的.

(3) 无序性：只要构成两个集合的元素是一样的，我们就称这两个集合是相等的.

下面的文字省略……

确定性的主要作用是判断一组对象能否构成集合，只有这组对象具有确定性才能构成集合.

互异性的主要作用是警示我们做题后要检验.

无序性的主要作用是方便定义集合相等.

2　　　　　　　　　　　　　　　　　　　第一章　集合与简单的逻辑用语

一般地，设 A 是一个集合，我们把集合 A 中所有具有共同特征 $P(x)$ 的元素 x 所组成的集合表示为

$$\{x \in A \mid P(x)\},$$

这种表示集合的方法称为描述法。

竖线前写清代表元素的符号，竖线后用简明、准确的语言描述元素的共同特征.

下文跳出 paracol 环境，所有文字通栏排版，所以 paracol 宏包的功能是十分强大的，用户可以在需要的地方随心所欲地分区排版[1]。

---

[1]脚注如何呢？这是脚注环境，可以看出脚注也是通栏排版，一部分页面分栏，不影响脚注区域的宽度.

▶ 从效果上看，本例的边注不同于常规的边注设置，页眉、页脚、脚注等内容仍然通栏排版，不受分栏的影响。

▶ 第 4~15 行代码的版心设置非常重要：一是把版心设置宽一些，因为要分栏排版；二是把 marginparsep 参数值设为负值，相当于把边注区域移到正文区域中（本例把边注区域移到了右栏）；三是把边注宽度设置大一些，因为要写很多内容；四是 reversemarginpar 选项把边注的位置放置在相反的一边，因为 paracol 宏包默认左栏的边注在左边，这里就要把左边的边注放置到右边。

▶ 第 16~20 行代码是边注宏包的相关格式，这里不再解释说明。

▶ 第 22 行代码设置左右栏的比例，左栏是正文，其宽度设置大一些；右栏空置，专门写边注，其宽度设置小一些。因此根据栏宽的比例，通过调整边注宽度 marginparwidth 这个数值可达到满意的结果。

▶ paracol 环境可以跨页，不影响分栏排版。

▶ 本例的效果实现相当于方正书版中的"边栏"注解，这对排版教辅书是十分有用的！

例 **2.6.3** 边注统一在左侧的版面。

```
1   \documentclass{ctexbook}
2   \usepackage{amsmath,amssymb}
3   \usepackage{xcolor}
4   \usepackage{geometry}
5   \geometry{paperheight=29.7cm,
6    paperwidth=21cm,
7    width=17cm,
8    height=25.7cm,
9    left=1.8cm,
10   right=1.6cm,
11   top=2.5cm,
12   bottom=1.5cm,
13   headsep=3.2em,
14   marginparsep=-13.5em,
15   marginparwidth=13em,
16   reversemarginpar}
```

```
17  \usepackage[noadjust]{marginnote}
18  \usepackage{zhbianzhu}
19  \renewcommand*{\raggedleftmarginnote}{}
20  \renewcommand*{\raggedrightmarginnote}{}
21  \renewcommand*{\marginfont}{\CTEXindet\fangsong\small}
22  \usepackage{paracol}
23  \columnratio{0.3}
24  \setlength{\columnsep}{0.5em}
25  \setlength{\columnseprule}{0em}
26  \footnotelayout{m}
27  \usepackage{graphicx}
28  \usepackage[most]{tcolorbox}
29  \newcommand{\lanmu}[1]{
30  \begin{tcolorbox}[colback=gray!50,
31   boxrule=0pt,
32   arc=0pt,
33   fontupper=\youyuan\zihao{-4}\raggedleft,
34   top=0mm,
35   bottom=0mm,
36   right=0mm,
37   left=0mm]
38   {#1}
39   \end{tcolorbox}}
40  \begin{document}
41  \begin{paracol}{2}
42  \lanmu{问题提出}
43  \switchcolumn
44  三角形的边与角之间有什么数量关系呢？\par
45  我们分别用$a,b,c$表示$\bigtriangleup ABC$的边$BC,CA,AB$，  用$A,B,C$表示$\angle BAC$，  $
        \angle CBA$，  $\angle ACB$.\par
46  我们先从特殊的三角形开始研究.\par
47  若 $\bigtriangleup ABC$ 是直角三角形， \marginnote{\includegraphics{765.pdf}} 且 $C
        =90^{\circ}$，如图所示，则由
48  \[\sin A=\zfrac{a}{c},\sin B=\zfrac{b}{c},\]
49  可知
50  \[\zfrac{a}{\sin A}=\zfrac{b}{\sin B}=c.\]\par
51  因为
52  \[C=90^{\circ},\sin C=1,\]
53  所以
54  \[\zfrac{a}{\sin A}=\zfrac{b}{\sin B}=\zfrac{c}{\sin C}.\]\par
55  这个优美的关系式对等边三角形无疑也是成立的.对其他的三角形是否成立呢？
56  \end{paracol}
57  \end{document}
```

| 问题提出 | 三角形的边与角之间有什么数量关系呢？ |

我们分别用 a,b,c 表示 $\triangle ABC$ 的边 BC,CA,AB，用 A,B,C 表示 $\angle BAC$，$\angle CBA$，$\angle ACB$.

我们先从特殊的三角形开始研究.

若 $\triangle ABC$ 是直角三角形，且 $C=90°$，如图所示，则由

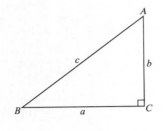

$$\sin A = \frac{a}{c}, \sin B = \frac{b}{c},$$

可知

$$\frac{a}{\sin A} = \frac{b}{\sin B} = c.$$

因为

$$C = 90°, \sin C = 1,$$

所以

$$\frac{a}{\sin A} = \frac{b}{\sin B} = \frac{c}{\sin C}.$$

这个优美的关系式对等边三角形无疑也是成立的. 对其他的三角形是否成立呢？

▶ `paracol` 宏包右栏的边注在右边，而这里需要把边注放置在左边，故第 16 行代码仍然设置了 `reversemarginpar` 选项。

▶ 本例模仿苏教版教科书，全文边注统一放在左边，左边是一些栏目、提示、插图等内容。第 42 行代码是左栏的内容，第 43 行代码切换到右栏。考虑到左栏第 1 行和右栏第 1 行是并列的，这里直接把"问题提出"放在了左栏，而不是用边注命令（当然，读者可以尝试用边注命令把"问题提出"放到左边）。

▶ 本例的正文在右栏，故 `\switchcolumn` 命令不能遗漏。

例 2.6.4 仿沪教版教科书的蝴蝶版面。

```
1   \documentclass{ctexbook}
2   \usepackage{amsmath,amssymb}
3   \usepackage{xcolor}
4   \usepackage{geometry}
5   \geometry{paperheight=29.7cm,
6    paperwidth=21cm,
7    width=17cm,
8    height=25.7cm,
9    left=1.8cm,
10   right=1.6cm,
11   top=2.5cm,
12   bottom=1.5cm,
13   headsep=3.2em,
14   marginparsep=-15em,
15   marginparwidth=14em,
16   reversemarginpar}
17  \usepackage[noadjust]{marginnote}
18  \usepackage{zhbianzhu}
```

```
19   \renewcommand*{\raggedleftmarginnote}{}
20   \renewcommand*{\raggedrightmarginnote}{}
21   \renewcommand*{\marginfont}{\CTEXindent\fangsong\small}
22   \usepackage{paracol}
23   \columnratio{0.65}
24   \setlength{\columnsep}{1em}
25   \setlength{\columnseprule}{0em}
26   \footnotelayout{m}
27   \twosided[pcm]
28   \usepackage[most]{tcolorbox}
29   \newtcolorbox{tishi}{
30     parbox=false,
31     before upper=\indent,
32     arc=0mm,
33     boxrule=0mm,
34     left=0mm,
35     right=0mm,
36     colback=gray!20}
37   \begin{document}
38   \begin{paracol}{2}
39   设$a,A,b$是等差数列，由等差数列的定义，可得
40   \[A-a=b-A\]
41   \begin{flalign*}
42   & \text{即}& 2A & = a+b, & \\
43   &              & A & = \zgfrac{a+b}{2}.&
44   \end{flalign*}
45   \par \marginnote{\begin{tishi}
46   三个数$a,A,b$组成的等差数列可以看成最简单的等差数列.
47   \end{tishi}}
48   反过来，如果$A=\zgfrac{a+b}{2}$，那么
49   \begin{flalign*}
50   &              & 2A & = a+b &\\
51   &\text{可得} & A-a & = b-A, &
52   \end{flalign*}
53   即 $a,A,b$成等差数列.\par
54   这时，$A$叫作$a$与$b$的等差中项（arithmetic mean）.\par
55   {\bf 如果三个数成等差数列，那么等差中项等于另两项的算术平均数.}\par
56   以下内容省略……
57   \newpage
58   与等差中项的概念类似，如$a,G,b$成等比数列，\marginnote{\begin{tishi}根据等比数列的定义及
         $G^2=ab$，当$ab>0$时，等比中项$G=\pm\sqrt{ab}.$\end{tishi}}那么由等比数列的定义，有
59   \[G^2=ab.\]
60   $G$叫作$a$与$b$的{\bf 等比中项}.\par
61   这就是说，{\bf 如果三个数成等比数列，那么等比中项的平方等于另两项的积}.
62   \end{paracol}
63   \end{document}
```

设 a, A, b 是等差数列，由等差数列的定义，可得

$$A - a = b - A$$

即
$$2A = a + b,$$
$$A = \frac{a+b}{2}.$$

反过来，如果 $A = \dfrac{a+b}{2}$，那么

$$2A = a + b$$

可得
$$A - a = b - A,$$

三个数 a, A, b 组成的等差数列可以看成最简单的等差数列.

即 a, A, b 成等差数列.

这时，A 叫作 a 与 b 的等差中项（arithmetic mean）.

如果三个数成等差数列，那么等差中项等于另两项的算术平均数.

以下内容省略……

与等差中项的概念类似，如果 a, G, b 成等比数列，那么由等比数列的定义，有

$$G^2 = ab.$$

根据等比数列的定义及 $G^2 = ab$，当 $ab > 0$ 时，等比中项 $G = \pm\sqrt{ab}$.

G 叫作 a 与 b 的等比中项.

这就是说，如果三个数成等比数列，那么等比中项的平方等于另两项的积.

▶ 第 27 行代码是实现奇偶页对称的关键。

▶ 第 57 行代码的作用是人为换页，展示奇偶页对称的效果。同一个 paracol 环境可以跨页，且设置了第 27 行代码后，还能够自动切换左右栏的位置。

▶ 同一个页面可以有多个 paracol 环境，用户可以根据需要决定分栏排版还是通栏排版。

第 3 章

玩 转 绘 图

3.1 TikZ 入门

3.1.1 TikZ 绘图环境

TikZ 绘图命令如下：

```
1  \tikz[选项]{绘图代码1;绘图代码2;...;}
2  \begin{tikzpicture}[选项]
3    绘图代码1;
4    绘图代码2;
5    ...;
6  \end{tikzpicture}
```

- 第 1 行代码通常用于在文字之间插入简单的图形，较少使用；第 2 行代码是最常用的环境式的绘图结构，该环境可用于大多数场景（如数学模式内、页眉页脚命令内等）。
- 选项可填内容众多，比如线条的粗细、箭头样式等。
- 每一条绘图代码均以 ; 结束。

绘图源文件基本结构如下：

```
1   \documentclass[tikz]{standalone}
2   \usepackage{ctex}
3   \usetikzlibrary{...}
4   \begin{document}
5   \begin{tikzpicture}[选项]
6     绘图代码1;
7     绘图代码2;
8   ...;
9   \end{tikzpicture}
10  \end{document}
```

- 第 1 行代码加载 standalone 文类，使得页面尺寸恰好是图形尺寸。
- 第 2 行代码加载宏包 ctex，方便调用中文。
- 第 3 行代码加载各种程序库。
- 第 5 行代码可填的选项非常多，比如线条粗细、颜色、图形缩放等。

3.1.2 坐标表示与坐标运算

直角坐标系下，点的位置写作 (x, y)，坐标单位缺省为 cm；极坐标系下，点的位置写作 $(\theta : r)$。

定义一个点的坐标的命令为

```
1  \coordinate(名称) at (横坐标,纵坐标);
```

- 名称这个参数通俗地说就是给所定义的点取的一个名字。

- 这条命令只能定义点,并不能显示该点。

要把一个点画出来(或者说显示出来),可调入 tkz-euclide 宏包,使用命令:

```
\tkzDrawPoints(点1,点2,...)
```

- tkz-euclide 宏包专为平面几何而生,它简化了许多命令,可以方便快捷地绘制平面几何图形。
- 注意,tkz-euclide 宏包的所有命令结尾没有标点符号。

下面介绍的坐标计算功能需要加载 calc 库,即导言区输入:

```
\usetikzlibrary{calc}
```

① 坐标加减的格式为

```
($(a)±(b)$)
```

- 这里的两个 $ 表示坐标运算,不代表数学模式。
- 例如 ($(-1,0)+(2,3)$) 表示两个向量的和。

② 坐标数乘的格式为

```
($<factor>*(a)$)
```

- <factor> 是数乘的因子,可以是数值或者能计算得到数值的表达式。
- 因子 <factor> 与坐标 (a) 之间的乘号 * 前后都不能带空格。
- 采用表达式作为因子 <factor> 时,应将表达式置于大括号 { } 内。

③ 比例–角度定点的格式为

```
($(a)!<factor>!<angle>:(b)$)
```

- 这条语法的实质是线段的定比分点,其中 <factor> 是比例系数,<angle> 是角度制下的数值,<angle>: 是可选参数。
- 例如($(A)!x!(B)$) 等价于 ($${(1-x)}*(A)+x*(B)$),记 ($(A)!x!(B)$) 为点 P,则 x 与 P 的对应关系如图 3-1 所示。
- 记 ($(A)!x!y:(B)$) 为点 Q。点 Q 是这样得到的:先得到 ($(A)!x!(B)$)(记为点 P),然后将点 P 绕点 A 旋转角度 y,得到点 Q。例如($(A)!0.7!70:(B)$),如图 3-2 所示。

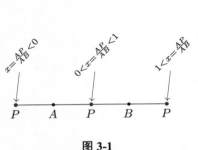

图 3-1

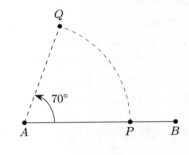

图 3-2

④ 距离–角度定点的格式为

```
($(a)!<distance>!<angle>:(b)$)
```

- 这条语法与上一条语法类似,主要区别是把比例系数换成了长度。

- <distance> 是带单位的长度,可以是负值。<angle> 是角度制下的数值,<angle>: 是可选参数。
- 例如 ($(A)!x cm!(B)$),它表示以 A 为起点,沿着向量 $\overrightarrow{AB}$ 的方向(或者反方向)移动 $|x|$ cm,得到新的点。
- 记 ($(A)!x cm!y:(B)$) 为点 Q。点 Q 是这样得到的:先得到 ($(A)!x cm!(B)$)(记为点 P),然后将点 P 绕点 A 旋转角度 y,得到点 Q。例如($(A)!3cm!50:(B)$),如图 3-3 所示。

⑤ 正射影–角度定点的格式为

```
1  ($(a)!(c)!<angle>:(b)$)
```

- 这条语法的含义是过线段外一点作线段的垂线段,得到垂足。
- (c) 是直线外的一点,<angle> 是角度制下的数值,<angle>: 是可选参数。
- 例如 ($(A)!(C)!(B)$),它表示过点 C 向线段 AB 作垂线,得到垂足 H',如图 3-4 所示。
- 记($(A)!(C)!y:(B)$) 为点 H。点 H 是这样得到的:先将点 B 绕点 A 旋转角度 y,得到点 P;再过点 C 作线段 PA 的垂线,得到垂足 H。例如($(A)!(C)!30:(B)$),如图 3-4 所示。

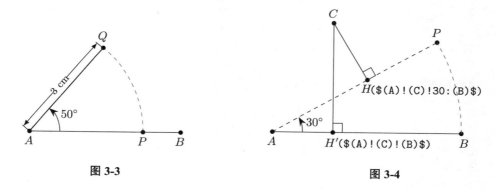

图 3-3　　　　　　　　　　图 3-4

3.1.3　线型

画线段的命令为

```
1  \draw[选项](A)--(B);
```

- 这条命令表示从点 A 到点 B 画一条线段。
- 主要的选项说明见表 3-1。

例 **3.1.1** 圆点线型。

```
1  \documentclass[tikz]{standalone}
2  \usepackage{tikz}
3  \begin{document}
4  \begin{tikzpicture}
5  \coordinate(A)at(0,0);
6  \coordinate(B)at(5,0);
```

```
7   \draw[line width=1.5pt,dash pattern=on 0pt off 4pt,line cap=round](A)--(B);
8   \end{tikzpicture}
9   \end{document}
```

▶ 从本例看，创建圆点线型的语法比较长，每次都这样写稍显麻烦。这时可以使用 tikzset 命令来创建一个样式，然后再使用这个样式。

▶ 例如，创建圆点可以在导言区设置一个名称为 yuandian 的样式：

```
1   \tikzset{yuandian/.style={line width=1.5pt,dash pattern=on 0pt off 4pt,
2   line cap=round}}
```

▶ 创建好之后，画图时可以直接使用 \draw[yuandian](A)--(B); 来得到圆点线型。从上面可以看到，创建一个样式的命令为

```
1   \tikzset{名称/.style={绘图语法}}
```

表 3-1 参数的含义

参数	含义
line width	设定线段粗细，默认是 0.4 pt
line cap=	设置路径线条端点的"帽子"，可选的"帽子"是 round（圆形）、rect（方形）、butt（没有帽子，光头，头是方的）
line join=	设置路径上的角（不包括路径端点）的外缘的外观，可选的类型是 round（圆）、bevel（平）、miter（尖）
dash pattern=	设置线型，线型指的是实线、点线、虚线等。例如，on 2pt off 3pt，其中 on 2pt 表示移动 2 pt 并画线，off 3pt 表示移动 3 pt 但不画线，这样就定义了一个线型，它在起止点间重复使用这个线型
solid	实线线型，这是画路径线条时的默认值
dotted	方点线线型
densely dotted	密集方点线线型
loosely dotted	稀疏方点线线型
dashed	虚线线型
densely dashed	密集虚线线型
loosely dashed	稀疏虚线线型
dash dot	由"短线—空白—点—空白"构成的线型
densely dot	密集的"短线—点"线型
loosely dash dot	稀疏的"短线—点"线型
dash dot dot	由"短线—点—点"构成的线型
densely dash dot dot	密集的"短线—点—点"线型
loosely dash dot dot	稀疏的"短线—点—点"线型

3.1.4 网格

网格主要用来辅助绘图，它的命令是

```
1   \draw[选项](左下方顶点)grid(右上方顶点);
```

● 这里的选项除了可以设置线条颜色和粗细等外，还有两个重要的选项，说明见表 3-2。

表 3-2　参数的含义

参数	含义
step=	设置网格的步长,默认是 1
help lines	当启用这个选项时,网格线变为灰色。这时网格线就起到辅助绘图的作用

3.1.5　曲线

画贝塞尔曲线的命令为

```
1  \draw[选项](起点) ... controls (控制点1) and (控制点2) ... (终点);
```

- 选项包括线型、颜色、线条粗细等。

3.1.6　矩形

画矩形的命令为

```
1  \draw[选项](左下方顶点)rectangle(右上方顶点);
```

- 选项包括线型、颜色、线条粗细等。
- 若选项中包含 rounded corners,则得到圆角矩形。
- 可以在选项中用 rounded corners=长度设置圆角的弧度。

3.1.7　箭头

设置和使用各式箭头需要调用 arrows.meta 库,即导言区加载

```
1  \usetikzlibrary{arrows.meta}
```

下面给出设置燕尾箭头的命令,在导言区输入命令:

```
1  \tikzset{>={Stealth[scale=1.4]}}
```

- Stealth 即表示燕尾箭头,后面加上 scale=1.4 表示把箭头放大 1.4 倍。
- 读者可以阅读 TikZ 宏包文档,查阅其余箭头样式。

3.1.8　文字标注

标注文字的方法有两种。第一种是用 tkz-euclide 提供的命令:

```
1  \tkzLabelPoints[方位](点1,点2,...)
```

- 这里的点 1,点 2,...必须与 \coordinate 定义的点的名称一致,否则报错。这条命令的优点是可以批量标注字母。
- 方位共有 8 个可用:above(上)、below(下)、left(左)、right(右)、above left(左上)、above right(右上)、below left(左下)、below right(右下)。
- 方位还可以形如这样:above=1pt,表示一定的偏移量。

第二种是用 \node 命令:

```
1  \node[shift={平移坐标}]at(点){文本};
```

- 这条命令的点必须与 \coordinate 定义的点的名称一致。
- 平移坐标可以是直角坐标,也可以是极坐标,这个选项主要用来调节文本的位置。

例 **3.1.2** 平行四边形法则的绘图。

```
1   \documentclass[tikz]{standalone}
2   \usepackage{tkz-euclide}
3   \usetikzlibrary{calc,arrows.meta}
4   \tikzset{>={Stealth[scale=1.4]}}
5   \begin{document}
6   \begin{tikzpicture}[scale=0.8]
7   \coordinate(A)at(0,0);
8   \coordinate(B)at(5,0);
9   \coordinate(D)at(60:3);
10  \coordinate(C)at($(B)+(D)$);
11  \draw[->](A)--(B);
12  \draw[->](A)--(D);
13  \draw[->](A)--(C);
14  \draw[dashed](B)--(C)--(D);
15  \tkzLabelPoints[below](A,B)
16  \tkzLabelPoints[above](C,D)
17  \end{tikzpicture}
18  \end{document}
```

▶ 本例定义 D 点使用了极坐标，定义 C 点使用了相对坐标。实践中少数点使用绝对坐标，尽量多用极坐标和相对坐标。

▶ 第 6 行代码给出了 scale 选项，它的作用是缩放图形，但标注的文本大小不会改变。

例 **3.1.3** 过一点作已知直线的平行线。

```
1   \documentclass[tikz]{standalone}
2   \usepackage{tkz-euclide}
3   \usetikzlibrary{calc}
4   \begin{document}
5   \begin{tikzpicture}
6   \coordinate(A)at(0,0);
7   \coordinate(B)at(5,0);
8   \coordinate(C)at(0,1);
9   \coordinate(D)at($(C)+1.2*(B)-1.2*(A)$);
10  \tkzLabelPoints[left](A,C)
11  \tkzLabelPoints[right](B,D)
```

```
12  \draw(A)--(B) (C)--(D);
13  \end{tikzpicture}
14  \end{document}
```

► 本例是过点 C 作 AB 的平行线。先定义点 A, B, C，然后用坐标运算得到点 D。

► 第 9 行代码 `$(C)+1.2*(B)-1.2*(A)$` 的实质就是向量平行的坐标运算，即 $\overrightarrow{CD} = 1.2\overrightarrow{AB}$。

例 3.1.4 横纵交叉点。

```
1   \documentclass[tikz]{standalone}
2   \usepackage{tkz-euclide}
3   \begin{document}
4   \begin{tikzpicture}
5   \draw[help lines] (-2,-2) grid (2,2);
6   \coordinate(O)at(0,0);
7   \coordinate(A)at(-1,-1);
8   \coordinate(B)at(1.5,1.2);
9   \coordinate(C)at(A|-B);
10  \coordinate(D)at(A-|B);
11  \draw[line width=0.7pt](A)--(C)--(B);
12  \draw[line width=0.7pt,dashed](A)-|(B);
13  \tkzDrawPoints(O,A,B,C,D)
14  \tkzLabelPoints[left](O,A,C)
15  \tkzLabelPoints[right](B,D)
16  \end{tikzpicture}
17  \end{document}
```

► 第 9 行代码定义点 C 时，用了横纵交叉的写法，这种写法会给作图带来很多方便。

► 第 12 行代码画折线 ADB 更加直接，请读者体会这种写法。

例 **3.1.5** 点坐标的平移。

```
1   \documentclass[tikz]{standalone}
2   \usepackage{tkz-euclide}
3   \begin{document}
4   \begin{tikzpicture}
5   \draw[help lines] (-2,-2) grid (4,2);
6   \coordinate(O)at(0,0);
7   \coordinate(A)at(-1.5,-1);
8   \draw(A)--++(4,0)coordinate(B);
9   \draw(A)--++(60:2.5)coordinate(D);
10  \draw[dashed](B)--++(60:2.5)coordinate(C);
11  \draw[dashed](C)--(D);
12  \tkzDrawPoints(O,A,B,C,D)
13  \tkzLabelPoints[above,font=\small](O,C,D)
14  \tkzLabelPoints[below,font=\small](A,B)
15  \end{tikzpicture}
16  \end{document}
```

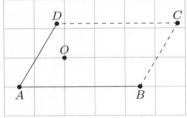

► 本例应用了点坐标的平移进行绘图。

► 第 8 行的 B 点等价于 $(A)+(4,0)$,它表示把 A 点的横坐标向右平移 4 个单位,纵坐标不变。

► ++坐标的好处就在于画图和定义点坐标可以同步进行,在处理一些坐标难以获得的图形时尤为方便。

3.2 几何作图

3.2.1 角度标注

本小节介绍的命令都要加载 `tkz-euclide` 宏包。

① 画角度弧线的命令为

```
1   \tkzMarkAngle[选项](点1,点2,点3)
```

- 点 2 是角的顶点,点 1 和点 3 分别在两条射线上。
- 可用的选项说明见表 3-3。

② 表示直角的小矩形的绘制命令为

```
1   \tkzMarkRightAngle[选项](点1,点2,点3)
```

表 3-3　参数的含义

参数	含义
arc=	指定弧线的条数,1 表示 1 条,11 表示 2 条,111 表示 3 条。该选项的默认值为 1
size=	设置弧线的半径,默认是 1 cm
mark=	设置弧线的装饰图案,常用的是 none(没有图案),|(1 条小线段),||(2 条小线段),|||(3 条小线段),s(蛇形线段),s|(1 条斜线段),s||(2 条斜线段),s|||(3 条斜线段)
mksize=	设定装饰图案的大小,默认是 4 pt
mkcolor=	设定装饰图案的颜色,默认是 black
mkpos=	设置弧线的半径,默认是 1 cm
->	在弧线终点处添加箭头
<-	在弧线起点处添加箭头

- 点 2 是角的顶点,点 1 和点 3 分别在两条射线上。
- 可用选项说明见表 3-4。

表 3-4　参数的含义

参数	含义
size=	表示小矩形的大小,是可选参数,默认是 0.2
fill=	设置填充颜色,默认是白色

③ 角度文本标注的命令为

```
1  \tkzLabelAngle[pos=](点1,点2,点3)
```

- 点2 是角的顶点,点1 和 点3 分别在两条射线上。
- pos= 表示标注文本与弧线的距离,是可选参数,默认是 1。

④ 填充角度的命令为

```
1  \tkzFillAngle[选项](点1,点2,点3)
```

- 点2 是角的顶点,点1 和 点3 分别在两条射线上。
- 可用选项说明见表 3-5。

表 3-5　参数的含义

参数	含义
size=	表示阴影区域的半径大小,是可选参数,默认是 1 cm
fill=	设置填充颜色,默认是白色

例 **3.2.1** 标注角度。

```
1  \documentclass[tikz]{standalone}
2  \usepackage{tikz,tkz-euclide}
3  \begin{document}
```

```
4   \begin{tikzpicture}
5   \coordinate(A)at(0,0);
6   \coordinate(B)at(5,0);
7   \coordinate(C)at(3,0);
8   \coordinate(D)at(3,3);
9   \coordinate(E)at(1,3);
10  \coordinate(F)at($(E)!1.2!(C)$);
11  \coordinate(H)at($(E)!(D)!(C)$);
12  \draw(A)--(B) (E)--(F) (D)--(H);
13  \tkzLabelPoints[below](A,B,F)
14  \tkzLabelPoints[below left=-2pt](C,H)
15  \tkzLabelPoints[above](D,E)
16  \tkzMarkRightAngle(D,H,F)
17  \tkzMarkAngle[size=0.7cm,mark=s|,mksize=10pt](E,C,A)
18  \tkzMarkAngle[arc=ll,size=0.5cm,mark=none](B,C,E)
19  \tkzFillAngle[fill=gray,size=0.4cm](F,C,B)
20  \tkzLabelAngle(E,C,A){1}
21  \tkzLabelAngle[pos=0.7](B,C,E){2}
22  \tkzLabelAngle[pos=0.6](F,C,B){3}
23  \end{tikzpicture}
24  \end{document}
```

3.2.2 三角形五心

tkz-euclide 宏包提供了一条确定三角形五心的命令：

```
1   \tkzDefTriangleCenter[选项](点1,点2,点3)
```

- 点 1、点 2、点 3 是三角形的三个顶点。
- 主要的选项说明见表 3-6。

表 3-6 参数的含义

参数	含义
ortho	确定三角形的垂心
centroid	确定三角形的重心
circum	确定三角形的外心
in	确定三角形的内心
ex	确定三角形的旁心

- 这条命令非常有用,它还有一些选项,比如确定欧拉圆的圆心等,请读者查阅宏包说明文档。但是要得到这些点,还需要紧随这条命令之后使用命令:

```
1  \tkzGetPoint{点}
```

例 3.2.2 作三角形的角平分线。

```
1   \documentclass[tikz]{standalone}
2   \usepackage{tikz,tkz-euclide}
3   \usetikzlibrary{calc}
4   \begin{document}
5   \begin{tikzpicture}
6   \coordinate(A)at(0,0);
7   \coordinate(B)at(5,0);
8   \coordinate(C)at(3,4);
9   \tkzDefTriangleCenter[in](A,B,C)
10  \tkzGetPoint{I}
11  \tkzDrawPoints(I)
12  \tkzLabelPoints[left](A)
13  \tkzLabelPoints[right](B,I)
14  \tkzLabelPoints[above](C)
15  \draw(A)--(B)--(C)--cycle;
16  \coordinate(D)at($(C)!1.7!(I)$);
17  \draw(C)--(D);
18  \tkzMarkAngle[size=0.7cm,mark=none](I,C,B)
19  \tkzMarkAngle[arc=ll,size=0.7cm,mark=none](A,C,I)
20  \tkzLabelAngle[pos=0.95](A,C,I){1}
21  \tkzLabelAngle[pos=0.9](I,C,B){2}
22  \end{tikzpicture}
23  \end{document}
```

▶ 第 9 行代码确定内心,第 10 行代码得到内心,第 11 行代码画出内心。

3.2.3　圆与圆弧

画圆的命令为

```
1  \draw[选项](圆心) circle (半径);
```

- 选项包括设置线条的类型、粗细和颜色等。

- 圆心是必填参数,这里输入圆心坐标。半径的默认单位是 cm。

如果知道了圆心坐标和半径,则立即可以画出这个圆;如果知道了圆心和圆上的一点,则要计算半径,可用 `tkz-euclide` 宏包提供的计算线段长度的命令:

```
1  \tkzCalcLength[cm](A,B)
2  \tkzGetLength{rAB}
```

- 第 1 行代码计算 A, B 两点间线段的长度。cm 表示单位, A, B 表示两个点。
- 第 2 行代码得到这个长度,记为 rAB。
- 上述两个代码设置好之后,后面若要引用这个长度,只需使用命令 `\rAB` 即可。

例 3.2.3 画三角形的外接圆。

```
1   \documentclass[tikz]{standalone}
2   \usepackage{tikz,tkz-euclide}
3   \usetikzlibrary{calc}
4   \begin{document}
5   \begin{tikzpicture}
6   \coordinate(A)at(0,0);
7   \coordinate(B)at(5,0);
8   \coordinate(C)at(3,4);
9   \draw(A)--(B)--(C)--cycle;
10  \tkzDefTriangleCenter[circum](A,B,C)
11  \tkzGetPoint{O}
12  \tkzDrawPoint(O)
13  \tkzCalcLength[cm](A,O)
14  \tkzGetLength{rAO}
15  \draw(O)circle(\rAO);
16  \tkzLabelPoints[left](A)
17  \tkzLabelPoints[right](B)
18  \tkzLabelPoints[above](C,O)
19  \end{tikzpicture}
20  \end{document}
```

例 **3.2.4** 画三角形的内切圆。

```
1   \documentclass[tikz]{standalone}
2   \usepackage{tikz,tkz-euclide}
3   \usetikzlibrary{calc}
4   \begin{document}
5   \begin{tikzpicture}
6   \coordinate(A)at(0,0);
7   \coordinate(B)at(5,0);
8   \coordinate(C)at(3,4);
9   \draw(A)--(B)--(C)--cycle;
10  \tkzDefTriangleCenter[in](A,B,C)
11  \tkzGetPoint{I}
12  \tkzDrawPoint(I)
13  \coordinate(H)at($(A)!(I)!(B)$);
14  \tkzCalcLength[cm](I,H)
15  \tkzGetLength{rIH}
16  \draw(I)circle(\rIH);
17  \tkzLabelPoints[left](A)
18  \tkzLabelPoints[right](B)
19  \tkzLabelPoints[above](C,I)
20  \end{tikzpicture}
21  \end{document}
```

画圆弧的命令为

```
1   \draw[选项](起点) arc (起始角度:终止角度:半径);
```

- 选项通常设置线条的粗细、箭头、颜色等。
- 起点表示圆弧的起点坐标,起始角度和终止角度都是角度制单位。如果起始角度大于终止角度,则按顺时针方向画圆弧;反之,则按逆时针方向画圆弧。

例 **3.2.5** 绘制 2018 年高考北京文科数学卷选择题第 7 题插图。

```
1   \documentclass[tikz]{standalone}
2   \usetikzlibrary{arrows.meta}
3   \tikzset{>={Stealth[scale=1.4]}}
4   \tikzstyle{every node}=[font=\small]
5   \begin{document}
6   \begin{tikzpicture}[scale=0.92]
```

```
7   \draw[->] (-2.4,0)--(2.6,0);
8   \draw[->] (0,-2)--(0,2.4);
9   \draw[dashed] (0,0) circle (1.7);
10  \draw[line width=0.7pt](0:1.7) arc (0:20:1.7);
11  \draw[line width=0.7pt](70:1.7) arc (70:90:1.7);
12  \draw[line width=0.7pt](70:1.7) arc (70:90:1.7);
13  \draw[line width=0.7pt](100:1.7) arc (100:120:1.7);
14  \draw[line width=0.7pt](180:1.7) arc (180:200:1.7);
15  \node at (2.45,-0.2){$x$};
16  \node at (-0.2,2.25){$y$};
17  \node at (-0.17,-0.17){$O$};
18  \node at (1.9,0.15){$A$};
19  \node at (22:1.9){$B$};
20  \node at (68:1.9){$C$};
21  \node at (86:1.9){$D$};
22  \node at (100:1.9){$E$};
23  \node at (120:1.9){$F$};
24  \node at (185:1.9){$G$};
25  \node at (202:1.9){$H$};
26  \end{tikzpicture}
27  \end{document}
```

▶ 第 4 行代码设置 \node 文本标注的尺寸比正文尺寸小一些。

有时要获得角度并不容易，比较理想的情况是让系统自动计算角度，然后再引用这个角度。下面的命令是 tkz-euclide 宏包提供的计算角度的功能：

```
1   \tkzFindAngle(B,A,C)
2   \tkzGetAngle{angleBAC}
```

• 第 1 行代码找到 $\angle BAC$，第 2 行代码获得 $\angle BAC$ 的大小。

• 执行上述两条命令之后就可以用 \angleBAC 来表示这个角的大小了。

例 3.2.6 以直角边为直径作半圆。

```
1   \documentclass{standalone}
2   \usepackage{tkz-euclide}
3   \begin{document}
4   \begin{tikzpicture}[line cap=round,line join=round]
```

```
5   \coordinate(O)at(0,0);
6   \coordinate(C)at(2,0);
7   \coordinate(B)at(-2,0);
8   \coordinate(A)at(70:2);
9   \coordinate(D)at($(A)!0.5!(B)$);
10  \coordinate(E)at($(A)!0.5!(C)$);
11  \tkzFindAngle(E,D,A)
12  \tkzGetAngle{angleEDA}
13  \tkzFindAngle(E,D,B)
14  \tkzGetAngle{angleEDB}
15  \tkzCalcLength[cm](A,D)
16  \tkzGetLength{rAD}
17  \draw(A)arc(\angleEDA:\angleEDB:\rAD);
18  \tkzFindAngle(A,E,D)
19  \tkzGetAngle{angleAED}
20  \tkzFindAngle(C,E,D)
21  \tkzGetAngle{angleCED}
22  \tkzCalcLength[cm](A,E)
23  \tkzGetLength{rAE}
24  \draw(C)arc(180-\angleCED:180-\angleAED:\rAE);
25  \tkzDrawPoints(D,E)
26  \draw(C)--(B)--(A)--(C);
27  \tkzLabelPoints[below](C,B,D,E)
28  \tkzLabelPoints[above](A)
29  \end{tikzpicture}
30  \end{document}
```

3.2.4　交点

作路径的交点需要在导言区加载 intersections 库，即

```
1  \usetikzlibrary{intersections}
```

求交点的命令为

```
1  \path[name intersections={of= 路径1 and 路径2,name=交点记号}];
```

- 这条命令的作用是求出两条路径的交点，但是不会显示交点。
- 交点记号这个选项表示给交点一个记号，通常用一个字母表示，以后就可以引用它。
- 路径 1 和 路径 2 表示路径名称，通常用一个字母或者单词表示，必须在画路径的语句中给出。给出路径名称的代码是

```
1  name path global=路径名称
```

例 **3.2.7** 作两圆相交的交点。

```
1   \documentclass[tikz]{standalone}
2   \usepackage{tkz-euclide}
3   \usetikzlibrary{intersections}
4   \begin{document}
5   \begin{tikzpicture}
6   \coordinate(C1)at(0,0);
7   \coordinate(C2)at(3,0.5);
8   \draw[name path global=p](C1) circle (2);
9   \draw[name path global=q](C2) circle (2.5);
10  \path[name intersections={of= p and q,name=D}];
11  \coordinate(A)at(D-1);
12  \coordinate(B)at(D-2);
13  \tkzDrawPoints(A,B,C1,C2)
14  \tkzLabelPoints[above](A)
15  \tkzLabelPoints[below](B)
16  \node[shift={(-90:0.3)}]at(C1){$C_1$};
17  \node[shift={(-90:0.3)}]at(C2){$C_2$};
18  \end{tikzpicture}
19  \end{document}
```

▶ 第 8、9 行代码画出圆 C_1, C_2,并给路径命名为 p 和 q。

▶ 第 10 行代码求路径 p 和路径 q 的交点,并记为 D。

▶ 第 11、12 行代码定义交点坐标,其中 D-1 表示第一个交点,D-2 表示第二个交点。

▶ 第 13 行代码把相关的点画出来。

3.2.5 椭圆

画椭圆的命令为

```
1   \draw[选项] (中心) ellipse (半长轴 and 半短轴);
```

● 选项通常设置线条的粗细、箭头、颜色等。

● 中心指的是椭圆的中心坐标,在中学阶段通常就是原点。

例 **3.2.8** 绘制 2010 年高考浙江理科数学卷第 21 题插图。

```
1   \documentclass[tikz]{standalone}
2   \usetikzlibrary{arrows.meta,intersections,calc}
```

```
3    \tikzset{>={Stealth[scale=1.4]}}
4    \tikzstyle{every node}=[font=\small]
5    \begin{document}
6    \begin{tikzpicture}
7    \coordinate(M)at(1,0);
8    \coordinate(N)at(0,{-sqrt(2)/2});
9    \coordinate(C)at($(M)!2!(N)$);
10   \coordinate(D)at($(M)!-1!(N)$);
11   \draw[name path global=p] (0,0) ellipse ({sqrt(2)} and 1);
12   \draw[name path global=q](C)--(D);
13   \path[name intersections={of= p and q,name=J}];
14   \coordinate(A)at(J-1);
15   \coordinate(B)at(J-2);
16   \draw[->] (-2,0)--(2.2,0);
17   \draw[->] (0,-1.7)--(0,1.7);
18   \node at (2.05,-0.2){$x$};
19   \node at (-0.2,1.6){$y$};
20   \node at (-0.17,-0.17){$O$};
21   \node[shift={(70:6pt)}] at (A){$A$};
22   \node[shift={(-80:5pt)}] at (B){$B$};
23   \end{tikzpicture}
24   \end{document}
```

▶ 本例第 7~10 行代码定义这些点的坐标,是为了画直线 AB,稍显复杂,下一节介绍的解析式作图会更简单一些。

3.3 三维作图

3.3.1 多面体

下面介绍用斜二测法作立体几何图形。

根据斜二测法的原理,在导言区设置一个坐标系样式:

```
1    \tikzset{xyz/.style={x={(-135:0.5cm)},y={(1cm,0)},z={(0,1cm)}}}
```

例 3.3.1 绘制 2020 年高考全国 I 理科数学卷第 20 题插图。

```
1    \documentclass[tikz]{standalone}
2    \tikzset{xyz/.style={x={(-135:0.5cm)},y={(1cm,0)},z={(0,1cm)}}}
```

```
3    \tikzstyle{every node}=[font=\small]
4    \begin{document}
5    \begin{tikzpicture}[xyz,line width=0.7pt,line join=round,scale=2.6]
6    \coordinate(A)at(1,0,0);
7    \coordinate(B)at(1,1,0);
8    \coordinate(C)at(0,1,0);
9    \coordinate(D)at(0,0,0);
10   \coordinate(P)at(0,0,1);
11   \draw(P)--(A)--(B)--(C)--(P)--(B);
12   \draw[dashed,line width=0.4pt](P)--(D)--(A) (D)--(C);
13   \node[shift={(90:5pt)}]at(P){$P$};
14   \node[shift={(-135:5pt)}]at(A){$A$};
15   \node[shift={(-45:5pt)}]at(B){$B$};
16   \node[shift={(0:5pt)}]at(C){$C$};
17   \node[shift={(180:6pt)}]at(D){$D$};
18   \end{tikzpicture}
19   \end{document}
```

▶ 本例第 2 行代码设置了名为 xyz 的坐标系,第 5 行代码加上这个样式,后续作图就在空间直角坐标系中进行。

▶ 第 5 行代码还设置了全局的线宽为 0.7 pt,而第 12 行代码设置虚线的线宽为 0.4 pt。

3.3.2 tikz-3dplot 宏包

`tikz-3dplot` 是三维作图宏包,本书用它来处理旋转体的绘图。

首先给出确定空间一点的球坐标的命令:

```
1    \tdplotsetcoord{point}{r}{θ}{φ}
```

- `point` 是点的名称,(r,θ,φ) 是该点的球坐标。
- 如图 3-5 所示,对于空间一点 $P(r,\theta,\varphi)$,r 是原点 O 与点 P 之间的距离;θ 为有向线段 OP 与 z 轴正向的夹角;φ 是 OP 在 xOy 平面上的射影与 x 轴正向的夹角。

不同视角下的三维坐标系的设置命令为

```
1    \tdplotsetmaincoords{α}{β}
```

- α 表示坐标系绕 x 轴旋转的角,β 表示坐标系绕 z 轴旋转的角。
- α 一般可认为是三维图形上下翻转的角度,β 可认为是三维图形左右旋转的角度。如图 3-6 所示,直观感受同一个 α、不同的 β 对坐标系的影响。

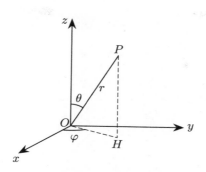

图 3-5　球坐标示意图

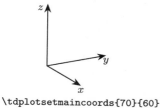

\tdplotsetmaincoords{70}{60}

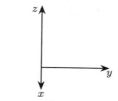

\tdplotsetmaincoords{70}{90}

\tdplotsetmaincoords{70}{120}

图 3-6　不同视角下的坐标系

3.3.3　圆锥、圆柱和圆台

本小节介绍圆锥、圆柱、圆台的绘图,为了便于计算,根据图 3-6,取 $\beta = 90°$。

圆锥、圆柱、圆台的底面都是虚实各半的圆(直观图是椭圆),tikz-3dplot 宏包提供了一条画圆弧的命令:

```
1    \tdplotdrawarc[选项]{中心}{半径}{起始角度}{终止角度}{标签选项}{标签}
```

- 选项通常是指线型、颜色等。中心是指圆弧的圆心。标签选项和标签通常空置,因为我们仅仅是画圆弧,而不需要标注。

例 **3.3.2** 绘制 2018 年高考上海理科数学卷第 17 题插图。

```
1    \documentclass[tikz]{standalone}
2    \usepackage{tikz-3dplot}
3    \usetikzlibrary{calc}
4    \tikzset{xuxian/.style={dash pattern=on 3pt off 1.8pt,line width=0.4pt}}
5    \tikzstyle{every node}=[font=\small]
6    \begin{document}
7    \tdplotsetmaincoords{78}{90}
8    \begin{tikzpicture}[tdplot_main_coords,line cap=round,line width=0.7pt,scale=0.9]
9    \tdplotsetcoord{B}{2}{90}{90}
10   \tdplotsetcoord{A}{2}{90}{-20}
11   \tdplotsetcoord{Q}{2}{90}{-90}
12   \coordinate(P)at(0,0,4);
13   \coordinate(O)at(0,0,0);
```

```
14   \coordinate(M)at($(A)!0.5!(B)$);
15   \draw[xuxian](B)--(0)--(A)--cycle;
16   \draw[xuxian] (0)--(P)--(M);
17   \draw(Q)--(P)--(B);
18   \tdplotdrawarc[xuxian]{(0)}{2}{90}{270}{}{};
19   \tdplotdrawarc{(0)}{2}{270}{450}{}{};
20   \node[shift={(-110:5pt)}]at(A){$A$};
21   \node[shift={(0:5pt)}]at(B){$B$};
22   \node[shift={(150:5pt)}]at(0){$0$};
23   \node[shift={(90:5pt)}]at(P){$P$};
24   \node[shift={(-45:5pt)}]at(M){$M$};
25   \end{tikzpicture}
26   \end{document}
```

▶ 第 4 行代码自定义虚线样式,以便后面使用。

▶ 第 7 行代码设置三维视角,然后第 8 行引用它（即 `tdplot_main_coords` 选项）。

▶ 第 9 行代码设置 B 点坐标,这是球坐标的写法,其实就是 $(0,2,0)$。

▶ 第 10 行代码设置 A 点坐标,这时球坐标的优势就显示出来了! 这行代码很好地体现了点 A 在底面圆弧上,且根据图 3-6,这里设置 $\varphi = -20°$,把 A 点向左偏 20°,立体感就凸显出来了。注意,根据图 3-6,A 点坐标不能写成 $(2,0,0)$,不然就缺乏立体感了。

▶ 第 18 行代码表示以 O 为圆心,2 为半径,从 90° 到 270° 画虚线圆弧。为什么从 90° 开始呢? 请读者联系图 3-6,自己感悟。

例 3.3.3 绘制 2017 年高考山东理科数学卷第 17 题插图。

```
1    \documentclass[tikz]{standalone}
2    \usepackage{tikz-3dplot}
3    \usetikzlibrary{calc}
4    \tikzset{xuxian/.style={dash pattern=on 3pt off 1.8pt,line width=0.4pt}}
5    \tikzstyle{every node}=[font=\small]
6    \begin{document}
7    \tdplotsetmaincoords{78}{90}
8    \begin{tikzpicture}[tdplot_main_coords,line cap=round,line width=0.7pt,scale=0.95]
9    \tdplotsetcoord{C}{2}{90}{90}
10   \tdplotsetcoord{E}{2}{90}{-30}
```

```
11  \tdplotsetcoord{G'}{2}{90}{30}
12  \tdplotsetcoord{P}{2}{90}{50}
13  \coordinate(A)at(0,0,3);
14  \coordinate(B)at(0,0,0);
15  \coordinate(G)at($(G')+(A)-(B)$);
16  \coordinate(F)at($(E)+(A)-(B)$);
17  \coordinate(D)at($(C)+(A)-(B)$);
18  \draw[xuxian](E)--(A)--(B)--(C)--(G) (B)--(E)--(G) (C)--(A) (B)--(P)--(A);
19  \draw(A)--(G) (A)--(F)--(E) (A)--(D)--(C);
20  \tdplotdrawarc{(B)}{2}{-30}{90}{}{};
21  \tdplotdrawarc{(A)}{2}{-30}{90}{}{};
22  \node[shift={(140:5pt)}]at(A){$A$};
23  \node[shift={(150:5pt)}]at(B){$B$};
24  \node[shift={(0:5pt)}]at(C){$C$};
25  \node[shift={(0:5pt)}]at(D){$D$};
26  \node[shift={(-135:5pt)}]at(E){$E$};
27  \node[shift={(-150:5pt)}]at(F){$F$};
28  \node[shift={(60:5pt)}]at(G){$G$};
29  \node[shift={(-45:5pt)}]at(P){$P$};
30  \end{tikzpicture}
31  \end{document}
```

例 **3.3.4** 绘制 2016 年高考山东理科数学卷第 17 题插图。

```
1   \documentclass[tikz]{standalone}
2   \usepackage{tikz-3dplot,tkz-euclide}
3   \usetikzlibrary{calc}
4   \tikzset{xuxian/.style={dash pattern=on 3pt off 1.8pt,line width=0.4pt}}
5   \tikzstyle{every node}=[font=\small]
6   \begin{document}
7   \tdplotsetmaincoords{76}{90}
8   \begin{tikzpicture}[tdplot_main_coords,line cap=round,line width=0.7pt]
9   \tdplotsetcoord{A}{2}{90}{-20}
10  \tdplotsetcoord{B}{2}{90}{90}
11  \tdplotsetcoord{D}{2}{90}{-90}
12  \coordinate(O)at(0,0,0);
```

```
13    \coordinate(P)at(0,0,4);
14    \coordinate(C)at($(O)-(A)$);
15    \coordinate(E)at($(D)!0.5!(P)$);
16    \coordinate(F)at($(B)!0.5!(P)$);
17    \coordinate(O')at($(O)!0.5!(P)$);
18    \coordinate(H)at($(B)!0.5!(F)$);
19    \coordinate(G)at($(C)!0.5!(E)$);
20    \draw[xuxian](E)--(C)--(A)--(B)--(C)--(F) (G)--(H) (B)--(O);
21    \draw(D)--(E)--(F)--(B);
22    \tdplotdrawarc{(O)}{2}{-90}{90}{}{};
23    \tdplotdrawarc[xuxian]{(O)}{2}{90}{270}{}{};
24    \tdplotdrawarc{(O')}{1}{0}{360}{}{};
25    \tkzDrawPoints[size=2pt](O')
26    \node[shift={(-90:5pt)}]at(A){$A$};
27    \node[shift={(0:5pt)}]at(B){$B$};
28    \node[shift={(30:6pt)}]at(C){$C$};
29    \node[shift={(160:5pt)}]at(E){$E$};
30    \node[shift={(0:5pt)}]at(F){$F$};
31    \node[shift={(200:5pt)}]at(G){$G$};
32    \node[shift={(0:5pt)}]at(H){$H$};
33    \node[shift={(150:5pt)}]at(O){$O$};
34    \node[shift={(40:8pt)}]at(O'){$O'$};
35    \end{tikzpicture}
36    \end{document}
```

▶ 圆台是由平面截圆锥得到的。第 13 行代码设置的 P 点相当于圆锥的顶点，第 15~17 行代码用比例得到点 E, F, O' 的坐标。

3.3.4　球

tikz-3dplot-circleofsphere 宏包提供了一些画球以及经线、纬线的命令,非常方便!
① 平面截球得到小圆的命令为

```
1    \tdplotCsDrawCircle[选项]{球半径}{方位角}{极角}{仰角}
```

② 平面截球得到大圆的命令为

```
1    \tdplotCsDrawGreatCircle[选项]{球半径}{方位角}{极角}
```

③ 绘制纬线的命令为

```
1  \tdplotCsDrawLatCircle[选项]{球半径}{仰角}
```

　　④ 绘制经线的命令为

```
1  \tdplotCsDrawLonCircle[选项]{球半径}{方位角}
```

　　⑤ 绘制球面上一点的命令为

```
1  \tdplotCsDrawPoint[选项]{球半径}{方位角}{极角}
```

- 第①~⑤条命令的可用选项说明见表 3-7。

表 3-7　参数的含义

参数	含义
tdplotCsFront/.style={ }	正面弧线（点）的样式
tdplotCsBack/.style={ }	背面弧线（点）的样式
tdplotCsFill/.style={ }	截面圆的填充样式,第⑤条命令没有此选项

- tikz-3dplot-circleofsphere 宏包自动将背面弧线（点）画成虚线（空心）,作图效率大大提高。

例 **3.3.5** 绘制球的示意图。

```
1   \documentclass[tikz]{standalone}
2   \usepackage{tikz-3dplot-circleofsphere,tikz-3dplot,tkz-euclide}
3   \tikzstyle{every node}=[font=\small]
4   \begin{document}
5   \tdplotsetmaincoords{75}{105}
6   \begin{tikzpicture}[tdplot_main_coords,line cap=round]
7   \coordinate(O)at(0,0,0);
8   \draw[tdplot_screen_coords] (O) circle (2);
9   \tdplotCsDrawLatCircle{2}{0}
10  \tdplotCsDrawLonCircle{2}{-45}
11  \tkzDrawPoints[size=2pt](O)
12  \tkzLabelPoints[below](O)
13  \end{tikzpicture}
14  \end{document}
```

▶ 第 8 行代码绘制一个半径为 2 的圆。tdplot_screen_coords 一定要写入,它是标准的没有旋转的坐标系,得到的圆就像是在二维平面上画出来的。

例 **3.3.6** 绘制球内接三棱锥的示意图。

```
1    \documentclass[tikz]{standalone}
2    \usepackage{tikz-3dplot-circleofsphere,tikz-3dplot,tkz-euclide}
3    \tikzset{xuxian/.style={dash pattern=on 3pt off 1.5pt,line width=0.4pt}}
4    \begin{document}
5    \tdplotsetmaincoords{75}{120}
6    \begin{tikzpicture}[tdplot_main_coords,line cap=round,line join=round]
7    \def\r{sqrt(3)}
8    \coordinate(O)at(0,0,0);
9    \coordinate(A)at(-1,1,-1);
10   \coordinate(B)at(1,1,-1);
11   \coordinate(C)at(1,-1,-1);
12   \coordinate(D)at(-1,1,1);
13   \draw[tdplot_screen_coords] (O) circle (\r);
14   \tdplotCsDrawLatCircle[tdplotCsBack/.style={dash pattern=on 3pt off 1.5pt,line width
        =0.4pt}]{\r}{-35}
15   \draw[xuxian](A)--(C)--(B)--(A)--(D)--(C) (B)--(D);
16   \tkzDrawPoints[size=2pt](O)
17   \tkzLabelPoints[below=-2pt](O,B)
18   \tkzLabelPoints[below left=-4pt](C)
19   \tkzLabelPoints[above right=-4pt](A)
20   \tkzLabelPoints[above right=-4pt](D)
21   \end{tikzpicture}
22   \end{document}
```

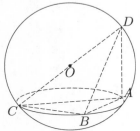

3.4 解析作图

3.4.1 函数图像

画函数图像主要有两个重要代码。第一个是在导言区定义一个函数：

```
1    \tikzset{declare function={f(\x)=...;}}
```

- 此处"$...$"代表函数的解析式，以"$;$"结尾。
- 写解析式需要用到算子，中学阶段常用的算子举例说明见表 3-8。

第二个是在正文中画函数图像，命令为

```
1    \draw[选项,domain=a:b,smooth,samples=500] plot (\x,{f(\x)});
```

- 选项主要设置线条的粗细、颜色、线型等。
- domain=a:b 设置定义域,其中 a 是定义域左端点,b 是定义域右端点。
- smooth 表示光滑的曲线。
- samples=500 表示取点个数。一般来说,取点越多图像越精确,可根据实际情况取数值。

表 3-8　算子举例说明

算子	含义
x+y	加法运算
x-y	减法运算
x*y	乘法运算
x/y	除法运算
x\^{}y	乘方运算
exp(x)	计算 e^x
ln(x)	计算自然对数
log10(x)	计算常用对数
log2(x)	计算以 2 为底的对数
abs(x)	计算绝对值
sign(x)	返回 x 的符号
floor(x)	向下取整
ceil(x)	向上取整
int(x)	返回 x 的整数部分,即向 0 取整
frac(x)	返回 x 的小数部分
sin(x)	正弦函数
cos(x)	余弦函数
tan(x)	正切函数
cot(x)	余切函数
asin(x)	反正弦函数
acos(x)	反余弦函数
atan(x)	反正切函数

例 3.4.1 绘制指数函数与对数函数的图像。

```
1  \documentclass[tikz]{standalone}
2  \usepackage{tkz-euclide}
3  \usetikzlibrary{arrows.meta}
4  \tikzstyle{every node}=[font=\small]
5  \tikzset{>={Stealth[scale=1.4]}}
6  \tikzset{
7  declare function=
```

```
8    {
9    f(\x)=3^(\x);
10   g(\x)=(ln(\x)/ln(3));
11   h(\x)=\x;
12   }
13   }
14   \begin{document}
15   \begin{tikzpicture}[line cap=round,line join=round,scale=0.6]
16   \coordinate(A)at(1,{f(1)});
17   \coordinate(B)at(3,{g(3)});
18   \draw[line width=0.7pt,domain=-1.5:1.2,smooth,samples=500] plot (\x,{f(\x)});
19   \draw[line width=0.7pt,domain=0.1:5,smooth,samples=500] plot (\x,{g(\x)});
20   \draw[dashed,domain=-1.5:3.6,smooth,samples=500] plot (\x,{h(\x)});
21   \draw(A)--(B);
22   \draw[->](-1.6,0)--(5.3,0);
23   \draw[->](0,-2.5)--(0,4);
24   \tkzDrawPoints(A,B)
25   \tkzLabelPoints[above left=-3pt](A)
26   \tkzLabelPoints[below](B)
27   \node[shift={(-120:6pt)}]at(5.3,0){$x$};
28   \node[shift={(220:5pt)}]at(0,4){$y$};
29   \node[shift={(-45:6pt)}]at(0,0){$O$};
30   \node[shift={(0:15pt)}]at(1.2,{f(1.2)}){$y=3^x$};
31   \node[shift={(90:10pt)}]at(4,{g(4)}){$y=\log_3 x$};
32   \node[shift={(0:15pt)}]at(3,{h(3)}){$y=x$};
33   \end{tikzpicture}
34   \end{document}
```

▶ 本例定义 $g(x)$ 用了换底公式。

例 **3.4.2** 绘制三角函数的图像。

```
1    \documentclass[tikz]{standalone}
2    \usetikzlibrary{arrows.meta}
3    \tikzstyle{every node}=[font=\small]
4    \tikzset{>={Stealth[scale=1.4]}}
5    \tikzset{
6    declare function={
```

```
7   f(\x)=cos(\x r);
8   g(\x)=sin((\x+pi/6) r);
9   }
10  }
11  \begin{document}
12  \begin{tikzpicture}[xscale=0.7]
13  \draw[dashed,domain=0:2*pi,smooth,samples=1000] plot (\x,{f(\x)});
14  \draw[line width=0.7pt,domain=-pi/2:1.5*pi,smooth,samples=1000] plot (\x,{g(\x)});
15  \draw[->](-1.6,0)--(6.8,0);
16  \draw[->](0,-1.5)--(0,1.5);
17  \draw(0,1)--(0.1,1);
18  \draw(0,-1)--(0.1,-1);
19  \node[shift={(-120:6pt)}]at(6.8,0){$x$};
20  \node[shift={(220:5pt)}]at(0,1.5){$y$};
21  \node[shift={(-45:6pt)}]at(0,0){$O$};
22  \node[shift={(90:20pt)}]at(5,{f(5)}){$y=\cos x$};
23  \node[shift={(-90:15pt)}]at(5,{g(5)}){$y=\sin(x+\frac{\pi}{6})$};
24  \node[shift={(-180:5pt)}]at(0,1){1};
25  \node[shift={(-180:5pt)}]at(0,-1){$-1$};
26  \end{tikzpicture}
27  \end{document}
```

▶ 第 7、8 行代码定义函数时加上 r，表示把角度转化为弧度。

▶ 第 12 行代码加上 xscale=0.7，表示把整个图形横向缩小为原来的 0.7。

3.4.2　参数方程

由参数方程画曲线的命令为

```
1  \draw[选项,domain=a:b,smooth,samples=500] plot ({x(\x)},{y(\x)});
```

- 选项主要设置线条的粗细、颜色、线型等。
- domain=a:b 设置参数方程的取值范围，其中 a 是参数范围的左端点，b 是参数范围的右端点。
- smooth 表示光滑的曲线。
- samples=500 表示取点个数为 500。一般来说，取点越多图象越精确，可根据实际情况取数值。
- smooth 和 samples 可以在绘图环境中全局设置。

例 **3.4.3** 绘制 2019 年高考全国Ⅰ理科数学卷第 16 题解答图。

```
1   \documentclass[tikz]{standalone}
2   \usetikzlibrary{arrows.meta,calc}
3   \tikzset{>={Stealth[scale=1.4]}}
4   \tikzstyle{every node}=[font=\small]
5   \begin{document}
6   \begin{tikzpicture}[scale=0.6,smooth,samples=800]
7   \coordinate(B)at(1,{sqrt(3)});
8   \coordinate(F1)at(-2,0);
9   \coordinate(F2)at(2,0);
10  \coordinate(A)at($(F1)!0.5!(B)$);
11  \draw[->] (-2.7,0)--(3,0);
12  \draw[->] (0,-3.3)--(0,3.5);
13  \draw[domain=-60:60] plot ({sec(\x)},{sqrt(3)*tan(\x)});
14  \draw[domain=120:240] plot ({sec(\x)},{sqrt(3)*tan(\x)});
15  \draw[domain=-1.8:1.8] plot (\x,{sqrt(3)*(\x)});
16  \draw[domain=-1.8:1.8] plot (\x,-{sqrt(3)*(\x)});
17  \draw(F1)--(B)--(F2);
18  \node[shift={(135:5pt)}] at (B) {$B$};
19  \node[shift={(70:5pt)}] at (A) {$A$};
20  \node[shift={(-90:5pt)}] at (F1) {$F_1$};
21  \node[shift={(-90:5pt)}] at (F2) {$F_2$};
22  \node[shift={(-120:6pt)}]at(3,0){$x$};
23  \node[shift={(220:5pt)}]at(0,3.5){$y$};
24  \node[shift={(-140:6pt)}]at(0,0){$O$};
25  \end{tikzpicture}
26  \end{document}
```

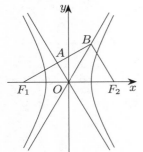

例 **3.4.4** 绘制任意角插图。

```
1   \documentclass[tikz]{standalone}
2   \usetikzlibrary{arrows.meta}
3   \tikzstyle{every node}=[font=\footnotesize]
4   \tikzset{>={Stealth[scale=1.3]}}
5   \begin{document}
```

```
6   \begin{tikzpicture}
7   \coordinate(E)at(-1.5,0);
8   \coordinate(F)at(2,0);
9   \coordinate(H)at(0,1.5);
10  \coordinate(K)at(0,-1.5);
11  \draw[->](E)--(F);
12  \draw[->](K)--(H);
13  \draw[-{Stealth[scale=1.1]},domain=0:720,smooth,samples=500] plot ({(0.3+0.0005*\x)*
        cos(\x)},{(0.3+0.0005*\x)*sin(\x)});
14  \node[shift={(-120:6pt)}]at(F){$x$};
15  \node[shift={(220:5pt)}]at(H){$y$};
16  \node[shift={(-130:6pt)}]at(0,0){$O$};
17  \node at(1,0.5){$\theta=720^\circ$};
18  \end{tikzpicture}
19  \end{document}
```

▶ 本例的螺线方程为

$$\begin{cases} x(t) = (0.3 + 0.0005t)\cos t, \\ y(t) = (0.3 + 0.0005t)\sin t. \end{cases}$$

▶ 一般可通过修改 0.3 和 0.0005 这两个数据使图形更加美观。

3.4.3　切线

目前画曲线的切线多数情况下需要计算切线方程，下面的例子就是通过解题求出切线方程，最后绘图。

例 3.4.5 绘制 2019 年 4 月浙江学考数学卷第 24 题插图。

```
1   \documentclass[tikz]{standalone}
2   \usepackage{tkz-euclide}
3   \usetikzlibrary{arrows.meta,intersections}
4   \tikzstyle{every node}=[font=\footnotesize]
5   \tikzset{>={Stealth[scale=1.3]}}
6   \begin{document}
7   \begin{tikzpicture}[scale=0.7]
8   \coordinate(E)at(-1.7,0);
9   \coordinate(F)at(3,0);
10  \coordinate(H)at(0,3.2);
11  \coordinate(K)at(0,-3);
```

```
12  \draw[->](E)--(F);
13  \draw[->](K)--(H);
14  \draw[name path global=p,line width=0.6pt,domain=-0.88:0.88,smooth,samples=500] plot
        ({2*sqrt(3)*(\x)^2},{2*sqrt(3)*\x});
15  \draw[name path global=q,domain=-1.5:2.7,smooth,samples=500] plot (\x,{(\x+sqrt(3))/(
        sqrt(2))});
16  \draw[name path global=r,line width=0.6pt](0,0)circle(1);
17  \path[name intersections={of= p and q,name=A}];
18  \path[name intersections={of= r and q,name=B}];
19  \coordinate(M)at(A-1);
20  \coordinate(N)at(B-1);
21  \tkzDrawPoints[size=2pt](M,N)
22  \node[shift={(-120:6pt)}]at(F){$x$};
23  \node[shift={(220:5pt)}]at(H){$y$};
24  \node[shift={(-130:6pt)}]at(0,0){$O$};
25  \node[shift={(-130:6pt)}]at(-1.5,0.5){$l$};
26  \node[shift={(90:5pt)}]at(M){$M$};
27  \node[shift={(90:5pt)}]at(N){$N$};
28  \end{tikzpicture}
29  \end{document}
```

▶ 笔者事先通过解题求出切线方程,然后求交点得到切点,编译速度比较慢。

tkz-euclide 宏包提供了一些直线与圆相切的简便命令,下面选取几个常用的命令与读者分享。

① 已知切点坐标作圆的切线,有两条关键命令:

```
1  \tkzDefTangent[at=切点](圆心)
2  \tkzGetPoint{切线上的另一点}
```

• 第 1 行代码是定义切线的命令,紧接着第 2 行代码表示在切线上再自动生成一个点,这样就可以用 \draw 画出切线了。

例 3.4.6 过圆上一点作圆的切线。

```
1  \documentclass[tikz]{standalone}
2  \usetikzlibrary{calc}
3  \usepackage{tkz-euclide}
4  \begin{document}
```

```
5    \begin{tikzpicture}
6    \coordinate(O)at(0,0);
7    \coordinate(A)at(1,{sqrt(3)});
8    \draw(O)circle(2);
9    \tkzDefTangent[at=A](O)
10   \tkzGetPoint{B}
11   \coordinate(C)at($(A)!-2!(B)$);
12   \coordinate(D)at($(A)!2!(B)$);
13   \draw(C)--(D) (O)--(A);
14   \tkzDrawPoints(A,O)
15   \tkzLabelPoints[below](O)
16   \tkzLabelPoints[above](A)
17   \tkzMarkRightAngle(O,A,B)
18   \end{tikzpicture}
19   \end{document}
```

▶ 本例第 11、12 行代码的作用是把线段 AB 向两边延长。

② 未知切点坐标作圆的切线，主要有四条关键命令：

```
1    \tkzDefRandPointOn[circle=center 圆心 radius 半径长]
2    \tkzGetPoint{圆上一点}
3    \tkzDefTangent[at=圆上一点](圆心)
4    \tkzGetPoint{切线上的另一点}
```

- 第 1 行代码的意思是在圆上随机生成一点，紧接着第 2 行代码表示得到该点（把该点当作切点）。
- 第 3、4 行代码的含义不言自明。
- 因为这时的切点是随机生成的，所以每次修改编译得到的结果可能是不同的。

例 **3.4.7** 绘制弦切角示意图。

```
1    \documentclass[tikz]{standalone}
2    \usepackage{tkz-euclide}
3    \usetikzlibrary{calc}
4    \begin{document}
5    \begin{tikzpicture}
6    \coordinate(O)at(0,0);
7    \tkzDefRandPointOn[circle=center O radius 2cm]
8    \tkzGetPoint{A}
```

```
9    \tkzDefTangent[at=A](O)
10   \tkzGetPoint{D}
11   \coordinate(C)at($(A)!2.2!(D)$);
12   \draw(O)circle(2);
13   \draw(A)--(C);
14   \tkzDefRandPointOn[circle=center O radius 2cm]
15   \tkzGetPoint{B}
16   \draw(A)--(B);
17   \tkzDrawPoints[size=2pt](O)
18   \tkzLabelPoints[above](A,C)
19   \tkzLabelPoints[below](B,O)
20   \end{tikzpicture}
21   \end{document}
```

③ 过圆外一点作圆的切线,有两条关键命令:

```
1    \tkzDefTangent[from with R= 圆外一点](圆心,半径长)
2    \tkzGetPoints{切点1}{切点2}
```

例 **3.4.8** 绘制切线长定理示意图。

```
1    \documentclass[tikz]{standalone}
2    \usepackage{tkz-euclide}
3    \begin{document}
4    \begin{tikzpicture}[scale=0.8]
5    \coordinate(O)at(0,0);
6    \coordinate(P)at(2.5,2.5);
7    \draw(O)circle(2);
8    \tkzDefTangent[from with R= P](0,2cm)
9    \tkzGetPoints{A}{B}
10   \draw(A)--(P)--(B);
11   \draw[dashed](O)--(A) (O)--(P) (O)--(B);
12   \tkzDrawPoints(O)
13   \tkzLabelPoints[above](A)
14   \tkzLabelPoints[below](O)
15   \tkzLabelPoints[right=-2pt](B,P)
16   \end{tikzpicture}
17   \end{document}
```

④ 作两圆的公切线,关键是得到两圆的位似中心,其命令为

```
1  \tkzDefIntSimilitudeCenter(圆心1,半径1)(圆心2,半径2)
2  \tkzGetPoint{内部位似中心}
3  \tkzExtSimilitudeCenter(圆心1,半径1)(圆心2,半径2)
4  \tkzGetPoint{外部位似中心}
```

- 在得到位似中心后,就可以仿照③,过位似中心作两圆的公切线。

例 3.4.9 作两圆的公切线。

```
1   \documentclass[tikz]{standalone}
2   \usetikzlibrary{calc}
3   \usepackage{tkz-euclide}
4   \begin{document}
5   \begin{tikzpicture}[scale=.5]
6   \coordinate(O)at(0,0);
7   \coordinate(A)at(4,-5);
8   \draw(O)circle(3);
9   \draw(A)circle(1);
10  \tkzDefIntSimilitudeCenter(O,3)(A,1)
11  \tkzGetPoint{I}
12  \tkzExtSimilitudeCenter(O,3)(A,1)
13  \tkzGetPoint{J}
14  \tkzDefTangent[from with R= I](O,3 cm)
15  \tkzGetPoints{D}{E}
16  \tkzDefTangent[from with R= I](A,1 cm)
17  \tkzGetPoints{D'}{E'}
18  \tkzDefTangent[from with R= J](O,3 cm)
19  \tkzGetPoints{F}{G}
20  \tkzDefTangent[from with R= J](A,1 cm)
21  \tkzGetPoints{F'}{G'}
22  \draw($(D)!-0.5!(D')$)--($(D)!1.5!(D')$);
23  \draw($(E)!-0.5!(E')$)--($(E)!1.5!(E')$);
24  \draw(J)--($(J)!1.2!(F)$);
25  \draw(J)--($(J)!1.2!(G)$);
26  \tkzDrawPoints[size=2pt](O,A,I,J,D,E,F,G,D',E',F',G')
27  \tkzLabelPoints[font=\scriptsize][below](O,A,J,E',G')
28  \tkzLabelPoints[font=\scriptsize][above](G,E)
```

```
29  \tkzLabelPoints[font=\scriptsize][left](F,D,D')
30  \tkzLabelPoints[font=\scriptsize][right](F',I)
31  \end{tikzpicture}
32  \end{document}
```

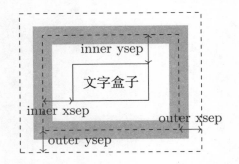

3.5　程序与统计作图

3.5.1　node 概述

　　node 类似于文本框,我们在给图形标注文本时,node 的外框通常不显示。事实上,预定义的 node 形状有 rectangle（矩形）和 circle（圆）。下面的命令把 node 的形状显示出来:

```
1  \node[形状,draw=颜色,fill=颜色,其余选项](命名)at(点){文本};
```

- draw=颜色表示形状的颜色,如果这个参数不给出,则形状的外框不显示。
- fill=颜色表示形状的填充色,默认不填充。
- 除了矩形和圆外,shapes.geometric 库还提供了一些其他形状,读者可查阅 TikZ 说明文档第 786~801 页。
- 这里的其余选项也是 node 的一些共性参数（如图 3-7 所示）,说明见表 3-9。

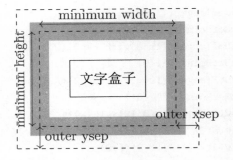

图 3-7　node 的参数

表 3-9　参数的含义

参数	含义
inner xsep=	设置文字内容与形状外缘的横向距离
inner ysep=	设置文字内容与形状外缘的纵向距离
inner sep=	设置文字内容与形状外缘的距离
outer xsep=	设置 node 与周边内容的横向距离
outer ysep=	设置 node 与周边内容的纵向距离
outer sep=	设置 node 与周边内容的距离
minimum height=	设置形状的最小高度
minimum width=	设置形状的最小宽度
minimum size=	把形状的最小高度和宽度设置为同一值
rotate=	设置 node 的旋转角度
shape border rotate=	设置 node 形状的旋转角度,但不旋转文本

- 命名是指给 node 一个名字,方便以后引用,尤其是画流程图时十分有用。
- 修改文本格式的主要参数说明见表 3-10。

表 3-10　参数的含义

参数	含义
text=	设置文本的颜色
font=	设置文本的字体
text width=	把文本放入一个定宽的盒子里
align=	设置文本的对齐方式, 包括 left（左齐）、right（右齐）、center（居中）

node 的位置可以用 anchor 来调整,为了直观了解 anchor 的作用,下面举例说明。

例 3.5.1 anchor 对 node 位置的影响。

```
1   \documentclass[tikz]{standalone}
2   \usepackage{ctex,tkz-euclide}
3   \begin{document}
4   \begin{tikzpicture}
5   \draw[help lines] (-2,-1) grid (4,1);
6   \coordinate(O) at (0,0);
7   \coordinate(A) at (2,0);
8   \node[draw] at (O){学习排版};
9   \node[draw,anchor=west] at (A){学习排版};
10  \tkzDrawPoints(O,A)
11  \tkzLabelPoints[above,font=\small](O,A)
12  \end{tikzpicture}
```

```
13  \end{document}
```

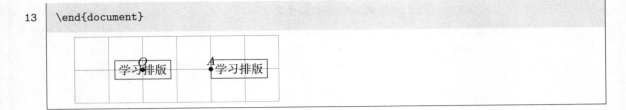

- ▶ 第 8 行代码没有设置 anchor，O 点就是 node 的中点。
- ▶ 第 9 行代码设置 anchor=west，这时 A 点是 node 的左起点。

3.5.2 散点图

例 **3.5.2** 绘制散点图。

```
1   \documentclass{standalone}
2   \usepackage{tikz}
3   \usetikzlibrary{arrows.meta,shapes.geometric}
4   \tikzstyle{every node}=[font=\footnotesize]
5   \tikzset{dia/.style={diamond,draw=white,fill=black,inner sep=0mm,minimum size=5pt}}
6   \tikzset{>={Stealth[scale=1.3]}}
7   \begin{document}
8   \begin{tikzpicture}[scale=0.45]
9   \begin{scope}[y=0.1cm]
10  \node[dia]at(2,29.9){};
11  \node[dia]at(3,44.2){};
12  \node[dia]at(4,54.1){};
13  \node[dia]at(5,61.7){};
14  \node[dia]at(6,68.3){};
15  \node[dia]at(7,73.4){};
16  \draw[gray,domain=2:7.34,smooth,samples=500] plot (\x,{34.737*ln(\x)+5.9104});
17  \end{scope}
18  \draw[->](-1,0)--(9,0);
19  \draw[->](0,-1)--(0,9);
20  \foreach \a in {1,2,3,4,5,6,7,8}
21  {
22  \draw(0,\a)--(0.2,\a);
23  \draw(\a,0)--(\a,0.2);
24  \node[shift={(180:6pt)}]at(0,\a){\a0};
25  \node[shift={(-90:5pt)}]at(\a,0){\a};
26  }
27  \node[shift={(-120:6pt)}]at(9,0){$x$};
28  \node[shift={(220:5pt)}]at(0,9){$y$};
29  \node[shift={(-130:6pt)}]at(0,0){$O$};
30  \end{tikzpicture}
31  \end{document}
```

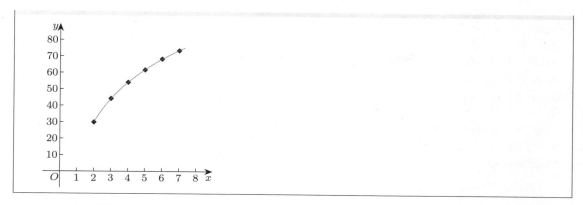

▶ 本例用菱形表示点,需调用 `shapes.geometric` 库。

▶ 第 9~17 行代码相对独立,这里把 y 轴的比例缩放为原来的 0.1。

▶ 第 20~26 行代码用循环语句画刻度线和标注刻度。

▶ 第 16 行代码是拟合函数,事先用 Excel 软件计算得到拟合函数的解析式。

3.5.3 程序框图

前面介绍过 node 是有形状的文本框,如果把一些有形状的 node 按照一定的规则连起来,就形成了流程图。

如果每一个 node 都指定坐标,那必然很烦琐且不好把握。这里就要用到 positioning 库提供的平移选项。相关内容可阅读 TikZ 说明文档第 240~244 页。下面结合常见的流程图简要展示 positioning 库的功能。

例 3.5.3 绘制高考试卷的算法框图。

```
1   \documentclass[tikz]{standalone}
2   \usepackage{ctex,amsmath}
3   \usetikzlibrary{calc,positioning,shapes.geometric,arrows.meta}
4   \tikzset{>={Stealth}}
5   \tikzstyle{every node}=[font=\small]
6   \tikzset{KJ/.style={draw,rounded corners,inner sep=1.6pt,minimum width=1.3cm}}
7   \tikzset{SR/.style={trapezium,trapezium left angle=70,trapezium right angle=110,draw,
        inner sep=1pt,minimum width=1.7cm}}
8   \tikzset{NR/.style={rectangle,draw,minimum height=0.5cm,minimum width=1.7cm,inner sep
        =0pt}}
9   \tikzset{PD/.style={diamond,aspect=3,draw,inner sep=1pt,minimum width=1.7cm}}
10  \begin{document}
11  \begin{tikzpicture}
12  \node[KJ](a){开始};
13  \node[NR,below=0.35cm of a](b){$T=1,i=1$};
14  \node[NR,below=0.35cm of b](c){$T=\frac{T}{i}$};
15  \node[NR,below=0.35cm of c](d){$i=i+1$};
16  \node[PD,below=0.35cm of d](e){$i>5?$};
17  \node[SR,below=0.35cm of e](f){输出$T$};
18  \node[KJ,below=0.35cm of f](g){结束};
```

```
19   \draw[->](a)--(b);
20   \draw[->](b)--(c);
21   \draw[->](c)--(d);
22   \draw[->](d)--(e);
23   \draw[->](e)--node[right]{是}(f);
24   \draw[->](f)--(g);
25   \draw[->](e.east)--node[above]{否}([xshift=0.5cm]e.east)|-($(c.south)!0.4!(d.north)$);
26   \end{tikzpicture}
27   \end{document}
```

$$\boxed{\text{开始}}$$

$$T = 1, i = 1$$

$$T = \frac{T}{i}$$

$$i = i + 1$$

$$i > 5?$$ 否

是

输出 T

$$\boxed{\text{结束}}$$

▶ 第 6~9 行代码分别定义了圆角矩形、平行四边形、矩形和菱形。

▶ 第 12 行代码没有给出坐标，默认是 (0,0)。

▶ 第 13~18 行代码都用到了 below=0.35cm of 的形式，它表示每个 node 都在上一个 node 的下方 0.35 cm 处，这就是 positioning 库提供的平移功能。

▶ 第 25 行代码用东、南、西、北四个方位表示相应的坐标。总之，善于使用相对坐标能提高作图效率。

3.5.4 直方图

例 **3.5.4** 绘制直方图。

```
1    \documentclass[tikz]{standalone}
2    \usepackage{ctex}
3    \usetikzlibrary{arrows.meta,intersections,calc}
4    \tikzstyle{every node}=[font=\small]
5    \tikzset{>={Stealth[scale=1.4]}}
6    \begin{document}
7    \begin{tikzpicture}[xscale=0.7,yscale=10]
8    \draw(0,0)node[below left]{$0$}--(0.2,0.02)--(0.3,-0.01)--(0.6,0.01)--(0.8,0);
9    \draw[->](0.8,0)--(8.3,0)node[below]{百分比};
10   \draw[->](0,0)--(0,0.4)node[right]{频率/组距};
11   {\foreach \x in{1.5,...,7.5}
```

```
12  \node[below]at(\x-0.5,0){$\x$};}
13  \draw(1,0)--(1,0.15)--(2,0.15)(2,0)--(2,0.2)--(3,0.2)(3,0)--(3,0.3)
14  --(4,0.3)--(4,0)(4,0.2)--(5,0.2)--(5,0)(5,0.1)--(6,0.1)--(6,0)(6,0.05)--
15  (7,0.05)--(7,0);
16  \draw[densely dotted](6,0.05)--(0,0.05)node[left]{$0.05$}
17  (5,0.1)--(0,0.1)node[left]{$0.10$}(4,0.2)--(3,0.2)(2,0.2)--(0,0.2)
18  node[left]{$0.20$}(3,0.3)--(0,0.3)node[left]{$0.30$}(1,0.15)--(0,0.15)node[left]{$0.15
    $};
19  \end{tikzpicture}
20  \end{document}
```

3.5.5　树形图

调用 forest 宏包可以实现排列组合的树形图。

① 自上而下的树形图的环境结构如下：

```
1   \begin{forest}
2   sn edges/.style={for tree={
3   parent anchor=south, child anchor=north}},
4   sn edges
5   [父
6   [子1[孙11][孙12]...]
7   [子2[孙21][孙22]...]
8   ...
9   ]
10  \end{forest}
```

● 孙下面还可以再嵌套曾孙、玄孙等。

例 3.5.5 绘制从上到下的树形图。

```
1   \documentclass{standalone}
2   \usepackage{forest}
3   \begin{document}
4   \begin{forest}
5   sn edges/.style={for tree={
6   parent anchor=south, child anchor=north}},
```

```
7    sn edges
8    [1
9    [2[3][4][5]]
10   [3[2][4][5]]
11   [4[2][3][5]]
12   [5[2][3][4]]
13   ]
14   \end{forest}
15   \end{document}
```

② 从左到右的树形图的环境结构如下：

```
1    \begin{forest}
2    sn edges/.style={for tree={
3    anchor=east,child anchor=west,grow=east,anchor=east,parent anchor=east,reversed=true}},
4    sn edges
5    [父
6    [子1[孙11][孙12]...]
7    [子2[孙21][孙22]...]
8    ...
9    ]
10   \end{forest}
```

例 **3.5.6** 绘制从左到右的树形图。

```
1    \documentclass{standalone}
2    \usepackage{forest}
3    \begin{document}
4    \begin{forest}
5    sn edges/.style={for tree={
6    anchor=east,child anchor=west,grow=east,anchor=east,parent anchor=east,reversed=true
        }},
7    sn edges
8    [A
9    [A[C[B]][D[B]]]
10   [C[B[B]][C[B]]]
11   [D[B[B]][D[B]]]
12   ]
13   \end{forest}
```

3.6　填充

3.6.1　填充图案

填充封闭图形的最基本的命令是 \fill。除了用颜色填充外，中学阶段常用的填充图案见表 3-11。

表 3-11　填充图案

参数	图案
north east lines	
north west lines	
crosshatch	
dots	
crosshatch dots	
fivepointed stars	
sixpointed stars	
bricks	
checkerboard	

使用上述图案填充时,需要在导言区加载 `patterns` 库,即

```
1  \usetikzlibrary{patterns.meta}
```

填充封闭图形的命令格式大致是

```
1  \fill[选项]封闭图形;
```

- 选项主要填写颜色或者图案。如果用图案填充,则代码是 `pattern=图案名称`。

3.6.2 规则图形的填充

例 **3.6.1** 绘制一元二次不等式组表示的平面区域。

```
1   \documentclass[tikz]{standalone}
2   \usetikzlibrary{arrows.meta,patterns}
3   \tikzstyle{every node}=[font=\small]
4   \tikzset{>={Stealth[scale=1.4]}}
5   \begin{document}
6   \begin{tikzpicture}
7   \coordinate(O)at(0,0);
8   \coordinate(A)at(3,0);
9   \coordinate(B)at(0,3);
10  \draw[line width=0.7pt,domain=-0.5:3.8] plot (\x,-\x+3);
11  \fill[pattern=north east lines](O)--(A)--(B)--(O);
12  \draw[->](-1.6,0)--(5.3,0);
13  \draw[->](0,-2)--(0,4);
14  \node[shift={(-120:6pt)}]at(5.3,0){$x$};
15  \node[shift={(220:5pt)}]at(0,4){$y$};
16  \node[shift={(-135:6pt)}]at(0,0){$O$};
17  \end{tikzpicture}
18  \end{document}
```

修改阴影斜线样式的代码是

```
1  pattern={Lines=[选项]},pattern color=
```

- `pattern color` 表示填充图案的颜色。
- 可用的选项说明见表 3-12。

表 3-12　参数的含义

参数	含义
angle=	斜线的倾斜角度
distance=	斜线间的距离
line width=	斜线的粗细

例 3.6.2 自定义斜线样式。

```
1   \documentclass[tikz]{standalone}
2   \usetikzlibrary{arrows.meta,patterns.meta}
3   \tikzstyle{every node}=[font=\small]
4   \tikzset{>={Stealth[scale=1.4]}}
5   \begin{document}
6   \begin{tikzpicture}[scale=0.7]
7   \coordinate(O)at(0,0);
8   \coordinate(A)at(3,0);
9   \coordinate(B)at(0,3);
10  \draw[line width=0.7pt,domain=-1:1.4] plot (\x,2*\x+1);
11  \draw[line width=0.7pt,domain=-0.6:4.8] plot (\x,-0.5*\x+2);
12  \fill[pattern={Lines[angle=50,distance=5pt,line width=0.3pt]},pattern color=gray
        ](2/5,9/5)--(1.4,3.8)..controls(4.6,3)and(4.8,0.5)..(4.8,-0.4)--cycle;
13  \draw[->](-1.3,0)--(5.7,0);
14  \draw[->](0,-1.2)--(0,4.3);
15  \node[shift={(-120:6pt)}]at(5.7,0){$x$};
16  \node[shift={(220:5pt)}]at(0,4.3){$y$};
17  \node[shift={(-135:6pt)}]at(0,0){$O$};
18  \node[rotate=-27,font=\footnotesize] at(1.9,0.6){$x+2y-4=0$};
19  \node[rotate=62,font=\footnotesize] at(-0.5,0.4){$2x-y-1=0$};
20  \end{tikzpicture}
21  \end{document}
```

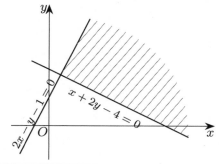

例 **3.6.3** 用灰色填充区域。

```
1   \documentclass[tikz]{standalone}
2   \usetikzlibrary{arrows.meta}
3   \tikzstyle{every node}=[font=\small]
4   \tikzset{>={Stealth[scale=1.4]}}
5   \begin{document}
6   \begin{tikzpicture}[scale=0.55]
7   \coordinate(O)at(0,0);
8   \fill[gray!60](O)--plot[domain=0:pi,smooth,samples=500](\x,{sin(\x r)})--cycle;
9   \draw[line width=0.7pt,domain=0:2*pi,smooth,samples=500] plot (\x,{sin(\x r)});
10  \draw[->](-0.6,0)--(7.2,0);
11  \draw[->](0,-1.4)--(0,2);
12  \node[shift={(-120:6pt)}]at(7.2,0){$x$};
13  \node[shift={(220:5pt)}]at(0,2){$y$};
14  \node[shift={(-135:6pt)}]at(0,0){$O$};
15  \node[shift={(-90:5pt)}]at(pi,0){$\pi$};
16  \node[shift={(90:5pt)}]at(2*pi,0){$2\pi$};
17  \end{tikzpicture}
18  \end{document}
```

▶ 本例第 8 行代码先填充区域,第 9 行代码再画出曲线,这样的顺序能保证曲线不被灰色遮盖。

3.6.3 clip 命令的应用

\clip 命令裁剪图形的环境及命令如下:

```
1   \begin{scope}
2   \clip 裁剪范围;
3   被裁剪图形;
4   \end{scope}
```

- clip 命令作用于其后的所有图形,因此为了避免"误伤",把需要裁剪的图形放在 scope 环境里。
- scope 环境相当于一个"独立王国",在这个环境中设置的各种作图命令只对该环境有效。

例 **3.6.4** 绘制集合韦恩图示意图。

```
1   \documentclass[tikz]{standalone}
2   \tikzstyle{every node}=[font=\small]
```

```
3   \begin{document}
4   \begin{tikzpicture}
5   \coordinate(O)at(0,0);
6   \coordinate(C)at(2,0);
7   \begin{scope}
8   \clip (O)circle(1.3);
9   \fill[gray!50](C)circle(1.5);
10  \end{scope}
11  \draw(O)circle(1.3);
12  \draw(C)circle(1.5);
13  \node at(O){$A$};
14  \node at(C){$B$};
15  \end{tikzpicture}
16  \end{document}
```

▶ 本例把裁剪范围设置为集合 A，集合 B 是被裁剪图形。集合 A 范围内的图形被保留，集合 A 外面的图形被裁掉，所以集合 A 与 B 的交集部分被保留。

▶ 通俗地讲，\clip 命令裁剪后留下的图形是原先两个图形的公共部分。

例 **3.6.5** 反向裁剪。

```
1   \documentclass[tikz]{standalone}
2   \tikzstyle{every node}=[font=\small]
3   \begin{document}
4   \begin{tikzpicture}[scale=0.8]
5   \coordinate(O)at(0,0);
6   \coordinate(C)at(2,0);
7   \begin{scope}
8   \clip (-1.5,-1.5) rectangle (3.6,1.5)
9        (O)circle(1.3);
10  \fill[gray!50](C)circle(1.5);
11  \end{scope}
12  \draw(O)circle(1.3);
13  \draw(C)circle(1.5);
14  \draw[dashed] (-1.5,-1.5) rectangle (3.6,1.5);
15  \node at(O){$A$};
16  \node at(C){$B$};
17  \end{tikzpicture}
18  \end{document}
```

▶ 本例在第 8 行代码中增加了一个矩形（图中虚线部分），实现了反向裁剪的效果，即得到 $\complement_{\mathbf{R}}A \cap B$。

3.7 装饰路径

3.7.1 尺寸标注

zhchicun 宏包实现了对线段尺寸进行标注，它的命令是

```
1  \draw[dim={参数1,参数2,参数3}](点1)--(点2);
```

- 参数1 表示标注的文本，如果省略，则按线段实际长度标注。

- 参数2 表示标注文本与线段的距离。

- 参数3 为 transform shape，它表示标注文本与线段平行。

- 以上 3 个参数可以省略，但是后面的"，"不能省略。

例 **3.7.1** 尺寸标注示例。

```
1   \documentclass[tikz]{standalone}
2   \usepackage{zhchicun}
3   \begin{document}
4   \begin{tikzpicture}
5   \coordinate(O)at(0,0);
6   \coordinate(A)at(2,0);
7   \coordinate(B)at(4,0);
8   \coordinate(C)at(0,4);
9   \coordinate(D)at(2,4);
10  \coordinate(E)at(4,4);
11  \draw(O)--(B)--(E)--(C)--(O);
12  \draw(A)--(D);
13  \draw[dim={3,-5pt,}](O)--(A);
14  \draw[dim={3,-5pt,}](A)--(B);
15  \draw[dim={6,-5pt,transform shape}](B)--(E);
16  \end{tikzpicture}
17  \end{document}
```

3.7.2　大括号

用大括号标注图形需要加载 decorations.pathreplacing 库,即导言区设置

```
1  \usetikzlibrary{decorations.pathreplacing}
```

用大括号标注图形的命令为

```
1  \draw[decorate,decoration={brace,选项}](点1)--(点2)node[midway,方位]{标注文本};
```

- 方位指的是文本标注的方向,包括 below（下方）、above（上方）、left（左边）、right（右边）。可以使用 below=5pt 这种形式表示一定的偏移量。
- 主要的选项说明见表 3-13。

表 3-13　参数的含义

参数	含义
raise=	大括号与图形的距离
mirror	对称（反向）
amplitude=	确定括号的"拱高"

例 **3.7.2** 绘制线段图。

```
1   \documentclass[tikz]{standalone}
2   \usepackage{ctex}
3   \usetikzlibrary{decorations.pathreplacing}
4   \begin{document}
5   \begin{tikzpicture}
6   \coordinate(O)at(0,0);
7   \coordinate(A)at(1,0);
8   \coordinate(B)at(4,0);
9   \draw(O)--(B);
10  \foreach \a in {0,1,2,3,4}
11  {
12  \draw(\a,0)--(\a,0.15);
13  }
14  \draw[decorate,decoration={brace,raise=2pt,mirror,amplitude=2mm}](O)--(B)node[midway,
        below=5pt]{120米};
15  \draw[decorate,decoration={brace,raise=5pt,amplitude=2mm}](A)--(B)node[midway,above=7
        pt]{?米};
16  \end{tikzpicture}
```

17 \end{document}

▶ 本例用到了循环语句画小线段,在下一节会讲解。

3.7.3 沿路径装饰图案

有些时候需要用图案装饰路径,decorations.markings 库允许用户选择或者自定义一种标记(mark)类型来装饰路径。先在导言区设置

```
1  \usetikzlibrary{decorations.markings}
```

在正文绘图环境下使用如下命令格式来装饰路径:

```
1  \draw[
2  decoration={
3    markings,
4    mark=between positions 起点 and 终点 step 步长 with{图案}
5  },postaction={decorate}
6  ](点1)--(点2);
```

- 图案可以是已有的图形,比如 shapes.geometric、shapes.symbols、shapes.arrows 等程序库提供的图案形状,也可以是用户自定义的图案。
- 起点和终点填写的一般是 [0,1] 内的一个数字。如果起点写 0,终点写 1,则表示装饰整个路径。
- 步长表示相邻两个图案的距离。
- 第 2~5 行代码比较长,可以把它们放在 tikzset 里面做成样式,方便后面调用。
- 若 \draw 换成 \path,则只显示装饰图案,而不画出路径图形。

例 3.7.3 用箭头装饰路径。

```
1   \documentclass[tikz]{standalone}
2   \usetikzlibrary{decorations.markings, arrows.meta}
3   \tikzset{jiantou/.style={
4   decoration={markings,
5   mark=between positions 0 and 1 step 22mm with
6   {\arrow{Stealth}},
7   },postaction={decorate}
8   }
9   }
10  \tikzset{fjiantou/.style={
11  decoration={markings,
12  mark=between positions 0.3 and 0.3 step 1mm with
13  {\arrowreversed{Stealth}},
14  },postaction={decorate}
15  }
```

```
16    }
17    \begin{document}
18    \begin{tikzpicture}
19    \draw[jiantou](0,0) circle (2);
20    \draw[fjiantou](5,0) ellipse (2 and 1);
21    \end{tikzpicture}
22    \end{document}
```

▶ 如果起点和终点的位置相同,则路径上只有一个图案。

例 **3.7.4** 制作试卷密封装订线。

```
1     \documentclass[tikz]{standalone}
2     \usetikzlibrary{decorations.markings}
3     \tikzset{zhuangding/.style={
4     decoration={markings,
5     mark=between positions 0.1 and 0.9 step 17mm with
6     {\node[circle,draw=black,fill=white]{};},
7     },postaction={decorate}
8     }
9     }
10    \begin{document}
11    \begin{tikzpicture}
12    \draw[line width=1.5pt,dash pattern=on 0pt off 4pt,line cap=round](0,0)--(11,0);
13    \path[zhuangding](0,0)--(11,0);
14    \end{tikzpicture}
15    \end{document}
```

▶ 本例将 node 的形状(圆)沿路径摆放,做成了装订线的效果。

3.7.4　文字沿路径摆放

前面的内容是图案沿路径摆放,下面介绍文字沿路径摆放。首先在导言区设置

```
1     \usetikzlibrary{decorations.text}
```

文字沿路径摆放的命令结构如下:

```
1     \draw[
2     decorate,
3     decoration={text along path,
4     text={文字}},选项
5     ](点1)--(点2);
```

- 当文字沿路径摆放时,该路径的图形不会显示,只留下文字。
- 主要的选项说明见表 3-14。

表 3-14 参数的含义

参数	含义
text color=	设置文字的颜色
reverse path	沿路径的反方向放置文字
text align=	文字相对路径的位置,包括 left(文字与路径的起点对齐)、center(文字相对路径居中摆放)、right(文字与路径的终点对齐)、fit to path(文字分散均匀摆放)

例 3.7.5 将"密封线内不得答题"沿密封线均匀摆放。

```
1   \documentclass[tikz,border=10pt]{standalone}
2   \usepackage{ctex}
3   \usetikzlibrary{decorations.markings,decorations.text}
4   \tikzset{zhuangding/.style={
5   decoration={markings,
6   mark=between positions 0.1 and 0.9 step 17mm with
7   {\node[circle,draw=black,fill=white,minimum size=0.5pt]{};},
8   },postaction={decorate}
9   }
10  }
11  \begin{document}
12  \begin{tikzpicture}
13  \draw[line width=1.5pt,dash pattern=on 0pt off 4pt,line cap=round](0,0)--(11,0);
14  \path[zhuangding](0,0)--(11,0);
15  \draw[
16  decorate,
17  decoration={text along path,
18  text={|\kaishu|密封线内不得答题},text align=fit to path}
19  ](1.5,0.3)--(9,0.3);
20  \end{tikzpicture}
21  \end{document}
```

▶ 请读者注意第 18 行代码,若要修改文字的字体和字号,须在相关命令两侧加上 |。

3.7.5 在路径上摆放 node

在路径上摆放 node 的选项是 pos=数值。

- 当 node 带有这个选项后,程序会把该 node 与其之前的路径联系起来,通过数值来决定该 node 的位置。

- 如果路径具有起点和终点,那么当数值为 1 时,该 node 的位置在终点;当数值为 0 时,该 node 的位置在起点;当数值大于 0 且小于 1 时,该 node 的位置在起点和终点之间;当数值是其他值时,该 node 的位置在路径之外。
- 一个路径可以摆放多个 node。
- 配合表 3-15 中的选项可以丰富 node 的位置。

表 3-15　参数的含义

参数	含义
auto=left	node 位于路径的左侧
auto=right	node 位于路径的右侧
swap	如果 auto 选项决定了 left(right)一侧,那么 swap 选项将 node 的位置转换到 right(left)一侧
sloped	如果该选项作用于 node,那么其内容将会被旋转,使得内容的展开方向沿着路径的切线方向
allow upside down=true|false	当 node 带有 allow upside down=true 时,该 node 的内容会"上下颠倒",该选项的默认值是 false

例 **3.7.6** 标注坐标轴上的文字。

```
1  \documentclass[tikz]{standalone}
2  \usepackage{ctex}
3  \usetikzlibrary{arrows.meta}
4  \tikzstyle{every node}=[font=\footnotesize]
5  \tikzset{>={Stealth[scale=1.4]}}
6  \begin{document}
7  \begin{tikzpicture}
8  \draw[->](-0.5,0)--node[pos=0.8,below]{溶液体积}(3,0);
9  \draw[->](0,-0.5)--node[pos=0.75,left=-1mm]{\parbox{1em}{\linespread{1}\selectfont 导
       电能力}}(0,3);
10 \node[shift={(-135:6pt)}]at(0,0){$O$};
11 \end{tikzpicture}
12 \end{document}
```

3.7.6　给 node 加标签

标签选项的代码是

```
1  label=[选项]角度:文本
```

- 若一个 node 加上 label 选项，则程序会给它加一个标签。具体参看例 6.2.6。
- label 的实质还是一个 node，因此 node 后面的方括号里的选项也适用于 label 选项。
- 角度可以是数值、anchor 位置名称（north、east 等）、平移位置名称（above、left 等）。

3.8 高级应用

3.8.1 foreach in 语句

像其他编程语言那样，TikZ 也可以用循环语句简化代码，它的命令是

```
1  \foreach 变量 in 变量范围 {作图语句;}
```

例 3.8.1 绘制坐标网格。

```
1   \documentclass[tikz]{standalone}
2   \usetikzlibrary{arrows.meta}
3   \tikzset{>={Stealth[scale=1.1]}}
4   \tikzstyle{every node}=[font=\small]
5   \begin{document}
6   \begin{tikzpicture}[scale=0.32]
7   \foreach \i in {-6,-5,...,6}
8   {
9   \draw[gray,line width=0.3pt](\i,-7)--(\i,7);
10  \draw[gray,line width=0.3pt](-7,\i)--(7,\i);
11  }
12  \draw[line width=0.8pt,->](-7,0)--(8,0);
13  \node[shift={(-120:7pt)}]at(8,0){$x$};
14  \draw[line width=0.8pt,->](0,-7)--(0,8);
15  \node[shift={(-145:7pt)}]at(0,8){$y$};
16  \node[shift={(-135:6pt)}]at(0,0){$0$};
17  \node[shift={(-110:5pt)}]at(1,0){$1$};
18  \node[shift={(-120:4pt)}]at(0,1){$1$};
19  \end{tikzpicture}
20  \end{document}
```

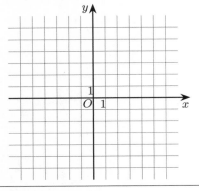

例 **3.8.2** 绘制数轴。

```
1  \documentclass[tikz]{standalone}
2  \usetikzlibrary{arrows.meta}
3  \tikzset{>={Stealth[scale=1.1]}}
4  \tikzstyle{every node}=[font=\small]
5  \begin{document}
6  \begin{tikzpicture}
7  \fill[gray!50](1,0)--(1,0.5)--(4,0.5)--(4,0)--cycle;
8  \foreach \i in {-2,-1,...,5}
9  {
10 \draw[gray,line width=0.3pt](\i,0)--(\i,0.15);
11 \node[shift={(-90:6pt)}] at (\i,0) {$\i$};
12 }
13 \draw(1,0)--(1,0.5)--(4,0.5);
14 \draw[line width=0.6pt,->](-3,0)--(6,0);
15 \filldraw[fill=white,draw=black] (1,0) circle (1.8pt);
16 \node[shift={(-120:7pt)}]at(6,0){$x$};
17 \end{tikzpicture}
18 \end{document}
```

▶ 第 15 行代码 \filldraw 命令结合了 \fill 与 \draw 两条命令，既可以填充又可以画线。

例 **3.8.3** 绘制高斯函数的图像。

```
1  \documentclass[tikz]{standalone}
2  \usetikzlibrary{arrows.meta}
3  \tikzstyle{every node}=[font=\small]
4  \tikzset{>={Stealth[scale=1.4]}}
5  \begin{document}
6  \begin{tikzpicture}[scale=0.6]
7  \foreach \a in {1,2,...,5}
8  {
9  \draw[line width=0.7pt] plot[domain=\a:\a+1] (\x,{floor(\x)});
10 \filldraw[fill=white,draw=black](\a+1,\a)circle(1.5pt);
11 }
12 \foreach \a in {1,2,...,6}
13 {
14 \draw (\a,0)--(\a,0.15);
15 \draw (0,\a)--(0.15,\a);
16 \node[shift={(-90:5pt)}]at(\a,0){$\a$};
17 \node[shift={(180:5pt)}]at(0,\a){$\a$};
18 }
```

```
19  \draw[->](-0.5,0)--(7,0);
20  \draw[->](0,-0.5)--(0,7);
21  \node[shift={(-120:6pt)}]at(7,0){$x$};
22  \node[shift={(220:5pt)}]at(0,7){$y$};
23  \node[shift={(-130:6pt)}]at(0,0){$O$};
24  \end{tikzpicture}
25  \end{document}
```

3.8.2　let in 语句

let in 语句的主要命令结构为

```
1  \path[选项] let \n1=数值,\n2=数值,\p1=点,\p2=点,... in 绘图语句;
```

- \path 可以换成 \draw 或 \fill。
- \n1=数值表示把数值赋值给宏 \n1。换言之,\n<number> 的作用是存储数值。
- \p1=点表示把点的坐标赋值给宏 \p1。换言之,\p<number> 的作用是存储坐标。
- 当 \p1=点写出来之后,后面就可以用 \x1 和 \y1 来引用该点的坐标分量。
- 坐标分量 \x1 和 \y1 的单位是 pt,而绘图单位是 cm,因此引用坐标分量需要进行单位换算,即 {\x1*(2.54/72.27)} 和 {\y1*(2.54/72.27)}。

例 3.8.4 绘制 $\max\{2^x, |x|\}$ 的图像。

```
1   \documentclass[tikz]{standalone}
2   \usepackage{tkz-euclide}
3   \usetikzlibrary{arrows.meta,intersections,calc}
4   \tikzstyle{every node}=[font=\small]
5   \tikzset{>={Stealth[scale=1.4]}}
6   \tikzset{
7   declare function=
8   {
9   f(\x)=2^(\x);
10  g(\x)=abs(\x);
11  }
12  }
13  \begin{document}
14  \begin{tikzpicture}[scale=0.6,smooth,samples=500]
```

```
15  \path[name path global=p,domain=-2.5:1.6] plot (\x,{f(\x)});
16  \path[name path global=q,domain=-2.5:2.5] plot (\x,{g(\x)});
17  \path[name intersections={of = p and q,name=D}];
18  \coordinate(A)at(D-1);
19  \draw[dashed] let \p1=(A) in plot[domain=-2.5:{\x1*(2.54/72.27)}] (\x,{f(\x)});
20  \draw[line width=0.7pt] let \p1=(A) in plot[domain={\x1*(2.54/72.27)}:1.6] (\x,{f(\x)});
21  \draw[line width=0.7pt] let \p1=(A) in plot[domain={-2.5:\x1*(2.54/72.27)}] (\x,{g(\x)});
22  \draw[dashed] let \p1=(A) in plot[domain={\x1*(2.54/72.27)}:2.5] (\x,{g(\x)});
23  \draw[->](-2.6,0)--(3.3,0);
24  \draw[->](0,-1)--(0,3.8);
25  \node[shift={(-120:6pt)}]at(3.3,0){$x$};
26  \node[shift={(220:5pt)}]at(0,3.8){$y$};
27  \node[shift={(-45:6pt)}]at(0,0){$O$};
28  \node[shift={(0:15pt)}]at(1.5,{f(1.5)}){$y=2^x$};
29  \node[shift={(-90:15pt)}]at(2.1,{g(2.1)}){$y=|x|$};
30  \end{tikzpicture}
31  \end{document}
```

3.8.3　tikzmark

　　tikzmark 库允许用户在页面的某些地方标注坐标，然后用 tikz 语法绘图。导言区加载

```
1  \usetikzlibrary{tikzmark}
```

- 在需要标注的文本处使用 tikzmark{记号} 作一个标记，绘图时用 (pic cs:记号) 作为坐标，就可以正常绘图了。
- 绘图环境加上 remember picture、overlay 选项。remember picture 表示将位置信息写入辅助文件，供后续使用；overlay 表示不计算边界，允许与其他内容重叠。

　　例 3.8.5　制作一个简单的批注。

```
1  \documentclass{ctexart}
2  \usepackage{tikz}
3  \usetikzlibrary{tikzmark}
4  \tikzset{pz/.style={font=\footnotesize\kaishu}}
5  \begin{document}
6  (1)\CJKunderwave*{2是素数\tikzmark{aa}，但2不是奇数}.所以全称量词命题"所有的素数是奇数"
     为假命题.\tikzmark{ab}
7  \begin{tikzpicture}[remember picture,overlay]
```

```
8   \draw[->]([shift={(0,-2pt)}]pic cs:aa)|-([shift={(3em,0.3em)}]pic cs:ab)node[pz,right
    ]{举反例};
9   \end{tikzpicture}
10  \end{document}
```

　　　　(1) 2是素数，但 2 不是奇数.所以全称量词命题"所有的素数是奇数"
为假命题.　　└──→ 举反例

▶ 某些教辅书上已经出现了这样的批注效果,本例用 TikZ 实现了类似的效果,印证了
　 LaTeX 的强大功能。

▶ 有时标记位置不一定符合要求,通常要结合 shift= 选项进行平移。

　　本书限于篇幅,仅仅介绍了一些常用的、基础的 TikZ 作图。若需要了解更多的内容,请
读者阅读宏包说明文档。

第 4 章

玩 转 彩 框

4.1 tcolorbox 简介

4.1.1 tcolorbox 的基本构成要素

tcolorbox 宏包目前已经应用于 LaTeX 排版的方方面面,用它可以实现丰富多彩的排版效果。本书的章节标题、例题、目录等均使用了 tcolorbox。该宏包的说明文档有五百多页,本书限于篇幅不可能全部介绍其使用方法,本章只能抛砖引玉,着重讲解几个常用的命令,更多的功能请读者阅读宏包说明文档。

导言区加载 tcolorbox 宏包的命令为

```
1  \usepackage[most]{tcolorbox}
```

● most 选项可调用除 minted 和 documentation 之外所有的 tcolorbox 程序库。

正文区使用 tcolorbox 的环境结构如下:

```
1  \begin{tcolorbox}[可选参数,title={标题}]
2  上部分文字……
3  \tcblower
4  下部分文字……
5  \end{tcolorbox}
```

● 可选参数的作用是修改线条、颜色等格式。可选参数非常多,下面先解释说明一部分,见表 4-1。

例 **4.1.1** 制作一个习题框。

```
1  \documentclass{ctexart}
2  \usepackage[most]{tcolorbox}
3  \begin{document}
4  \begin{tcolorbox}[top=0mm,bottom=0mm,boxrule=0mm,colframe=gray,colback=gray!20]
5  讨论关于$x$的方程$(x^2-1)^2-2|x^2-1|+k=0$的根的个数.
6  \end{tcolorbox}
7  \end{document}
```

> 讨论关于 x 的方程 $(x^2-1)^2-2|x^2-1|+k=0$ 的根的个数.

tcolorbox 的各种参数可放在一起,其命令设置为

```
1  \tcbset{自定义名称/.style={各种参数}}
```

表 4-1　参数的含义

参数	含义
width=	彩框宽度,默认是版心宽度
before=	彩框之前的格式
after=	彩框之后的格式
toprule=	彩框上线框宽度,默认是 0.5 mm
bottomrule=	彩框下线框宽度,默认是 0.5 mm
leftrule=	彩框左线框宽度,默认是 0.5 mm
rightrule=	彩框右线框宽度,默认是 0.5 mm
boxrule=	同时设置彩框上、下、左、右线框的宽度,默认是 0.5 mm
left=	文字与彩框左边界的距离,默认是 4 mm
lefttitle=	标题文字与标题框左边界的距离,默认是 4 mm
right=	文字与彩框右边界的距离,默认是 4 mm
righttitle=	标题文字与标题框右边界的距离,默认是 4 mm
top=	文字与彩框上边界的距离,默认是 4 mm
toptitle=	标题文字与标题框上边界的距离,默认是 4 mm
bottom=	文字与彩框上边界的距离,默认是 4 mm
bottomtitle=	标题文字与标题框下边界的距离,默认是 4 mm
middle=	彩框上部分与下部分之间的距离,默认是 2 mm
colframe=	彩框外框线条的颜色,默认是 black!75!white
colback=	彩框的背景颜色,默认是 black!50!white
colbacktitle=	彩框标题的背景颜色,默认是 black!50!white
coltext=	文字的颜色
colupper=	彩框上部分的文字颜色,默认是 black
collower=	彩框下部分的文字颜色,默认是 black
coltitle=	彩框标题的文字颜色,默认是 white
enlarge top by=	彩框向上扩大的距离,默认是 0 mm
enlarge bottom by=	彩框向下扩大的距离,默认是 0 mm
enlarge left by=	彩框向左扩大的距离,默认是 0 mm
enlarge right by=	彩框向右扩大的距离,默认是 0 mm

例 4.1.2 制作一个"思考与交流"彩框。

```
1  \documentclass{ctexart}
2  \usepackage[most]{tcolorbox}
3  \tcbset{zdy/.style={top=0.1mm,bottom=0.1mm,colframe=gray,colback=gray!20,title={\bf 思
      考与交流}}}
4  \begin{document}
5  \begin{tcolorbox}[zdy]
6  事实上, 题中的$f(x)$是一个关于$(1,0)$对称的函数.
7  \end{tcolorbox}
8  \end{document}
```

思考与交流
事实上,题中的 $f(x)$ 是一个关于 $(1,0)$ 对称的函数.

4.1.2　圆角与直角

彩框中圆角与直角相关参数的含义见表 4-2。

表 4-2　参数的含义

参数	含义
arc=	彩框内弧的半径,默认是 1 mm
outer arc=	彩框外弧的半径,初始未设置
auto outer arc	彩框外弧和内弧的半径相同,这是默认设置
arc is angular	该选项用小斜线代替圆弧
sharp corners=	在不同的方位设置直角,其具体类型如图 4-1 所示
rounded corners=	在不同的方位设置圆角,其具体类型如图 4-2 所示
sharpish corners=	彩框的四角设置为直角,阴影仍为圆角

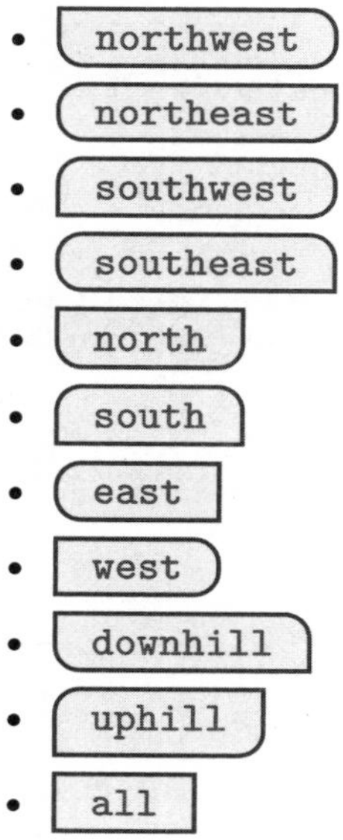

图 4-1

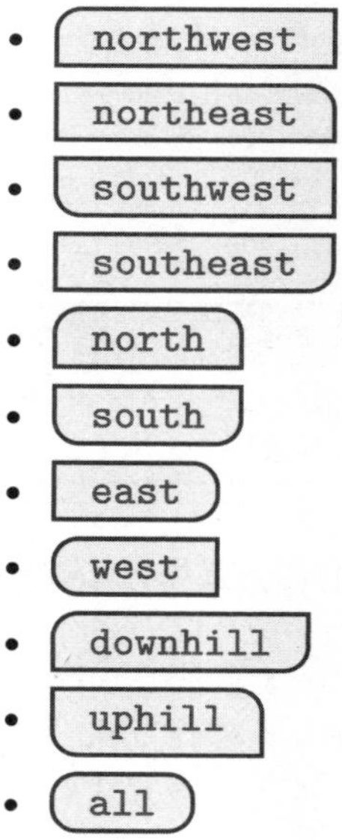

图 4-2

例 **4.1.3** 制作一个"反思"彩框。

```
1  \documentclass{ctexart}
2  \usepackage[most]{tcolorbox}
3  \tcbset{fansi/.style={top=0.1mm,bottom=0.1mm,left=0mm,right=0mm,colframe=gray,colback=
      white,arc is angular,arc=1.1mm,boxrule=1pt}}
4  \begin{document}
```

```
5   \begin{tcolorbox}[fansi]
6   {\bf【反思】}本题的证明过程本质上用到了差分的思想，这种思想在高等数学微积分中应用广泛.
7   \end{tcolorbox}
8   \end{document}
```

> 【反思】本题的证明过程本质上用到了差分的思想，这种思想在高等数学微积分中应用广泛.

- ▶ sharp corners=all 等同于 sharp corners，即彩框形状为矩形。
- ▶ rounded corners 不能单独使用（否则四角都是圆角），它必须配合 sharp corners 使用。
- ▶ sharp corners（或 rounded corners）配合 arc is angular 可以丰富彩框样式。

例 4.1.4 制作一个"提醒点"彩框。

```
1   \documentclass{ctexart}
2   \usepackage[most]{tcolorbox}
3   \tcbset{tixing/.style={top=0.1mm,bottom=0.1mm, left=0mm, right=0mm, colframe=gray,
       colback=white, arc=2mm, sharp corners=west, arc is angular,title={\bf 提醒点}}}
4   \begin{document}
5   \begin{tcolorbox}[tixing]
6   1.解决本题应利用先求必要条件，再验证充分性的方法；\par
7   2.常见结论：若$f(x)$在区间$I$上可导，且$x_0\in I$, $f(x_0)$是$f(x)$的最大（小）值，则$f
       '(x_0)=0$.
8   \end{tcolorbox}
9   \end{document}
```

> **提醒点**
> 1. 解决本题应利用先求必要条件，再验证充分性的方法；
> 2. 常见结论：若 $f(x)$ 在区间 I 上可导，且 $x_0 \in I, f(x_0)$ 是 $f(x)$ 的最大（小）值，则 $f'(x_0) = 0$.

4.1.3 彩框的段落与字体格式

彩框的段落与字体格式相关参数的含义见表 4-3。

- 段落的水平对齐方式有 left（左齐）、center（居中）、right（右齐），默认是 left。
- 段落的垂直对齐方式有 top（顶齐）、center（居中）、bottom（底齐），默认是 top。
- 若 parbox=false，则彩框内的文本段落格式（比如行距等）与正文的文本段落格式（比如行距等）一致。

例 4.1.5 制作一个"探究"彩框。

```
1   \documentclass{ctexart}
2   \usepackage[most]{tcolorbox}
3   \tcbset{tanjiu/.style={parbox=false,before upper=\indent,top=0.1mm,bottom=0.1mm,left=0
       mm,right=0mm,colframe=gray,colback=white,arc=2mm,sharp corners=uphill,arc is
       angular,halign title=right,title={\bf\large 探究},fontupper=\fangsong}}
4   \begin{document}
```

```
5   \begin{tcolorbox}[tanjiu]
6   在4.2.1小节的问题2中, 我们已经研究了死亡生物体内碳14的含量$y$随死亡时间$x$的变化而衰减的规
        律。反过来, 已知死亡生物体内碳14的含量, 如何得知它死亡了多长时间呢? 进一步地, 死亡时间
        $x$是碳14的含量$y$的函数吗?
7   \end{tcolorbox}
8   \end{document}
```

探 究

　　在 4.2.1 小节的问题 2 中, 我们已经研究了死亡生物体内碳 14 的含量 y 随死亡时间 x 的变化而衰减的规律。反过来, 已知死亡生物体内碳 14 的含量, 如何得知它死亡了多长时间呢? 进一步地, 死亡时间 x 是碳 14 的含量 y 的函数吗?

▶ 本例利用 parbox=false,before upper=\indent 实现了首行缩进, 符合中文排版规则。

表 4-3　参数的含义

参数	含义
fontupper=	彩框上部分的字体格式
fontlower=	彩框下部分的字体格式
fonttitle=	彩框标题的字体格式
before upper=	上部分段落之前的格式
after upper=	上部分段落之后的格式
before lower=	下部分段落之前的格式
after lower=	下部分段落之后的格式
halign upper=	上部分段落水平对齐方式
halign lower=	下部分段落水平对齐方式
halign title=	标题段落水平对齐方式
valign upper=	上部分段落垂直对齐方式
valign lower=	下部分段落垂直对齐方式
parbox=true|false	开启或关闭子页环境, 默认是 true
breakable	允许彩框跨页

4.1.4　上下模式与左右模式

上下模式与左右模式相关参数的含义见表 4-4。
- 熟悉 tikz 的用户可以设置丰富多彩的分割线样式, 这里不再详细展开。
- colbacklower= 必须配合 bicolor 才起作用。

例 **4.1.6** 制作一个"试题解析"彩框。

```
1   \documentclass{ctexart}
2   \usepackage{amssymb}
3   \usepackage[most]{tcolorbox}
4   \tcbset{jiexi/.style={enhanced,segmentation style={dash dot,black,line width=0.6pt},
```

```
    before upper=\indent,before lower=\indent$\blacklozenge${\bf 解析}\quad,parbox=
    false,top=0.1mm,bottom=0.1mm,left=0mm,right=0mm,colframe=gray,colback=white,arc=2
    mm,sharp corners}}
5   \begin{document}
6   \begin{tcolorbox}[jiexi]
7   在多项式$(x-1)^3(x+2)^{10}$的展开式中$x^6$的系数为\CJKunderline{\hspace{3em}}.
8   \tcblower
9   $x^6$的系数为$2^7\mathrm{C}_{10}^{3}-3\cdot 2^{6}\mathrm{C}_{10}^{4}+3\cdot 2^5\mathrm
    {C}_{10}^{5}-2^4\mathrm{C}_{10}^{6}=-4128.$
10  \end{tcolorbox}
11  \end{document}
```

在多项式 $(x-1)^3(x+2)^{10}$ 的展开式中 x^6 的系数为_____.

◆ **解析**　x^6 的系数为 $2^7\mathrm{C}_{10}^3 - 3\cdot 2^6\mathrm{C}_{10}^4 + 3\cdot 2^5\mathrm{C}_{10}^5 - 2^4\mathrm{C}_{10}^6 = -4128$.

表 4-4　参数的含义

参数	含义
segmentation hidden	隐藏分割线，需要加上 enhanced 选项
segmentation style=	设置分割线的样式（线条类型和颜色等），需要加上 enhanced 选项
bicolor	分别设置彩框上部分和下部分的颜色
colbacklower=	彩框下部分的背景颜色,默认是 black!15!white
sidebyside	开启左右模式
sidebyside align=	左右两列的对齐方式,有 center（居中,默认）、top（顶齐）、bottom（底齐）
sidebyside gap=	左右两列的间隔,默认是 10 mm
lefthand width=	左列宽度
righthand width=	右列宽度
lefthand ratio=	左列宽度占的比例,默认是 0.5,即左右两列宽度相等
righthand ratio=	右列宽度占的比例,默认是 0.5,即左右两列宽度相等

例 4.1.7 制作一个"每日一题"彩框。

```
1   \documentclass{ctexart}
2   \usepackage{amssymb,graphicx}
3   \usepackage[most]{tcolorbox}
4   \tcbset{mryt/.style={bicolor,colbacklower=white,sidebyside,sidebyside gap=5mm,parbox=
    false,before upper=\indent,lefthand ratio=0.7,halign title=center,top=0.1mm,
    bottom=0.1mm,left=0mm,right=0mm,colframe=black,colback=gray!10,arc=2mm,title={\bf
    \large 每日一题}}}
5   \begin{document}
6   \begin{tcolorbox}[mryt]
7   如图，点$N$为正方形$ABCD$的中心，$\triangle EDC$为正三角形，平面$ECD\bot $平面$ABCD$,
```

```
8    $M$是线段$ED$的中点，则\\
     (A)$BM=EN$，且直线$BM,EN$是相交直线\\
9    (B)$BM\ne EN$，且直线$BM,EN$是相交直线\\
10   (C)$BM=EN$，且直线$BM,EN$是异面直线\\
11   (D)$BM\ne EN$，且直线$BM,EN$是异面直线
12   \tcblower
13   \includegraphics{401.pdf}
14   \end{tcolorbox}
15   \end{document}
```

每 日 一 题

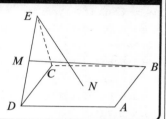

　　如图，点 N 为正方形 $ABCD$ 的中心，$\triangle EDC$ 为正三角形，平面 $ECD\perp$ 平面 $ABCD$，M 是线段 ED 的中点，则

(A)$BM = EN$，且直线 BM,EN 是相交直线

(B)$BM \neq EN$，且直线 BM,EN 是相交直线

(C)$BM = EN$，且直线 BM,EN 是异面直线

(D)$BM \neq EN$，且直线 BM,EN 是异面直线

4.2 tcolorbox 的高级应用

4.2.1　标题框样式

标题框样式相关参数的含义见表 4-5。

- 表 4-5 所列举的所有参数均要加上 enhanced 选项。
- boxed titile style= 可以理解为"小彩框"，它是实现复杂标题框的基础。

例 4.2.1 仿照人教版化学教材制作一个彩框。

```
1    \documentclass{ctexart}
2    \usepackage[most]{tcolorbox}
3    \tcbset{cihui/.style={enhanced,width=5cm,title={\phantom{1}},colbacktitle=gray!60,
        titlerule style={line width=1.5pt,gray},colback=gray!20,boxrule=0pt,sharp corners
        =north,arc=5mm},fontupper=\fangsong}
4    \begin{document}
5    \begin{tcolorbox}[cihui]
6    过滤\quad filtration \\
7    蒸发\quad evaporation
8    \end{tcolorbox}
9    \end{document}
```

过滤　filtration

蒸发　evaporation

► 本例展示的是 titlerule style 的使用。

► 活用"幻影"（\phantom），让标题有"内容"，从而显示标题框。

表 4-5 参数的含义

参数	含义
titlerule=	标题下方横线的宽度，默认为 0.5 mm
titlerule style=	设置标题下方横线的样式，比如颜色或线条等，需要具备 tikz 基础
\tcboxedtitleheight	标题框的高度
\tcboxedtitlewidth	标题框的宽度
attach boxed title to top left={xshift= ,yshift= }	把标题框置于左上方，还可以水平或垂直偏移
attach boxed title to top center={xshift= ,yshift= }	把标题框置于正上方，还可以水平或垂直偏移
attach boxed title to top right={xshift= ,yshift= }	把标题框置于右上方，还可以水平或垂直偏移
attach boxed title to bottom left={xshift= ,yshift= }	把标题框置于左下方，还可以水平或垂直偏移
attach boxed title to bottom center={xshift= ,yshift= }	把标题框置于正下方，还可以水平或垂直偏移
attach boxed title to bottom right={xshift= ,yshift= }	把标题框置于右下方，还可以水平或垂直偏移
attach boxed title to top ={xshift= ,yshift= }	把标题框置于上方，还可以水平或垂直偏移
attach boxed title to bottom ={xshift= ,yshift= }	把标题框置于下方，还可以水平或垂直偏移
boxed titile style=	设置标题框的样式，这些样式可以是彩框的各种参数（比如 colframe、colback、boxrule 等）
\tcbsubtitle[选项] 内容	设置第二个（或者更多）标题的内容，选项可以是彩框的颜色、线条等各种样式
subtitle style= 选项	设置第二个（或者更多）标题的样式，选项可以是彩框的颜色、线条等各种样式

例 **4.2.2** 制作一个"学习目标"彩框。

```
1  \documentclass{ctexart}
2  \usepackage[most]{tcolorbox}
3  \tcbset{mubiao/.style={enhanced,breakable,parbox=false,before upper=\indent,left=1cm,
       right=1cm,colframe=black,parbox=false,arc is angular,arc=3mm,leftrule=0mm,
       rightrule=0mm,toprule=0.5pt,bottomrule=0.5pt,colback=white,colbacktitle=white,
       coltitle=black,title={\youyuan\large 学习目标},attach boxed title to top center=
4  {yshift=-0.25mm-\tcboxedtitleheight/2,yshifttext=2mm-\tcboxedtitleheight/2},
5  boxed title style={boxrule=0mm,colback=white,arc=0mm}}}
6  \begin{document}
7  \begin{tcolorbox}[mubiao]
8  1.通过实例，了解集合的含义，体会元素与集合的"属于"关系.\par
```

```
9    2.能选择自然语言、图形语言、集合语言描述不同的具体问题，感受集合语言的意义和作用.
10   \end{tcolorbox}
11   \end{document}
```

───────── 学习目标 ─────────

　　1. 通过实例，了解集合的含义，体会元素与集合的
"属于"关系.
　　2. 能选择自然语言、图形语言、集合语言描述不同的
具体问题，感受集合语言的意义和作用.

▶ 本例展示的是移动标题框的位置，并修改标题框的格式。

4.2.2　丰富多彩的彩框样式

彩框样式相关参数的含义见表 4-6。

- 表 4-6 中各参数需加上 enhanced 选项。
- 诸如 frame style、inerior code 等选项需要具备一定的 tikz 基础。
- 关于线型，可参考第 3 章的内容。

例 4.2.3 制作一个"复习巩固"彩框。

```
1    \documentclass{ctexart}
2    \usepackage[most]{tcolorbox}
3    \tcbset{lianxi/.style={enhanced,colbacktitle=white,coltitle=black,boxrule=0mm,arc=0mm,
4    borderline east={1.5pt}{0pt}{gray,dash pattern=on 8pt off 4pt},
5    borderline west={1.5pt}{0pt}{gray,dash pattern=on 8pt off 4pt},
6    interior style={top color=gray!30,bottom color=white},title={\bf\large 复习巩固}}}
7    \begin{document}
8    \begin{tcolorbox}[lianxi]
9    1. 举出几个现实中与不等式有关的例子.\par
10   2. 已知$2<a<3$, $-2<b<-1$, 求$2a+b$的取值范围.\par
11   3. 证明：若$c<b$, $b<a$, 则$c<a$.
12   \end{tcolorbox}
13   \end{document}
```

复习巩固

1. 举出几个现实中与不等式有关的例子.
2. 已知 $2 < a < 3, -2 < b < -1$，求 $2a + b$ 的取值范围.
3. 证明：若 $c < b, b < a$，则 $c < a$.

▶ interior style（frame style、title style）的格式可以是

```
1    interior style={top color= ,bottom color= ,middle color= }
```
也可以是

```
1    interior style={left color= ,right color= ,middle color= }
```
还可以是

```
1    interior style={inner color= ,outer color= }
```

▶ 请读者注意,middle color= 必须放在最后。

表 4-6　参数的含义

参数	含义
frame style=	设置外框的颜色等样式
interior style=	设置彩框内部的颜色等样式
title style=	设置标题框内部的颜色等样式
frame code=	绘制外框的形状
interior titled code=	绘制带标题的彩框内部的形状
interior code=	绘制不带标题的彩框内部的形状
segmentation code=	绘制分割线的形状
title code=	绘制标题框的形状
tcb fill frame	填充与 colframe 相同的颜色
tcb fill interior	填充与 colback 或 colbacktitle 相同的颜色
tcb fill title	填充与 colbacktitle 相同的颜色
borderline={宽度} {偏移量} {颜色或线型等样式}	设置彩框边界线的样式
borderline north={宽度} {偏移量} {颜色或线型等样式}	设置彩框北面边界线的样式
borderline south={宽度} {偏移量} {颜色或线型等样式}	设置彩框南面边界线的样式
borderline east={宽度} {偏移量} {颜色或线型等样式}	设置彩框东面边界线的样式
borderline west={宽度} {偏移量} {颜色或线型等样式}	设置彩框西面边界线的样式
skin=enhancedfirst jigsaw	保留彩框的上部分
skin=enhancedmiddle jigsaw	保留彩框的中间部分
skin=enhancedlast jigsaw	保留彩框的下部分

例 4.2.4 仿照人教 A 版新教材制作一个"观察"彩框。

```
1  \documentclass{ctexart}
2  \usepackage[most]{tcolorbox}
3  \tcbset{guanca/.style={enhanced,before upper=\indent,fonttitle=\large\bfseries,
     coltitle=black,arc=0mm,parbox=false,attach boxed title to top left={xshift=0mm,
     yshift=-1.4mm},boxed title style={skin=enhancedfirst jigsaw,arc=5mm,bottom=0mm,
     left=8mm,right=18mm,top=1mm,colframe=gray!70},borderline north={4pt}{0pt}{gray
     !70},colbacktitle=gray!70,boxrule=0pt,colback=gray!20},title={\bf 观察}}
4  \begin{document}
5  \begin{tcolorbox}[guanca]
```

```
6   观察下面几个例子，类比实数之间的相等关系、大小关系，你能发现下面两个集合之间的关系吗？\par
7   （1）$A=\{1,2,3\}$，$B=\{1,2,3,4,5\}$；\par
8   （2）$C$为立德中学高一（2）班全体女生组成的集合，$D$为这个班全体学生组成的集合.
9   \end{tcolorbox}
10  \end{document}
```

> ### 观察
>
> 　　观察下面几个例子，类比实数之间的相等关系、大小关系，你能发现下面两个集合之间的关系吗？
> 　　（1） $A = \{1,2,3\}$， $B = \{1,2,3,4,5\}$；
> 　　（2） C 为立德中学高一（2）班全体女生组成的集合， D 为这个班全体学生组成的集合.

- 本例的关键是标题框的样式使用了 `skin=enhancedfirst jigsaw`，它仅保留标题框的上部分，从而实现了标题框与文本框的无缝对接。

例 4.2.5 仿照人教 A 版新教材制作一个"练习"彩框。

```
1   \documentclass{ctexart}
2   \usepackage[most]{tcolorbox}
3   \tcbset{lianxi/.style={enhanced,parbox=false,before upper=\indent,breakable,colback=
        white,boxrule=0mm,arc=0mm,left=1mm,right=1mm,title={\bf\Large 练习},
4   attach boxed title to top left=
5   {yshift=-0.25mm-\tcboxedtitleheight/2,yshifttext=1mm-\tcboxedtitleheight/2},
6   boxed title style={boxrule=0mm,arc=0mm,top=0mm,bottom=0mm,
7   frame code={
8   \fill[gray!20]([xshift=4.5cm]frame.north west)--++(2.5cm,0)--++(0.5cm,-0.34cm)
        --++(-0.5cm,-0.34cm)--([xshift=4.5cm]frame.south west)--cycle;
9   \fill[gray!50]([xshift=3cm]frame.north west)--++(2.5cm,0)--++(0.5cm,-0.34cm)--++(-0.5
        cm,-0.34cm)--([xshift=3cm]frame.south west)--cycle;
10  \fill[gray!70]([xshift=1.5cm]frame.north west)--++(2.5cm,0)--++(0.5cm,-0.34cm)
        --++(-0.5cm,-0.34cm)--([xshift=1.5cm]frame.south west)--cycle;
11  \fill[gray](frame.north west)--++(2.5cm,0)--++(0.5cm,-0.34cm)--++(-0.5cm,-0.34cm)--(
        frame.south west)--cycle;
12  }},
13  borderline north={1.5pt}{0pt}{gray,dash pattern=on 8pt off 4pt},
14  borderline south={1.5pt}{0pt}{gray,dash pattern=on 8pt off 4pt},
15  }}
16  \begin{document}
17  \begin{tcolorbox}[lianxi]
18  1.分别写出"两个三角形全等"和"两个三角形相似"的几个充要条件.\par
19  2.写出集合$\{a,b,c\}$的所有子集.
20  \end{tcolorbox}
21  \end{document}
```

練习

1. 分别写出"两个三角形全等"和"两个三角形相似"的几个充要条件.
2. 写出集合 $\{a, b, c\}$ 的所有子集.

4.2.3　阴影

阴影相关参数的含义见表 4-7.

表 4-7　参数的含义

参数	含义
drop shadow={颜色}	设置阴影的颜色,默认是 black!50!white
drop fuzzy shadow={颜色}	设置模糊阴影的颜色,默认是 black!50!white
halo= 尺寸 with 颜色	设置外环的尺寸和颜色,默认是 0.9mm with yellow
fuzzy halo= 尺寸 with 颜色	设置模糊外环的尺寸和颜色,默认是 0.9mm with yellow
drop lifted shadow= 颜色	设置升降阴影的颜色,默认是 black!50!white

- 以上选项均要加上 enhanced 选项.

例 4.2.6 制作一个带阴影的彩框.

```
1  \documentclass{ctexart}
2  \usepackage[most]{tcolorbox}
3  \tcbset{tiwen/.style={enhanced,drop fuzzy shadow,width=6cm,fontupper=\fangsong,before
   upper=\hspace{2em},arc=2mm,colback=white,toprule=2mm,rightrule=1mm,leftrule=1mm,
   interior style={top color=gray!30,bottom color=white},frame style={top color=black
   !60,bottom color=black!30},left=0.5mm,right=0.5mm}}
4  \begin{document}
5  \begin{tcolorbox}[tiwen]
6  要确定一个等差数列的通项公式，需要知道几个独立的条件？
7  \end{tcolorbox}
8  \end{document}
```

> 　要确定一个等差数列的通项公式，
> 需要知道几个独立的条件？

4.3　tcolorbox 的综合应用

4.3.1　overlay

overlay 选项允许用户用 tikz 代码修饰彩框,从而实现个性化的彩框样式.

例 **4.3.1** 仿照人教 A 版新教材制作一个提示框。

```
1   \documentclass{ctexart}
2   \usepackage[most]{tcolorbox}
3   \tcbset{bianzhu/.style={enlarge top by=0.5cm,width=5.2cm,colframe=black,colback=white,
        sharp corners=all,parbox=false,before upper=\indent,fontupper=\kaishu,enhanced,
4   overlay={\fill[rounded corners=4mm,gray](frame.north west)--++(0,0.5cm)--++(3cm,0)
        --++(0,-0.5cm);
5   \node[circle,fill=white,inner sep=2pt]at([shift={(1cm,0.2cm)}]frame.north west){};
6   \node[circle,fill=white,inner sep=2pt]at([shift={(2cm,0.2cm)}]frame.north west){};
7   }}}
8   \begin{document}
9   \begin{tcolorbox}[bianzhu]
10  请你列举几个具有包含关系、相等关系的集合实例.
11  \end{tcolorbox}
12  \end{document}
```

▶ overlay 必须配合 enhanced 选项才能编译。

▶ 本例在彩框的上方装饰一个高度为 0.5cm 的图案，为了避免该图案遮盖上方段落的文字，给出了 enlarge top by=0.5cm 选项。

例 **4.3.2** 将图案放置在彩框上。

```
1   \documentclass{ctexart}
2   \usepackage{graphicx}
3   \usepackage[most]{tcolorbox}
4   \tcbset{zhu/.style={enhanced,drop lifted shadow, width=6cm, before upper=\hspace{2em},
        colback=black!10,boxrule=0pt,sharp corners,arc=5mm,fontupper=\fangsong,enlarge top
        by=0.5cm,overlay={
5   \node at([xshift=0.7cm,yshift=-0.2cm]frame.north west){\includegraphics[scale=0.8]{zhu
        .pdf}};}}}
6   \begin{document}
7   \begin{tcolorbox}[zhu]
8   本书中，如无特别说明，式子中的字母均表示使式子有意义的实数.
9   \end{tcolorbox}
10  \end{document}
```

> 本书中，如无特别说明，式子中的字母均表示使式子有意义的实数.

4.3.2 段落内的彩框

彩框宽度随内容自动变化的命令为

```
1  \tcbox[on line,可选参数]{内容}
```

- 该命令一般不需要设置彩框的宽度，随着内容的增减，彩框的宽度也会变化，所以适用于段落之中。
- on line 将彩框放置在段落之中，且彩框与段落文字基线水平对齐。
- tcbox 适用于较短的文本，比如注意事项等标题的突出显示。
- 可选参数为前面各小节罗列的各种格式。

  例 4.3.3 设置一个"评注"彩框。

```
1  \documentclass{ctexart}
2  \usepackage[most]{tcolorbox}
3  \tcbset{pingzhu/.style={on line,fontupper=\bf,after=\quad,top=-0.5mm,left=0mm,right=0
     mm,bottom=-1mm,leftrule=0mm,rightrule=0mm,toprule=0mm,arc=0mm,colback=gray!30,
     colframe=black}}
4  \begin{document}
5  \tcbox[pingzhu]{评注}解题的思路与利用零点的存在性定理判断零点的个数的思路是一致的.
6  \end{document}
```

  评注   解题的思路与利用零点的存在性定理判断零点的个数的思路是一致的.

4.3.3 自定义彩框环境

创建行内新彩框的命令如下：

```
1  \newtcbox[初始选项]{名称}[参数个数][默认值]{彩框格式}
2  \名称{内容}
```

- 第 1 行代码新建一个行内彩框，其中名称是新彩框的名称。
- 第 1 行代码在导言区设置，第 2 行代码在正文区使用。

创建行间新彩框的命令如下：

```
1  \newtcolorbox[初始选项]{名称}[参数个数][默认值]{彩框格式}
2  \begin{名称}[彩框格式]
3    内容...
4  \end{名称}
```

- 第 1 行代码创建一个环境名为名称的新彩框。
- 第 1 行代码在导言区设置，第 2~4 行代码在正文中使用。
- 各种参数的含义见表 4-8。

表 4-8 参数的含义

参数	含义
默认值	可选参数,用于设定第一个参数的默认值
彩框格式	必要参数,即为前面各小节罗列的各种格式选项
参数个数	可选参数,即新彩框允许带参数的个数
名称	必要参数,设置新彩框的名称
初始选项	可选参数,用来设置计数格式。该参数的选项比较多,最常用的如下:

	`auto counter`	自动编号,彩框计数器名为 `\thetcbcounter`
	`number within=`	以章(节)为排序单位编号
	`number format=`	计数形式,如阿拉伯数字(`\arabic`)、小写罗马数字(`\roman`)等

例 4.3.4 仿照人教 B 版新教材制作一个"尝试与发现"彩框环境。

```
1  \documentclass{ctexart}
2  \usepackage[most]{tcolorbox}
3  \newtcolorbox{changshi}{arc=0mm,boxrule=0mm,colback=white,enhanced,
4  overlay={\draw[rounded corners=2mm,fill=gray!10]([yshift=-2em]frame.north west)--++(3
      cm,0)--++(1cm,2em)--(frame.north east)--(frame.south east)--(frame.south west)--
      cycle;},
5  parbox=false,before upper=\indent,fontupper=\kaishu,top=2.5em,,title={\bf 尝试与发现},
6  attach boxed title to top left={yshift=-\tcboxedtitleheight},
7  boxed title style={bottom=0mm,overlay={\fill[rounded corners=1.5mm,gray](frame.south
      west)--++(2.9cm,0)--++(0.9cm,0.65cm)--(frame.north west)--cycle;}}}
8  \begin{document}
9  \begin{changshi}
10 判断$A$与$B$是有限集还是无限集, 由此思考该选用哪种表示方法.
11 \end{changshi}
12 \end{document}
```

尝试与发现

判断 A 与 B 是有限集还是无限集, 由此思考该选用哪种表示方法.

例 4.3.5 以标题为参数建立一个习题彩框。

```
1  \documentclass{ctexart}
2  \usepackage{graphicx}
3  \usepackage{xcolor}
4  \definecolor{huise}{RGB}{70,130,180}
5  \usepackage[most]{tcolorbox}
6  \newtcolorbox{Xiti}[1]{enhanced,parbox=false,sharp corners,rounded corners=southwest,
      borderline north={0.7pt}{-3pt}{gray},borderline south={0.7pt}{-3pt}{gray},arc=6mm,
      boxrule=0pt,colback=gray!20,top=8mm,before upper=\indent,attach boxed title to top
```

```
        left,titlerule=0mm,coltitle=black,boxed title style={skin=enhancedfirst jigsaw,
        arc=12mm,boxrule=0pt,left=0mm,right=0.2cm,top=-1mm,bottom=-8mm,colback=gray!20,
        title={#1}}}
7   \begin{document}
8   \begin{Xiti}{\includegraphics{xiti11.png}}
9   1.画一条6厘米长的线段，并把它 7等分.\par
10  2.探究本节中的问题 2.由问题1、问题2的启示，你还能提出其他问题吗？ \par
11  3.如图，已知线段$a,b$，求作线段$a$和$b$的比例中项.
12  \end{Xiti}
13  \end{document}
```

1. 画一条 6 厘米长的线段，并把它 7 等分.

2. 探究本节中的问题 2.由问题 1、问题 2 的启示，你还能提出其他问题吗？

3. 如图，已知线段 a, b，求作线段 a 和 b 的比例中项.

▶ 本例展示的彩框标题是用 WPS 软件做好，导出 PDF 图片再插入的。

▶ 把"习题 1.1""习题 1.2"等字样（包括人物等）一一做成图片，然后以标题为参数，不同章节的习题就有不同的标题了。

▶ 为了便于管理，本例的标题图片名是 xiti11.png，它表示习题 1.1 的标题。

4.3.4 if odd page

if odd page 选项的作用是奇偶页使用不同的彩框样式，它的格式是

```
1   if odd page{奇数页彩框代码}{偶数页彩框代码}
```

例 **4.3.6** 制作一个区分奇偶页的彩框样式。

```
1   \documentclass{ctexbook}
2   \usepackage{geometry}
3   \geometry{paperheight=29.7cm,
4   paperwidth=21cm,
5   width=17cm,
6   height=25.7cm,
7   left=1.8cm,
8   right=1.6cm,
9   top=2.5cm,
10  bottom=1.5cm,
11  headsep=3.2em,
12  marginparsep=-15em,
13  marginparwidth=14em,
```

```
14  reversemarginpar}
15  \usepackage[noadjust]{marginnote}
16  \usepackage{zhbianzhu}
17  \renewcommand*{\raggedleftmarginnote}{}
18  \renewcommand*{\raggedrightmarginnote}{}
19  \renewcommand*{\marginfont}{\setlength\parindent{2em}\fangsong\small}
20  \usepackage{paracol}
21  \columnratio{0.65}
22  \setlength{\columnsep}{1em}
23  \setlength{\columnseprule}{0em}
24  \footnotelayout{m}
25  \twosided[pcm]
26  \usepackage[most]{tcolorbox}
27  \usetikzlibrary{shapes.geometric}
28  \newtcolorbox{tishi}{enhanced,parbox=false,before upper=\indent,arc=0mm,top=0mm,bottom
        =0mm, boxrule=0mm,left=2mm,right=2mm,colback=white,
29  if odd page={overlay={\draw(frame.north west)--(frame.south west)--++(1cm,0);
30  \node[isosceles triangle,shape border rotate=180,,fill=black,inner sep=1.5pt]at([shift
        ={(-0.5mm,-1mm)}]frame.north west){};
31  }
32  }{overlay={\draw(frame.north east)--(frame.south east)--++(-1cm,0);
33  \node[isosceles triangle,fill=black,inner sep=1.5pt]at([shift={(0.5mm,-1mm)}]frame.
        north east){};
34  }
35  }}
36  \begin{document}
37  \begin{paracol}{2}
38  例2、例3中的函数具有共同特点：
39  \marginnote{\begin{tishi}
40  分段函数是一个函数，而不是几个函数.
41  \end{tishi}}
42  在定义域内不同部分上，有不同的解析表达式.像这样的函数通常叫作{\bf 分段函数}.
43  \newpage
44  图2-1-2所示的"箭头图"可以清楚地表示这种对应关系，
45  \marginnote{\begin{tishi}
46  具有这种特征的对应称为"单值对应".
47  \end{tishi}}
48  这种对应具有"一个输入值对应唯一的输出值"的特征.
49  \end{paracol}
50  \end{document}
```

　　　　例 2、例 3 中的函数具有共同特点：在定义域内不同部分上，有不同的解析表达式.像这样的函数通常叫作**分段函数**.

◀ 分段函数是一个函数，而不是几个函数.

具有这种特征的对应称为"单值对应". ▶

图 2-1-2 所示的"箭头图"可以清楚地表示这种对应关系，这种对应具有"一个输入值对应唯一的输出值"的特征.

第 5 章

玩 转 自 动 化

5.1 计数器

5.1.1 计数器的种类

① 序号计数器

序号计数器用于为各种文本元素生成序号。每个序号计数器的名称与为其排序的命令名或环境名相同,见表 5-1。

表 5-1 序号计数器及其用途

计数器名	用途	计数器名	用途
part	部序号计数器	equation	公式序号计数器
chapter	章序号计数器	footnote	脚注序号计数器
section	节序号计数器	mpfootnote	小页环境中的脚注序号计数器
subsection	小节序号计数器	page	页码计数器
subsubsection	小小节序号计数器	enumi	排序列表第 1 层序号计数器
paragraph	段序号计数器	enumii	排序列表第 2 层序号计数器
subparagraph	小段序号计数器	enumiii	排序列表第 3 层序号计数器
figure	插图序号计数器	enumiiv	排序列表第 4 层序号计数器
table	表格序号计数器		

② 控制计数器

控制计数器用于控制浮动体数量和目录深度,它们的名称和用途见表 5-2。

表 5-2 控制计数器及其用途

计数器名	用途
bottomnumber	控制每页底部可放置浮动体的最大数量,默认值是 1
dbltopnumber	双栏排版时,控制每页顶部可放置跨栏浮动体的最大数量,默认值是 2
secnumdepth	控制层次标题的排序深度,文类 book 和文类 report 的默认值是 2,文类 article 的默认值是 3
tocdepth	控制章节目录的目录深度,文类 book 和文类 report 的默认值是 2,文类 article 的默认值是 3
topnumber	控制每页顶部可放置浮动体的最大数量,默认值是 2
totalnumber	控制每页中可放置浮动体的最大数量,默认值是 3

5.1.2　计数器的计数形式

序号计数器的计数形式及其说明见表 5-3。

表 5-3　序号计数器的计数形式

计数器名	用途
\alph{计数器}	将计数器设置为小写英文字母计数形式
\Alph{计数器}	将计数器设置为大写英文字母计数形式
\arabic{计数器}	将计数器设置为阿拉伯数字计数形式
\chinese{计数器}	将计数器设置为中文小写数字计数形式
\fnsymbol{计数器}	将计数器设置为脚注标识符计数形式
\roman{计数器}	将计数器设置为小写罗马数字计数形式
\Roman{计数器}	将计数器设置为大写罗马数字计数形式
\romanCn{计数器}	将计数器设置为中文字体的小写罗马数字计数形式
\RomanCn{计数器}	将计数器设置为中文字体的大写罗马数字计数形式

- 以上各种计数形式命令中,计数器可以是 17 个序号计数器中的任意一个,也可以是自定义的计数器。
- \romanCn{计数器} 和 \RomanCn{计数器} 须调用 zhluoma 宏包。

修改序号计数器的计数形式的命令为

```
1    \renewcommand{\the计数器}{计数形式}
```

5.1.3　计数器的设置命令

计数器设置的相关命令见表 5-4。

表 5-4　计数器命令及其用途

命令	用途
\newcounter{新计数器}[排序单位]	创建一个自命名的新计数器,其初始值为 0,默认计数形式为阿拉伯数字;可选参数排序单位用于设定新计数器的排序单位,若设为 chapter,则每当新一章开始时,将把这个新计数器清零, 该参数默认以全文为排序单位;新计数器不得与已有计数器重名,否则系统将提示出错,但可与已有命令或环境重名
\stepcounter{计数器}	将计数器的值加 1
\setcounter{计数器}{数值}	将该计数器置为所设数值
\refstepcounter{计数器}	将计数器的值加 1,并能被引用
\the计数器	显示计数器的值,如 \thepage 显示页码,\thechapter 显示当前章标题的序号

- 每当使用命令 \newcounter{新计数器}[排序单位] 自命名一个新计数器时,系统将会自动地定义一条新命令:

```
1    \newcommand{\the新计数器}{\arabic{新计数器}}
```

这条 \the新计数器 命令可用于显示该新计数器的当前值。

- 关于新建计数器的设置及其使用,读者可参考后面章节的相关例子。

5.1.4 交叉引用

LaTeX 提供了 3 条交叉引用命令,见表 5-5 。

表 5-5 交叉引用命令

命令	用途
\label{书签名}	书签命令,记录文本所在位置,不论对象走到哪里,它都会跟到哪里
\ref{书签名}	序号引用命令,插在引用处,用于引用 \label 所在环境的序号
\pageref{书签名}	页码引用命令,插在引用处,用于引用书签命令所在页面的页码

- 使用了交叉引用的源文件都必须经过连续两次编译才能得到正确的排版结果。

5.2 自定义命令与自定义环境

5.2.1 自定义命令

自定义新命令的命令为

```
1    \newcommand{新命令}[参数数量][默认值]{定义内容}
```

- 以上代码放置在导言区,正文用 \新命令{} 的格式来使用新定义的命令。
- 自定义新命令的各种参数说明见表 5-6。

表 5-6 参数的含义

参数	含义
新命令	自定义新命令的名称,它不能与系统和调用宏包中已有的命令和环境重名
参数数量	可选参数,用于指定该新命令所具有参数的个数,默认值是 0,即该新命令没有参数
默认值	可选参数,用于设定第一个参数的默认值。如果在新命令中给出 默认值,则表示该新命令的第一个参数是可选参数。新命令中最多只能有一个可选参数,并且必须是第一个参数
定义内容	对新命令所要执行的排版任务进行设定,其中涉及某个参数时用符号 #n 表示,n 为 1~9 的一个整数

修改已有命令的命令为

```
1    \renewcommand{已有命令}[参数数量][默认值]{定义内容}
```

- 该命令的后 3 个参数与新定义命令中的完全相同。

- 重新定义命令只适用于对已有命令的修改。

例 5.2.1 自定义命令示例。

```
1  \documentclass{ctexart}
2  \usepackage{pifont}
3  \newcommand{\daan}{\ding{52}{\bf 答案: }}
4  \begin{document}
5  \daan A
6  \end{document}
```

✔答案:A

▶ 熟练使用自定义命令,可以大大简化文本的输入,提高排版效率。

例 5.2.2 自定义填空题横线。

```
1  \documentclass{ctexart}
2  \usepackage{amssymb}
3  \newcommand{\tk}{\CJKunderline{\hspace*{1.5em}$\blacktriangle$\hspace*{1.5em}}.}
4  \begin{document}
5  已知集合$A=\{1,2,3\}$, $B=\{2,3,5\}$, 则$A\cap B=$\tk
6  \end{document}
```

已知集合 $A = \{1,2,3\}, B = \{2,3,5\}$,则 $A \cap B = $ _____▲_____.

▶ 本例的水平空白使用 \hspace* 命令,若下划线位于行首,则保留这段空白。

例 5.2.3 自定义高亮显示命令。

```
1  \documentclass{ctexart}
2  \usepackage{xcolor}
3  \newcommand{\hl}[1]{\CJKsout*[thickness=1.5ex, format=\color{yellow}]{#1}}
4  \begin{document}
5  一般地, 设$A,B$是两个非空数集, \hl{如果按某种对应关系~$f$\mbox{, }对于集合~$A$中的任意一
     个数~$x$\mbox{, }在集合~$B$中都有唯一的数~$f(x)$和它对应}, 那么就称$f$为集合$A$到集
     合$B$的一个函数, 记作
6  \[\mbox{\hl{$y=f(x),x\in A.$}}\]
7  \end{document}
```

　　一般地, 设 A,B 是两个非空数集,如果按某种对应关系 f,对于集合 A 中的任意一个数 x,在集合 B 中都有唯一的数 $f(x)$ 和它对应,那么就称 f 为集合 A 到集合 B 的一个函数,记作

$$y = f(x), x \in A.$$

▶ \CJKsout* 是删除线命令,平时很少用到,故本书不涉及。这里给出这条命令的另一种应用,即高亮显示。读者可以阅读 xeCJK 宏包的说明文档。

▶ 高亮显示的文本中如果夹杂中文和数学公式,那么数学公式前面加 ~,中文逗号放到 \mbox 内,使其能正常显示。

▶ 第 6 行代码是行间公式的高亮显示, 一般要把公式放在盒子里才能得到正确的高亮

显示。

5.2.2   自定义环境

自定义新环境的命令如下:

```
1  \newenvironment{新环境名称}[参数数量][默认值]{环境开始定义}{环境结束定义}
2  \begin{新环境名称}[参数1][参数2]...
3   内容...
4  \end{新环境名称}
```

- 第 1 行代码放置在导言区,第 2~4 行代码在正文中使用。
- 自定义新环境的各项参数说明见表 5-7。

表 5-7   参数的含义

参数	含义
新环境名称	自定义新环境的名称,它不能与系统和调用宏包中已有的环境重名,也不能与已有的命令重名
参数数量	可选参数,用于指定该新环境所具有参数的个数,默认值是 0,即该新环境没有参数
默认值	可选参数,用于设定第一个参数的默认值。如果在新环境定义命令中给出默认值,则表示该新环境的第一个参数是可选参数。新环境中最多只能有一个可选参数,并且必须是第一个参数
环境开始定义	对进入新环境后所要执行的排版任务进行设定,其中涉及某个参数时用符号 #n 表示,n 为 1~9 的一个整数。每当系统读到 \begin{新环境名称} 时就会执行环境开始定义
环境结束定义	对退出新环境前所要执行的排版任务进行设定。每当系统读到 \end{新环境名称} 时就会执行环境结束定义

例 **5.2.4** 自定义一个试题评注环境。

```
1  \documentclass{ctexart}
2  \newenvironment{zhu}{\par{\bf 注}\quad}{\par}
3  \begin{document}
4  \begin{zhu}
5  将本题的分式函数中的变量相对集中到分母上,再通过换元转化为直线与圆锥曲线的位置关系,利用规
      划知识求解,体现了通性通法.
6  \end{zhu}
7  \end{document}
```

> **注**   将本题的分式函数中的变量相对集中到分母上,再通过换元转化为直线与圆锥曲线的位置关系,
> 利用规划知识求解,体现了通性通法.

▶ 本例的自定义新环境命令中,第一个 \par 是指新环境另起一段,第二个 \par 是指该环境结束之后的内容另起一段。

例 **5.2.5** 自定义一个解题的新环境。

```
1   \documentclass{ctexart}
2   \newenvironment{jieti}[1][解]{\par{\bf #1}\quad}{\par}
3   \begin{document}
4   \begin{jieti}
5   根据题意可设……
6   \end{jieti}
7   \begin{jieti}[证]
8   由已知……
9   \end{jieti}
10  \end{document}
```

解　根据题意可设……

证　由已知……

▶ 本例设置了一个可选参数,默认是"解"。

▶ 新环境有时会产生多余的空格,如本例"证"与"由"之间明显多了空格,消除多余空格
可在新环境定义命令中使用忽略空格命令,见表 5-8。

表 5-8　命令的含义

命令	含义
\ignorespaces	该命令通知系统忽略所有空格,直到读入非空格符号为止
\ignorespacesafterend	相当于在 \end 之后追加一个 \ignorespaces 命令
\unskip	删除所定义内容的最后符号,如果它是空格的话

例 **5.2.6** 修改例 5.2.5,消除多余空格。

```
1   \documentclass{ctexart}
2   \newenvironment{jieti}[1][解]{\par{\bf#1}\quad\ignorespaces}{\par}
3   \begin{document}
4   \begin{jieti}
5   根据题意可设……
6   \end{jieti}
7   \begin{jieti}[证]
8   由已知……
9   \end{jieti}
10  \end{document}
```

解　根据题意可设……

证　由已知……

例 **5.2.7** 自定义一题多解的环境。

```
1   \documentclass{ctexart}
2   \newcounter{jf}[section]
3   \newenvironment{jiefa}[1][]{
4   \par{\bf 解法\refstepcounter{jf}\thejf}#1\quad}{\par}
5   \begin{document}
6   \begin{jiefa}[（判别式法）]
7   由题意知……
8   \end{jiefa}
9   \begin{jiefa}[（柯西不等式法）]
10  因为……
11  \end{jiefa}
12  \begin{jiefa}[（导数法）]
13  对函数求导……
14  \end{jiefa}
15  \begin{jiefa}[（几何构造法）]
16  注意到……
17  \end{jiefa}
18  \end{document}
```

解法 1（判别式法）　由题意知……
解法 2（柯西不等式法）　因为……
解法 3（导数法）　对函数求导……
解法 4（几何构造法）　注意到……

▶ 本例定义一个名为 jf 的计数器，并设定它以节为排序单位，每当新一节开始，它将被自动清零。

▶ 第 3 行代码为 jiefa 环境设置一个序号计数器，该计数器的计数形式是默认的阿拉伯数字。每使用一次该环境，\refstepcounter 就会将计数器 jf 的值加 1，并且该计数器的值（\thejf）可以被引用。

例 **5.2.8** 仿照人教 B 版新教材制作一个例题与解析环境。

```
1   \documentclass{ctexart}
2   \usepackage{amsmath}
3   \usepackage[most]{tcolorbox}
4   \tcbset{xiao/.style={left=0mm,right=0mm,top=0mm,bottom=0mm,boxrule=0mm,colback=gray,
        colupper=white,fontupper=\bf,enhanced,on line,
5   overlay={\draw(frame.west)--++(-1cm,0);}}}
6   \tcbset{da/.style={middle=0mm,segmentation hidden,colback=white,arc=0mm,boxrule=0mm,
        enforce breakable,parbox=false,before upper=\indent,before lower=\indent,left=1.5
        mm,top=-1.3mm,bottom=-1mm,right=0mm,enhanced,
7   overlay={
8   \draw(frame.north west)node[circle,draw,fill,inner sep=1pt,anchor=north]{}--(frame.
        south west)node[circle,draw,fill,inner sep=1pt,anchor=south]{};
```

```
9   }}}
10  \newcounter{liti}[section]
11  \newenvironment{lj}[3][解析]{\begin{tcolorbox}[da]
12  \tcbox[xiao]{\refstepcounter{liti}例\theliti} #2
13  \tcblower
14  \tcbox[xiao]{#1} #3
15  }{\end{tcolorbox}}
16  \begin{document}
17  \begin{lj}
18  {求方程$x^2-5x+6=0$的解集.}
19  {原方程可化为$(x-2)(x-3)=0$, 即$x=2$或$x=3$, 因此所求解集为$\{2,3\}.$}
20  \end{lj}
21  \begin{lj}[证明]
22  {已知$a>b$, $c<d$, 求证: $a-c>b-d.$}
23  {由题意, $a>b$, $-c>-d$, 所以$a-c>b-d.$}
24  \end{lj}
25  \end{document}
```

> **例 1** 求方程 $x^2 - 5x + 6 = 0$ 的解集.
>
> **解析** 原方程可化为 $(x-2)(x-3)=0$，即 $x=2$ 或 $x=3$，因此
> 所求解集为 $\{2,3\}$.
>
> **例 2** 已知 $a > b$，$c < d$，求证：$a - c > b - d$.
>
> **证明** 由题意，$a > b$，$-c > -d$，所以 $a - c > b - d$.

▶ 本例的制作思路是：整个例题和解析放入 tcolorbox，其中标题分别放入两个 tcbox
内，并用 overlay 选项画线。

▶ 本例的自定义环境 lj 有 3 个参数，其中第一个参数的默认值是解析，第二个参数是
例题的题目，第三个参数是解答过程。当有多个参数时，第一个参数用 []，其余参数都
用 {}。

5.3 脚注

5.3.1 中国化的脚注

为了使脚注符合国内的出版习惯，需要对默认的脚注格式进行修改。

第 1 步，把脚注序号的上标形式改为正常文本格式，在导言区设置如下代码：

```
1  \makeatletter
2  \renewcommand\@makefntext[1]{%
3  \setlength\parindent{2em}\selectfont
4  {\@thefnmark\ }#1}
5  \makeatother
```

第 2 步，用带圈数字作为脚注的计数形式，在导言区设置如下代码：

```
1  \usepackage{zhshuzi}
2  \renewcommand{\thefootnote}{\quan{\arabic{footnote}}}
```

上述两段代码设置好之后，在正文部分使用脚注命令：

```
1  \footnote{脚注内容}
```

即可得到中国化的脚注。

例 5.3.1 用带圈数字作为脚注的计数形式，排版一段文字。

```
1   \documentclass{ctexart}
2   \usepackage{zhshuzi,amssymb}
3   \renewcommand{\thefootnote}{\hquan{\arabic{footnote}}}
4   \makeatletter
5   \renewcommand\@makefntext[1]{%
6   \setlength\parindent{2em}\selectfont
7   {\@thefnmark\ }#1}
8   \makeatother
9   \begin{document}
10  在$0^\circ\sim 360^{\circ}$\footnote{$0^\circ \sim 360^{\circ}$是指$0^\circ\leq \alpha
        \leq 360^{\circ}$.}范围内
11  \end{document}
```

在 $0° \sim 360°$❶范围内

---

❶ $0° \sim 360°$ 是指 $0° \leqslant \alpha \leqslant 360°$.

5.3.2 脚注宏包 footmisc

footmisc 宏包提供了修改脚注格式的相关功能，表 5-9 列出的是 3 个最有用的选项。

表 5-9   参数的含义

参数	含义
perpage	将脚注以页为排序单位
para	将一页中所有脚注合为一个段落
stable	允许在章节命令中使用脚注命令

例 5.3.2 排版一段文言文。

```
1   \documentclass{ctexart}
2   \usepackage{zhshuzi}
3   \renewcommand{\thefootnote}{\quan{\arabic{footnote}}}
4   \usepackage[perpage,para]{footmisc}
5   \makeatletter
6   \renewcommand\@makefntext[1]{%
7   \setlength\parindent{2em}\selectfont
```

```
8    {\@thefnmark\ }#1}
9    \makeatother
10   \usepackage{xpinyin}
11   \begin{document}
12   樊迟\footnote{樊（\pinyin{fan2}）迟：名须，字子迟，春秋末期鲁国人（一说齐国人），孔子的学
     生。他求知心切，多次向孔子请教"仁"的学说。}问仁\footnote{仁：二人成仁，即待人要亲
     善、关爱。《论语》共有59章提到"仁"。仁，是儒家的核心思想，包括忠、信、恕、孝、恭、
     敏、宽、惠、智、勇等。正如冯友兰先生所言，"仁可以视为全德"。}。子曰："爱人。"问知\
     footnote{知：通"智"，智慧。}。子曰："知人\footnote{知人：了解人。}。"
13   \end{document}
```

樊迟①问仁②。子曰："爱人。"问知③。子曰："知人④。"

---

① 樊（fán）迟：名须，字子迟，春秋末期鲁国人（一说齐国人），孔子的学生。他求知心切，多次向孔子请
教"仁"的学说。   ② 仁：二人成仁，即待人要亲善、关爱。《论语》共有59章提到"仁"。仁，是儒家的
核心思想，包括忠、信、恕、孝、恭、敏、宽、惠、智、勇等。正如冯友兰先生所言，"仁可以视为全德"。
③ 知：通"智"，智慧。   ④ 知人：了解人。

例 5.3.3 章节标题的脚注。

```
1    \documentclass{ctexbook}
2    \usepackage{titlesec}
3    \titleformat{\chapter}{\centering\huge}{\arabic{chapter}}{1em}{}[]
4    \usepackage[stable]{footmisc}
5    \usepackage{zhshuzi}
6    \renewcommand{\thefootnote}{\quan{\arabic{footnote}}}
7    \makeatletter
8    \renewcommand\@makefntext[1]{%
9    \setlength\parindent{2em}\selectfont
10   {\@thefnmark\ }#1}
11   \makeatother
12   \begin{document}
13   \chapter{烛之武退秦师\footnote{选自《左传·僖公三十年》（《十三经注疏》中华书局1980年
     版）。}}
14   \end{document}
```

1 烛之武退秦师①

---

① 选自《左传·僖公三十年》（《十三经注疏》中华书局 1980 年版）。

5.3.3 特殊环境下的脚注

盒子、表格、数学公式等环境中的脚注序号统一修改为带圈脚注,这里给出的是反白带圈数字作为计数形式的脚注:

```
1  \renewcommand{\thempfootnote}{\hquan{\arabic{mpfootnote}}}
```

例 5.3.4 彩框环境中的脚注。

```
1   \documentclass{ctexart}
2   \usepackage{tcolorbox}
3   \usepackage{xpinyin}
4   \usepackage{zhshuzi}
5   \makeatletter
6   \renewcommand\@makefntext[1]{%
7   \setlength\parindent{2em}\selectfont
8   {\@thefnmark\ #1}
9   \makeatother
10  \renewcommand{\thempfootnote}{\hquan{\arabic{mpfootnote}}}
11  \begin{document}
12  \begin{tcolorbox}[colback=gray!30,boxrule=0pt]
13  樊\footnote{樊(\pinyin{fan2})迟:名须,字子迟,春秋末期鲁国人(一说齐国人),孔子的学
        生。他求知心切,多次向孔子请教"仁"的学说。}问仁\footnote{仁:二人成仁,即待人要亲
        善、关爱。《论语》共有59章提到"仁"。仁,是儒家的核心思想,包括忠、信、恕、孝、恭、
        敏、宽、惠、智、勇等。正如冯友兰先生所言,"仁可以视为全德"。}。子曰:"爱人。"问知\
        footnote{知:通"智",智慧。}。子曰:"知人\footnote{知人:了解人。}。"
14  \end{tcolorbox}
15  \end{document}
```

樊迟❶问仁❷。子曰:"爱人。"问知❸。子曰:"知人❹。"

> ❶ 樊(fán)迟:名须,字子迟,春秋末期鲁国人(一说齐国人),孔子的学生。他求知心切,
> 多次向孔子请教"仁"的学说。
> ❷ 仁:二人成仁,即待人要亲善、关爱。《论语》共有 59 章提到"仁"。仁,是儒家的核心思
> 想,包括忠、信、恕、孝、恭、敏、宽、惠、智、勇等。正如冯友兰先生所言,"仁可以视为全德"。
> ❸ 知:通"智",智慧。
> ❹ 知人:了解人。

▶ 从本例的结果看出,盒子环境中的脚注也在盒子内。有些时候我们喜欢把脚注放在正常的位置(即页面下方的脚注区域),这时需要特殊处理,在导言区设置如下代码:

```
1  \newcounter{footnotemarknum}
2  \newcommand{\fnm}{\addtocounter{footnotemarknum}{1}\footnotemark}
3  \newcommand{\fnt}[1]{
4  \addtocounter{footnote}{-\value{footnotemarknum}}
5  \addtocounter{footnote}{1}
6  \footnotetext{#1}
7  \setcounter{footnotemarknum}{0}}
```

● 这里自定义了两条命令,\fnm 为脚注的标记,\fnt 为脚注的内容(在盒子外面使用)。

例 **5.3.5** 修改例 5.3.4，把脚注放在页面下方并合为一个段落。

```
1   \documentclass{ctexart}
2   \usepackage{tcolorbox}
3   \usepackage{xpinyin}
4   \usepackage{zhshuzi}
5   \renewcommand{\thefootnote}{\hquan{\arabic{footnote}}}
6   \renewcommand{\thempfootnote}{\hquan{\arabic{footnote}}}
7   \usepackage[para,perpage]{footmisc}
8   \makeatletter
9   \renewcommand\@makefntext[1]{%
10  \setlength\parindent{2em}\selectfont
11  {\@thefnmark\ }#1}
12  \makeatother
13  \newcounter{footnotemarknum}
14  \newcommand{\fnm}{\addtocounter{footnotemarknum}{1}\footnotemark}
15  \newcommand{\fnt}[1]{
16  \addtocounter{footnote}{-\value{footnotemarknum}}}
17  \addtocounter{footnote}{1}
18  \footnotetext{#1}
19  \setcounter{footnotemarknum}{0}}
20  \begin{document}
21  \begin{tcolorbox}[colback=gray!30,boxrule=0pt]
22  樊迟\fnm 问仁\fnm 。子曰："爱人。"问知\fnm 。子曰："知人\fnm 。"
23  \end{tcolorbox}
24  \fnt{樊（\pinyin{fan2}）迟：名须，字子迟，春秋末期鲁国人（一说齐国人），孔子的学生。他求
        知心切，多次向孔子请教"仁"的学说。}
25  \fnt{仁：二人成仁，即待人要亲善、关爱。《论语》共有59章提到"仁"。仁，是儒家的核心思想，
        包括忠、信、恕、孝、恭、敏、宽、惠、智、勇等。正如冯友兰先生所言，"仁可以视为全德"。
        }
26  \fnt{知：通"智"，智慧。}
27  \fnt{知人：了解人。}
28  \end{document}
```

> 樊迟❶问仁❷。子曰："爱人。"问知❸。子曰："知人❹。"

---

❶ 樊（fán）迟：名须，字子迟，春秋末期鲁国人（一说齐国人），孔子的学生。他求知心切，多次向孔子请教"仁"的学说。　❷ 仁：二人成仁，即待人要亲善、关爱。《论语》共有 59 章提到"仁"。仁，是儒家的核心思想，包括忠、信、恕、孝、恭、敏、宽、惠、智、勇等。正如冯友兰先生所言，"仁可以视为全德"。　❸ 知：通"智"，智慧。　❹ 知人：了解人。

例 **5.3.6** 公式、表格环境中的脚注。

```
1    \documentclass{ctexart}
2    \usepackage{zhshuzi}
3    \renewcommand{\thefootnote}{\hquan{\arabic{footnote}}}
4    \renewcommand{\thempfootnote}{\hquan{\arabic{footnote}}}
5    \makeatletter
6    \renewcommand\@makefntext[1]{%
7    \setlength\parindent{2em}\selectfont
8    {\@thefnmark\ }#1}
9    \makeatother
10   \newcounter{footnotemarknum}
11   \newcommand{\fnm}{\addtocounter{footnotemarknum}{1}\footnotemark}
12   \newcommand{\fnt}[1]{
13   \addtocounter{footnote}{-\value{footnotemarknum}}
14   \addtocounter{footnote}{1}
15   \footnotetext{#1}
16   \setcounter{footnotemarknum}{0}}
17   \begin{document}
18   \begin{equation}
19    a^2+b^2=c^2 \fnm
20   \end{equation}
21   \fnt{勾股定理，又称毕达哥拉斯定理。}
22   \begin{center}
23   \begin{tabular}{ll}\hline
24    AMS\fnm & 移动电话服务系统 \\
25    GSM\fnm & 全球移动通信系统 \\ \hline
26   \end{tabular}
27   \end{center}
28   \fnt{贝尔实验室于1969年开始研究，1983年投入使用。}
29   \fnt{数字技术。}
30   \end{document}
```

$$a^2 + b^2 = c^2\text{❶} \hfill (1)$$

AMS❷	移动电话服务系统
GSM❸	全球移动通信系统

---

❶ 勾股定理，又称毕达哥拉斯定理。
❷ 贝尔实验室于 1969 年开始研究，1983 年投入使用。
❸ 数字技术。

5.4 目录

5.4.1 章节目录

LaTeX 系统提供的章节目录命令为

```
1  \tableofcontents
```

- 要对源文件编译两次才能生成正确的目录。在第一次编译时，系统对所有层次标题自动排序并获得这些标题所在页的页码，然后按照章节目录命令的要求，将这些标题的内容、序号和页码写入与源文件同名的 .toc 章节标题记录文件中；在第二次编译时，章节目录命令根据 .toc 中的标题信息自动生成目录。

在系统中，控制目录深度的是 tocdepth 目录深度计算器，改变它的计数值就可以改变目录的深度。它的命令为

```
1  \setcounter{tocdepth}{数字}
```

- ctexbook、ctexrep 文类默认的目录深度为 2，ctexart 文类默认的目录深度为 3，参考第 6 章表 6-3。

5.4.2 目录格式的修改

调用 tocloft 宏包可以方便地修改目录格式。导言区加载：

```
1  \usepackage{titles}{tocloft}
```

- 这里加上 titles 选项禁止更改章节标题设置的"目录"格式。
- tocloft 宏包修改目录格式的主要参数说明如下。
① 导引点修改（表 5-10）。

表 5-10　命令的含义

命令	含义
\cftdot	页码前导引的点的符号
\cftdotsep	导引点之间的距离
\cftnodots	没有点

② 页码格式设置（表 5-11）。

表 5-11　命令的含义

命令	含义
\cftsetpnumwidth{宽度}	设置页码所占最大宽度
\cftsetmarg{宽度}	设置标题与导引线右端和行右边界距离

③ 段间距调整（表 5-12）。
④ 目录条目设置（表 5-13）。

表 5-12　命令的含义

命令	含义
\cftparskip	长度变量,目录项中的段间距（默认为零）

表 5-13　命令的含义

命令	含义
\cftbeforeXskip	长度变量,条目前垂直间距
\cftXindent	长度变量,条目前水平间距
\cftXnumwidth	长度变量,条目编号占用宽度
\cftXfont	条目字体
\cftXpresnum	条目编号前内容（编号盒子内）
\cftXaftersnum	条目编号后内容（编号盒子内）
\cftXaftersnumb	条目编号后内容（编号盒子外）
\cftXleader	条目使用的导引线,通常定义为\cftdotfill{\cftXdotsep}
\cftXdotsep	条目导引线中两点的距离
\cftXpagefont	条目页码字体
\cftXafterpnum	条目页码后代码

- 这里的 X 可以是 part、chap、sec、subsec、subsubsec、para、subpara,也可以是自定义目录中的自建计数器名称。

例 5.4.1 目录条目导引点居中加粗。

```
1   \documentclass{ctexbook}
2   \usepackage[titles]{tocloft}
3   \renewcommand{\cftdot}{\LARGE$\cdot$}
4   \renewcommand{\cftdotsep}{0.7}
5   \renewcommand{\cftchapdotsep}{\cftdotsep}
6   \renewcommand{\cftbeforechapskip}{0em}
7   \renewcommand{\cftchappagefont}{\bf（}
8   \renewcommand{\cftchapafterpnum}{\bf）}
9   \begin{document}
10  \frontmatter
11  \tableofcontents
12  \mainmatter
13  \chapter{集合与函数}
14  \section{集合}
15  \subsection{集合的表示法}
16  \subsection{集合的基本关系}
17  \subsection{集合的运算}
18  \section{函数}
19  \subsection{函数的概念}
20  \subsection{函数的表示法}
21  \subsection{函数的性质}
```

```
22   \chapter{基本初等函数}
23   \end{document}
```

▶ 本例第 3、4 行代码设置目录导引点,但默认章目录条目没有导引点,故第 5 行代码为章目录条目单独设置了导引点。

▶ 第 6 行代码设置章目录条目的垂直间距,第 7、8 行代码在页码两侧加括号。

▶ tocloft 宏包修改目录格式是非常方便的,如果读者对目录格式要求不高的话,该宏包就基本能满足了。如果读者要深度定制目录格式,那么下面介绍的 titletoc 宏包就十分有用了。

5.4.3 定制目录

titletoc 宏包定制章节目录格式的命令为

```
1   \titlecontents{标题名}[左间距]{目录格式}{目录编号}{无序号标题}{导引线与页码}[后续命令]
```

● 各种参数的说明见表 5-14。

表 5-14 参数的含义

参数	含义
标题名	设置所需修改的某一层次目录格式的标题名,如 chapter、section 等层次标题名
左间距	可选参数,但不能省略,它用于设置目录条目与版式左边缘之间的距离
目录格式	设置目录条目的整体格式,如字体、字号、与上一个条目的垂直距离等。该参数可空置
目录编号	设置目录条目编号的格式,如序号格式、序号宽度、序号与标题内容的间距等。该参数不能空置,否则目录条目将无标题编号
无序号标题	设置无序号标题的目录格式,如字体、字号等。该参数可以空置
导引线与页码	设置标题与页码之间的导引线样式以及页码的格式,该参数如果空置,标题将无导引线和页码
后续命令	可选参数,用于设置目录条目排版后还需要执行的命令,例如与下个条目的垂直间距等。该参数常被省略

　　titletoc 宏包还提供了一个带 * 的命令,把目录条目排成段落的样子。

1 `\titlecontents*{标题名}[左间距]{目录格式}{目录编号}{无序号标题}{导引线与页码}[后续命令]`

　　titletoc 宏包提供了一些可以在设置目录格式时使用的命令,表 5-15 中列举 3 条主要的命令。

表 5-15　命令的含义

命令	含义
\thecontentslabel	设置目录条目的标题编号
\thecontentspage	设置目录条目的页码
\contentsmargin	设置目录条目与版心右边缘的距离

例 5.4.2 用 tcolorbox 装饰目录。

```
1  \documentclass{ctexbook}
2  \usepackage[most]{tcolorbox}
3  \usepackage{titletoc}
4  \newcommand\boxedd[1]
5  {
6  \begin{tcolorbox}[nobeforeafter,fontupper=\large\bf,fontlower=\large\bf,colframe=white
      , colupper=white,colback=gray,top=0mm,bottom=0pt,left=2pt,right=1pt,arc=0pt,outer
      arc=0pt,bicolor,sidebyside,boxrule=0pt, halign=center,halign lower=left,lefthand
      width=4em,sidebyside gap=3mm,colbacklower=gray!20]
7  \thecontentslabel\tcblower #1
8  \end{tcolorbox}
9  }
10 \newcommand\boxeddd[1]
11 {
12 \begin{tcolorbox}[nobeforeafter,fontupper=\large\bf,fontlower=\large\bf,colframe=white
      , colupper=white,colback=gray,top=0mm,bottom=0pt,left=2pt,right=1pt,arc=0pt,outer
      arc=0pt,bicolor,sidebyside,boxrule=0pt, halign=center,halign lower=left,lefthand
      width=4em,sidebyside gap=3mm,colbacklower=gray!20]
13 #1\tcblower
14 \end{tcolorbox}
15 }
16 \titlecontents{chapter}[0mm]
17 {\addvspace{0.5em}}
18 {\boxedd}
19 {\boxeddd}
20 {}
21 [\addvspace{0.3em}]
22 \begin{document}
23 \frontmatter
24 \chapter{前言}
25 \tableofcontents
26 \mainmatter
```

```
27  \chapter{平面向量与复数}
28  \section{平面向量}
29  \section{极化恒等式}
30  \section{等和线}
31  \end{document}
```

▶ 本例将章目录条目放入彩框内。第 4~9 行代码对应第 18 行代码,表示有编号的目录格式。第 10~15 行代码对应第 19 行代码,表示无编号的目录格式。

▶ #1 表示待写入的标题内容。

例 5.4.3 目录条目不折行。

```
1   \documentclass{ctexbook}
2   \usepackage{titletoc}
3   \titlecontents{chapter}[0em]
4   {\bf\filright\contentsmargin{0em}}
5   {\thecontentslabel\hspace{1.6mm}}
6   {}
7   {\hfill\thecontentspage}[]
8   \titlecontents*{subsection}[4em]
9   {\fangsong\filright\contentsmargin{0em}}
10  {\thecontentslabel\nobreakspace\mbox}
11  {}
12  {\nobreakspace\mbox{$/$ \thecontentspage}}
13  [\quad]
14  \begin{document}
15  \frontmatter
16  \tableofcontents
17  \mainmatter
18  \chapter{平面向量与复数}
19  \section{平面向量}
20  \subsection{极化恒等式}
21  \subsection{等和线}
22  \subsection{奔驰定理}
23  \subsection{投影}
24  \subsection{坐标法}
25  \end{document}
```

▶ 本例使用带星号的命令格式，实现目录条目按段落样式排版。这里要注意的是，标题和页码不能随意断行，要保证编号、标题、页码在同一行，所以用 \nobreakspace\mbox 保证它们不被拆散。

例 **5.4.4** 目录条目一部分分栏。

```
1   \documentclass{ctexbook}
2   \usepackage{titletoc}
3   \titlecontents{chapter}[0em]
4   {\filcenter}
5   {\bf\thecontentslabel}{}
6   {\hfill}
7   [{\titlerule[1pt]\addvspace{1em}}]
8   \newcommand{\boxedd}[1]{\makebox[5.8cm]{
9   \thecontentslabel\quad#1\titlerule*[5pt]{\Large$\cdot$}\thecontentspage
10  }}
11  \titlecontents*{section}[0em]
12  {\filright\fangsong\contentsmargin{0em}}
13  {\boxedd}
14  {}
15  {}
16  [\quad]
17  \begin{document}
18  \frontmatter
19  \tableofcontents
20  \mainmatter
21  \chapter{平面向量}
22  \section{等和线}
23  \section{极化恒等式}
24  \section{坐标法}
25  \section{基底分解}
26  \section{奔驰定理}
27  \section{投影}
28  \end{document}
```

▶ 本例的技巧在于把目录条目放到等宽的盒子里，每行排版两个目录条目，从而实现分栏的效果。

▶ 用这种技巧实现分栏效果时,其盒子的宽度一般要根据版心进行调整,可多试几次得到满意的结果。

5.4.4 小型目录

`titletoc` 宏包提供了制作小型目录的命令:

```
1  \startcontents[名称]
2  \printcontents[名称]{前缀}{最高级别}{目录代码}
3  \stopcontents[名称]
```

● 各种参数的说明见表 5-16。

表 5-16 参数的含义

参数	含义
名称	用户自己选定,每一章的名称都不一样
前缀	该参数基本空置
最高级别	小型目录显示的最高层次标题的数字,例如 0 表示 chapter,1 表示 section,依次类推
目录代码	一般填写目录的深度

例 5.4.5 制作小型目录。

```
1   \documentclass{ctexbook}
2   \usepackage{titletoc}
3   \begin{document}
4   \chapter{平面向量与复数}
5   \startcontents[aa]
6   \printcontents[aa]{}{1}{\setcounter{tocdepth}{1}}
7   \section{平面向量}
8   \section{极化恒等式}
9   \section{等和线}
10  \stopcontents[aa]
11  \chapter{数列不动点}
12  \end{document}
```

第一章 平面向量与复数

1.1 平面向量

1.2 极化恒等式

1.3 等和线

▶ 可以把第 6 行代码放入 tcolorbox 中,实现多样的小型目录样式。

▶ 本例主要展示小型目录的使用范围,为了节约篇幅,第 11 行代码的效果没有展示。

5.4.5   tocdata 宏包

有时需要在目录条目中再增加一些信息(比如作者姓名等),tocdata 宏包可以简单地实现这一要求。它的命令格式为

```
1  \tocdata{toc}{信息}
```

● 该命令置于需要添加信息的某一级标题之前。

例 **5.4.6** 制作目录双页码。

```
1   \documentclass{ctexbook}
2   \usepackage{xcolor}
3   \usepackage{tocdata}
4   \renewcommand{\tocdataformat}[1]{{\normalfont{(#1)}}}
5   \usepackage[titles]{tocloft}
6   \renewcommand{\cftdot}{\LARGE$\cdot$}
7   \renewcommand{\cftdotsep}{0.7}
8   \renewcommand{\cftparapagefont}{\kaishu 答案正文\color{white}}
9   \renewcommand{\cftparaafterpnum}{\hspace*{-0.7em}\vspace*{-1.5em}}
10  \renewcommand{\cftparaleader}{\hfill}
11  \setcounter{tocdepth}{4}
12  \begin{document}
13  \frontmatter
14  \tableofcontents
15  \mainmatter
16  \addcontentsline{toc}{paragraph}{}
17  \chapter{绝对值}
18  \tocdata{toc}{\pageref{aa}}
19  \section{绝对值恒等式}
20  \newpage
21  参考答案\label{aa}
22  \tocdata{toc}{\pageref{ab}}
23  \section{绝对值不等式}
24  \newpage
25  参考答案\label{ab}
26  \tocdata{toc}{\pageref{ac}}
27  \section{平口单峰}
28  \newpage
29  参考答案\label{ac}
30  \tocdata{toc}{\pageref{ad}}
31  \section{曼哈顿距离}
32  \newpage
33  参考答案\label{ad}
34  \end{document}
```

▶ 本例的核心是利用交叉引用,把参考答案所在页的页码引用到目录条目中去。

▶ 这里还用到了一个技巧,即虚设一个 paragraph 层次的空白条目(第 16 行代码),它的作用在于增加空间填写"答案正文"字样(第 8 行代码)。

▶ 第 8 行代码设置页码为白色,不显示。第 9 行代码设置水平和竖直位移,调整"答案正文"的位置。第 10 行代码消除导引点,用 \hfill 命令把"答案正文"弹回到右边。

5.4.6　自定义目录

tocloft 宏包提供了自定义目录的功能,下面以题型目录的制作为例,介绍如何制作自定义目录。

例 **5.4.7** 制作一个题型目录。

第 1 步,建立目录标题:

```
1  \newcommand\listtx{题型目录}
```

● 这条命令的一般形式为

```
1    \newcommand\list自定义名称{目录标题}
```

第 2 步,建立计数器:

```
1  \newlistof[chapter]{txnum}{tx}{\listtx}
```

● 这里的 chapter 是指以章为单位,即每章重新编号。txnum 是计数器名称,tx 是辅助文件名,\listtx 代表第一步建立的目录标题。

● 这条命令的一般形式为

```
1    \newcommand[计数单位]{计数器名}{辅助文件名}{目录标题命令}
```

第 3 步,更改计数器的计数形式(这里用中文数字作为计数形式):

```
1  \renewcommand{\thetxnum}{\chinese{txnum}}
```

● 默认以阿拉伯数字为计数形式。

第 4 步,建立题型环境:

```
1  \newenvironment{tx}[1][]{
2  \begin{center}
3  \tcbox[boxrule=0pt,arc=0pt,colback=gray!40,top=0mm,bottom=0mm]
4  {\zihao{4}\bf{\refstepcounter{txnum}题型\thetxnum\quad #1}}
5  \addcontentsline{tx}{txnum}{\protect\numberline{\bf 题型\thetxnum}#1}
6  }{\end{center}}
```

● 这里把题型标题放入一个彩框里(当然也可以不用彩框,彩框只是修饰而已),这一步的本质是自定义环境。

● \addcontentsline 命令则把相关信息写入目录中,它的一般形式是

```
1    \addcontentsline{辅助文件名}{计数器名}{\protect\numberline{目录标题编号}目录内容}
```

第 5 步,在正文需要排版目录处输入命令:

```
1  \listoftxnum
```

● 这条命令的一般形式为

```
1    \listof计数器名
```

以上各种命令合成后的源文件及其效果如下:

```
1   \documentclass{ctexbook}
2   \usepackage[most]{tcolorbox}
3   \usepackage[titles]{tocloft}
4   \renewcommand{\cftdot}{$\cdot$}
5   \renewcommand{\cftdotsep}{1.5}
6   \newcommand\listtx{题型目录}
7   \newlistof[chapter]{txnum}{tx}{\listtx}
8   \renewcommand{\thetxnum}{\chinese{txnum}}
9   \newenvironment{tx}[1][]{\begin{center}
10  \tcbox[boxrule=0pt,arc=0pt,colback=gray!40,top=0mm,bottom=0mm]
11  {\zihao{4}\bf{\refstepcounter{txnum}题型\thetxnum\quad #1}}
12  \addcontentsline{tx}{txnum}{\protect\numberline{\bf 题型\thetxnum}#1}
13  }{\end{center}}
14  \begin{document}
15  \listoftxnum
16  \begin{tx}[集合的交、并、补集运算]\end{tx}
17  内容……
18  \begin{tx}[求函数值域的常用方法]\end{tx}
19  内容……
20  \begin{tx}[分段函数及其应用]\end{tx}
21  内容……
22  \end{document}
```

<h1 style="text-align:center">题型目录</h1>

题型一   集合的交、并、补集运算

内容……

题型二   求函数值域的常用方法

内容……

题型三   分段函数及其应用

内容……

▶ 排入目录中的内容必须放在中括号内。

5.4.7　分栏目录

tocloft 宏包配合分栏宏包 multicol 可以实现分栏目录的效果,其命令如下:

```
1  \renewcommand\cftZprehook{\begin{multicols}{2}}
2  \renewcommand\cftZposthook{\end{multicols}}
```

● 这里的 Z 可以是章节目录（toc）,也可以是自定义目录的辅助文件名。

例 **5.4.8** 章节目录分栏。

```
1   \documentclass{ctexbook}
2   \usepackage[titles]{tocloft}
3   \usepackage{multicol}
4   \renewcommand\cfttocprehook{\begin{multicols}{2}}
5   \renewcommand\cfttocposthook{\end{multicols}}
6   \begin{document}
7   \frontmatter
8   \tableofcontents
9   \mainmatter
10  \chapter{数列}
11  \section{通项公式}
12  \section{数列和不等式}
13  \section{最大（小）项}
14  \chapter{导数}
15  \section{单调性}
16  \section{最值}
17  \section{恒成立}
18  \section{切线放缩}
19  \section{泰勒展开}
20  \end{document}
```

例 **5.4.9** 自定义目录分栏。

```
1   \documentclass{ctexbook}
2   \usepackage{geometry}
3   \geometry{paperwidth=18cm,paperheight=26cm,left=2cm,right=2cm}
4   \usepackage[most]{tcolorbox}
5   \usepackage[titles]{tocloft}
```

```
6   \usepackage{multicol}
7   \newcommand\listtx{考点指津}
8   \newlistof[chapter]{txnum}{tx}{\listtx}
9   \renewcommand{\thetxnum}{\arabic{txnum}}
10  \newenvironment{tx}[1][]{\begin{tcolorbox}[boxrule=0pt,arc=0pt,colback=white,top=0mm,
        bottom=0mm,left=0mm,bottomrule=1pt,width=8cm]
11  \zihao{-4}\bf{\refstepcounter{txnum}考点\thetxnum\quad #1}
12  \addcontentsline{tx}{txnum}{\protect\numberline{\bf 考点\thetxnum}#1}
13    }{\end{tcolorbox}}
14  \renewcommand{\cfttxnumleader}{}
15  \renewcommand{\cfttxnumafterpnum}{\hfill\mbox{}}
16  \renewcommand{\cfttxnumpagefont}{\textbullet P\sf}
17  \renewcommand\cfttxprehook{\begin{multicols}{2}}
18  \renewcommand\cfttxposthook{\end{multicols}}
19  \begin{document}
20  \listoftxnum
21  \begin{tx}[求函数解析式]\end{tx}
22  内容……
23  \begin{tx}[函数图像及其应用]\end{tx}
24  内容……
25  \begin{tx}[函数性质的综合应用]\end{tx}
26    内容……
27  \begin{tx}[比较大小]\end{tx}
28    内容……
29  \end{document}
```

考点指津

考点 1　求函数解析式

　　内容……

考点 2　函数图像及其应用

　　内容……

考点 3　函数性质的综合应用

　　内容……

考点 4　比较大小

　　内容……

► 第 17、18 行代码是考点目录的分栏命令。

► 第 14~16 行代码修改考点目录的格式。该目录没有设置导引点，会导致条目分散对齐，所以第 15 行代码在页码后面加了 \hfill\mbox{}，把条目弹回到左边。

第 6 章

玩 转 版 式

6.1 标题

6.1.1 书籍正文结构

ctexbook 文类的正文基本结构为

```
1  \begin{document}
2  \begin{titlepage}
3  封面内容...
4  \end{titlepage}
5  \frontmatter
6  \chapter{前言}
7  \chapter{序}
8  ...
9  \taleofconternts
10 \mainmatter
11 \chapter{第一章}
12 \chapter{第二章}
13 ...
14 \backmatter
15 \appendix
16 \chapter{参考答案}
17 \end{document}
```

- 第 2~4 行代码为封面标题页。
- 第 5~10 行代码为前文区，第 11~14 行代码为主文区，第 14 行代码之后的内容是后文区。第 15 行代码为附录命令。
- \frontmatter、\mainmatter、\backmatter 称为分区命令，它们的作用见表 6-1。

表 6-1   三条分区命令的作用比较

	\frontmatter	\mainmatter	\backmatter
页码形式	小写罗马数字	阿拉伯数字	阿拉伯数字，接续前页码
章标题	无序号，可入目录	有序号，可入目录	无序号，可入目录
首章标题	单页	单页	任何页
涉及内容	前言、序言、目录	正文	附录、后记等

6.1.2 封面标题页

书籍封面标题页的命令结构如下：

```
1  \begin{titlepage}
2  标题、作者、出版社等信息
3  \end{titlepage}
```

　　titlepages 宏包提供了 40 种封面样式,有兴趣的读者可以查阅,这里不再列出。精致的封面通常要借助 tikz 画图实现。

　　利用 tikz 可以实现丰富多彩的页面样式,本章将举个别例子介绍用 tikz 实现多样化的标题、目录、页眉页脚等。这里先给出基本命令结构:

```
1  \begin{tikzpicture}[remember picture, overlay]
2   作图代码...
3  \end{tikzpicture}
```

- tikzpagenodes 宏包提供了页面坐标,如图 6-1 所示。

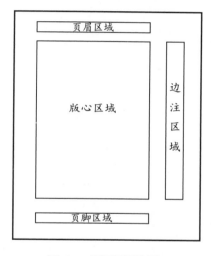

图 6-1　页面区域划分

- tikzpagenodes 宏包把页面划分为五类,见表 6-2。

表 6-2　页面划分

页面格式	页面区域
current page	整个页面
current page text area	版心区域
current page marginpar area	边注区域
current page header area	页眉区域
current page header area	页脚区域

- 页面坐标的格式为

```
1   (区域.方位)
```

　　比如页面西北角的坐标为 (current page.north west),其余依次类推。

- 本章后面讨论的多样标题、花式页眉页脚均需要使用 tikzpagenodes 宏包。

例 **6.1.1** 制作培优教材的简易封面。

```
1   \documentclass{ctexbook}
2   \usepackage{amsmath,tikz,tikzpagenodes,graphicx}
3   \usetikzlibrary{shapes.geometric}
4   \begin{document}
5   \begin{titlepage}
6   \begin{tikzpicture}[remember picture, overlay]
7   \fill[gray!10](current page.north west) rectangle (current page.south east);
8   \fill[black!90](current page.north west) rectangle ([xshift=0.5cm,yshift=-3cm]current
        page.north west);
9   \fill[black!50]([yshift=-3cm]current page.north west) rectangle ([xshift=0.5cm,yshift
        =-5cm]current page.north west);
10  \draw[line width=2pt]([yshift=-3cm]current page.north west)--node[above]{\bf\LARGE 数
        学培优教材}node[below right]{\youyuan\large 必修第一册}([yshift=-3cm]current page.
        north east);
11  \node[opacity=0.25,rotate=30] at ([xshift=1.8cm,yshift=-2cm]current page.north west){$
        \sin^2\alpha+\cos^2\alpha=1$};
12  \node[circle,fill,inner sep=3pt]at([xshift=3.7cm,yshift=-5cm]current page.north west)
        {};
13  \node[dart,fill=white,inner sep=1pt]at([xshift=3.7cm,yshift=-5cm]current page.north
        west){};
14  \node[right] at ([xshift=4cm,yshift=-5cm]current page.north west){\fangsong 数学教研组
        编写};
15  \node[opacity=0.25,right] at ([xshift=0.5cm,yshift=-7cm]current page.north west)
16  {\includegraphics{1204b.png}};
17  \end{tikzpicture}
18  \end{titlepage}
19  \end{document}
```

▶ 为了节省空间，笔者把效果图倒置。

► opacity 选项设置文本的透明度。

► 第 12、13 行代码调用 shapes.geometric 图形库,做了一个简单的图案。

6.1.3　章节标题的层次划分

LaTeX 的标准文档类可以划分多次章节,见表 6-3。

表 6-3　章节层次

层次	名称	命令	说明
−1	part(部分)	\part	可选的最高层次
0	chapter(章)	\chapter	ctexrep、ctexbook文档类的最高层次
1	section(节)	\section	ctexart文档类的最高层次
2	subsection(小节)	\subsection	
3	subsubsection(小小节)	\subsubsection	ctexrep、ctexbook文档类默认不编号、不编目录
4	paragraph(段)	\paragraph	默认不编号、不编目录
5	subparagraph(小段)	\subparagraph	默认不编号、不编目录

● 如果要使小小节之后的标题也能给出编号,可在导言区使用计数器修改排序深度计数器:

```
1   \setcounter{secnumdepth}{数值}
```

每个标题命令的格式为(以 chapter 为例)

```
1   \chapter[目录标题内容]{标题内容}
```

● 通常在使用标题命令时都省略了目录标题内容这一可选参数,如果给出,则标题内容只排版到正文中,而将目录标题内容排入章节目录和页眉中。

例 6.1.2 制作期刊中的章节标题与其对应的目录标题。为了节省篇幅,这里只给出关键代码。

```
1   \tocdata{toc}{李学军\quad 沈虎跃}
2   \section[定位精准\qquad 凸显素养\\ \fangsong——"函数复习选讲"二轮复习课引发的思考\\\
    mbox{}]{定位精准\qquad 凸显素养\\ \zihao{-4}\songti——"函数复习选讲"二轮复习课引
    发的思考}
```

定位精准　　凸显素养
—— "函数复习选讲"二轮复习课引发的思考

定位精准　　凸显素养
—— "函数复习选讲"二轮复习课引发的思考
· 李学军　沈虎跃　(1)

► 本例左图是章节标题效果图,右图是目录效果图。

► 本例效果说明目录标题内容和标题内容的字号、字体等格式可以不同。

► 这里稍微解释一下,目录标题换行后加上空盒子 \mbox{} 才能生成导引点。

各种标题命令还有一种带星号的形式,例如:

```
1   \chapter*{标题内容},\section*{标题内容}
```

- 这类形式生成的标题没有标题编号，也不被排进章节目录和页眉。同时带星号的标题命令都没有目录标题内容这一可选参数。
- 如果希望某个带星号的标题也能被排入章节目录，则可以在该标题命令之后紧跟一条添加条目命令：

```
1    \addcontentsline{toc}{标题名称}{标题内容}
```

这里的标题名称可以是 chapter、section 等。

例 **6.1.3** 把习题"参考答案"排入目录条目中。

```
1    \documentclass{ctexbook}
2    \begin{document}
3    \frontmatter
4    \tableofcontents
5    \mainmatter
6    \chapter{解三角形}
7    \section{正弦定理}
8    \section{余弦定理}
9    \section*{参考答案}
10   \addcontentsline{toc}{section}{参考答案}
11   \end{document}
```

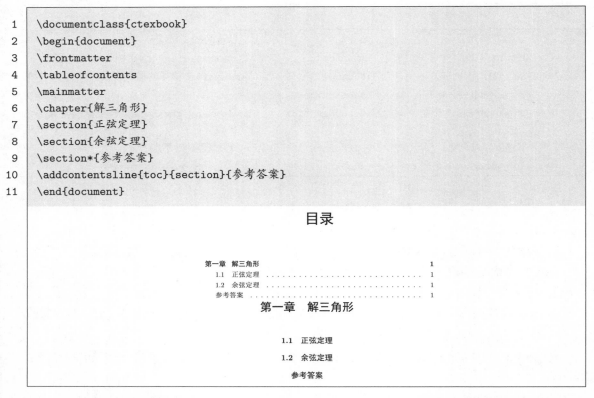

▶ 本例把"参考答案"当作节标题，排入目录时条目也是在节标题位置，如果把 section 改成 chapter，请读者试试看效果如何。

6.1.4 定制章节标题样式

titlesec 宏包提供了多种选项，可以全面地对各种层次标题的格式及距离进行设置，导言区加载

```
1    \usepackage[explicit,indentafter,pagestyles,nobottomtitles*]{titlesec}
```

- 设置 explicit 选项，可为标题内容带参数，从而实现多样化的标题格式。
- 设置 indentafter 选项，使得标题后面的第一个段落段首缩进两个字。
- pagestyles 选项提供了设置页眉页脚功能。
- nobottomtitles* 选项把页面底部的标题移动到下一页，这可能导致页面底部有较大空白。该选项往往要配合 \bottomtitlespace 命令使用，它给出了不移动标题的最小下边距，其完整的设置是

```
1    \renewcommand{\bottomtitlespace}{长度}
```

- 该宏包还有许多选项，有兴趣的读者可以查阅宏包说明文档。

修改标题格式的命令为

```
1    \titleformat{章节名称}[形状]{标题格式}{标题编号}{间距}{标题内容}[后命令]
```

参数的含义见表 6-4。

表 6-4　参数的含义

参数	含义
章节名称	指定所需定制格式的章节名称，如 \chapter、\section 等
形状	可选参数，用于设置标题的整体结构形式，常用的选项主要有 hang（标题编号和标题内容在同一行）和 display（标题编号和标题内容分为两个段落），其余形状请参考宏包说明文档
标题格式	用于设置整个标题的字体、字号、对齐方式等格式
标题编号	设置标题编号的字体、字号、对齐方式等格式，这个参数不能省略，否则标题将无标题编号
间距	设置标题编号与标题内容之间的间距，不能空置
标题内容	设置标题内容的字体、字号、对齐方式等排版格式，如果设置了 explicit 选项，则该参数必须填 #1，从而实现丰富多彩的标题样式
后命令	可选参数，用于设置在标题本身排版之后还需要执行的命令，如下标题线 \titlerule、与下文的附加距离等

titlesec 宏包还提供了一条标题周距命令：

```
1    \titlespacing*{章节命令}{左间距}{上间距}{下间距}[右间距]
```

- 代码 1 可以设置每种层次标题与四周之间的距离。
- 该命令中的各种参数见表 6-5。

表 6-5　参数的含义

参数	含义
章节命令	指定所需设置标题周距的章节命令，如 \chapter、\section 等
左间距	设置标题与版心左边缘之间的距离
上间距	设置标题与上文之间的垂直距离
下间距	设置标题与下文之间的距离
右间距	可选参数，设置标题与版心右边缘之间的距离，如果标题内容很长，希望在排版到右边缘之前换行，就可在此设置提前距离

titlesec 宏包定义了画标题线的命令：

```
1    \titlerule[粗细]
2    \titlerule*[粗细]{字符}
```

- 第 1 行代码用在标题格式命令中画一条长度为文本宽度的水平线，可选参数粗细用于设置水平实线的高度，其默认值为 0.4 pt。
- 第 2 行代码按照指定的字符画水平线，通常用于目录条目的导引点。

例 **6.1.4** 定制章标题样式。

```
1   \documentclass{ctexbook}
2   \usepackage[explicit,indentafter]{titlesec}
3   \titleformat{\chapter}[display]
4   {\LARGE}
5   {\bf\CTEXthechapter}{0.2em}
6   {\sf\titlerule\centering\vspace{0.4em} #1}
7   [\vspace{0.4em}{\titlerule\vspace{1pt}\titlerule[1.2pt]}]
8   \titleformat{name=\chapter,numberless}
9   {\LARGE}
10  {}
11  {1em}
12  {\bf\filleft #1}
13  [{\titlerule[2pt]}]
14  \begin{document}
15  \frontmatter
16  \tableofcontents
17  \mainmatter
18  \chapter{集合与简易逻辑用语}
19  \end{document}
```

目录

_____

第一章　集合与简易逻辑用语   1

第一章
_____

　　　　　　　集合与简易逻辑用语
_____

▶ 第 9~14 行设置了无编号章标题的格式（比如前言、目录等），主要是 numberless 选项，请读者注意其中的写法。

▶ CTEXthechapter 整体输出"第一章"，它等同于第\chinese{chapter}章。

▶ 如果 titlerule 要加上可选参数，那么整个命令外面必须带上花括号。

▶ 这里把无编号的章标题内容放置在页面右边，用了 filleft 命令替代 \raggedleft。ragged 开头的命令会取消 \titlespacing 设置的左空白和右空白。

例 **6.1.5** 把小节序号移到边注位置。

```
1   \documentclass{ctexbook}
2   \usepackage{geometry}
3   \geometry{paperheight=29.7cm,paperwidth=21cm,width=17cm,height=25.7cm,left=1.8cm,right
        =1.6cm,top=2.5cm,bottom=1.5cm,headsep=3.2em,marginparsep=-13.5em,marginparwidth=13
```

```
em,reversemarginpar}
4   \usepackage{paracol}
5   \columnratio{0.3}
6   \setlength{\columnsep}{0.5em}
7   \setlength{\columnseprule}{0em}
8   \usepackage[explicit,indentafter]{titlesec}
9   \titleformat{\section}
10  {\bf\LARGE}
11  {\thesection}
12  {1em}
13  {\filright #1}
14  [{\titlerule[2pt]}]
15  \titlespacing*{\subsection}{-4em}{0em}{0.5em}
16  \begin{document}
17  \chapter{三角函数}
18  \section{任意角与弧度制}
19  \begin{paracol}{2}
20  \switchcolumn
21  \subsection{角的概念的推广}
22  我们知道，角可以看作平面内一条射线绕其端点从初始位置旋转到终止位置所形成的图形。
23  \end{paracol}
24  \end{document}
```

第一章　三角函数

1.1　任意角与弧度制

1.1.1　角的概念的推广

我们知道，角可以看作平面内一条射线绕其端点从初始位置旋转到终止位置所形成的图形。

▶ 本例的源文件与例 2.6.3 类似，只是这里删除了一些本例用不到的源代码，增加了章节设置的代码。

▶ 本例的核心有两点：一是节标题通栏排版（第 18 行代码），二是小节序号移到左侧边注位置（第 15 行代码）。

例 **6.1.6** 修改章序号的计数形式。

```
1   \documentclass{ctexbook}
2   \usepackage[explicit,indentafter]{titlesec}
3   \renewcommand{\CTEXthechapter}{第 \arabic{chapter} 章}
4   \titleformat{\chapter}
5   {\bf\LARGE}
6   {\CTEXthechapter}
7   {1em}
```

```
8    {\filcenter #1}
9    []
10   \begin{document}
11   \frontmatter
12   \tableofcontents
13   \mainmatter
14   \chapter{基本初等函数}
15   \end{document}
```

第 1 章   基本初等函数

▶ ctex 文类默认的章序号是第\chinese{chapter}章，并把这个整体定义为计数器 \CTEXthechapter。因此如果要修改章序号的计数形式，就要重新定义该计数器（第 3 行代码），这样才能保证正确得到目录条目。

例 **6.1.7** 设置章回体标题。

```
1    \documentclass{ctexbook}
2    \usepackage{varwidth}
3    \usepackage[explicit,indentafter]{titlesec}
4    \renewcommand{\CTEXthechapter}{第\chinese{chapter}回}
5    \titleformat{\chapter}
6    {\bf\LARGE\filcenter}
7    {\CTEXthechapter}
8    {1em}
9    {\begin{varwidth}{12em}#1\end{varwidth}}
10   []
11   \begin{document}
12   \chapter{宴桃园豪杰三结义\\ 斩黄巾英雄首立功}
13   \end{document}
```

第一回   宴桃园豪杰三结义
            斩黄巾英雄首立功

▶ varwidth 宏包提供了一个宽度可以随文本变化的子页环境。

例 **6.1.8** 用彩框装饰节标题。

```
1    \documentclass{ctexbook}
2    \usepackage[most]{tcolorbox}
3    \newtcolorbox{jie}{nobeforeafter,enhanced,bicolor,sidebyside,sidebyside gap=10pt,
     colback=gray,colbacklower=white,colframe=gray,boxrule=0mm,bottomrule=1.5pt,
     lefthand ratio=0.2,halign upper=center,halign lower=left,arc=0mm,left=0mm,top=1mm,
     bottom=1mm,fontupper=\bf\color{white},fontlower=\bf}
4    \usepackage[explicit,indentafter]{titlesec}
5    \titleformat{\section}
6    {\filright\Large}
```

```
7   {}
8   {0em}
9   {\begin{jie}
10      \thesection \tcblower #1
11  \end{jie}}
12  []
13  \titlespacing*{\section}{0em}{0em}{0.5em}
14  \begin{document}
15  \chapter{函数}
16  \section{函数的概念与表示}
17  \end{document}
```

第一章 函数

1.1 函数的概念与表示

▶ 本例设置彩框时加上 nobeforeafter 选项,消除节标题上下多余的空行。

例 **6.1.9** 用 TikZ 装饰章标题。

```
1   \documentclass{ctexbook}
2   \usepackage{tikz,tikzpagenodes}
3   \usetikzlibrary{shapes.geometric,positioning}
4   \usepackage[explicit,indentafter]{titlesec}
5   \titleformat{\chapter}
6   [display]
7   {}
8   {}
9   {0em}
10  {
11  \begin{tikzpicture}[remember picture,overlay]
12  \fill[gray!30](current page.north west)[rounded corners=3cm]--++(1cm,-4cm)[rounded
        corners=0cm]--([yshift=-4cm]current page.north east)--(current page.north east)--
        cycle;
13  \node[circular sector,circular sector angle=110,shape border rotate=90,fill=black!70,
        right,text=white,font=\bf\huge,inner sep=20pt]at([shift={(2cm,-2cm)}]current page.
        north west){\CTEXthechapter};
14  \node[inner sep=0mm,font=\bf\huge,anchor= west]at([shift={(10cm,-2.5cm)}]current page.
        north west){#1};
15  \end{tikzpicture}
16  }
17  []
```

```
18  \titlespacing*{\chapter}{0em}{0em}{-1em}
19  \begin{document}
20  \chapter{集合与简易逻辑用语}
21  \end{document}
```

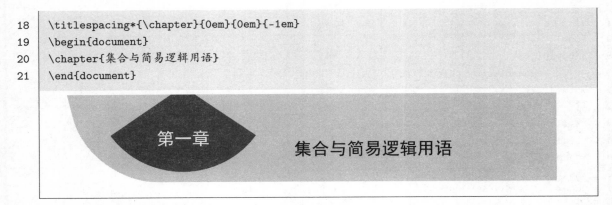

▶ 本例将章序号与标题分别放入两个 node 中。

▶ 第 13 行代码的 node 是有形状的。第 14 行代码的 node 加了一个选项 anchor=west，它表示把锚放在左边，保证标题第一个文字的左边空一致。

6.1.5 附录格式的修改

ctexbook 文类的附录默认大写字母为计数形式，如果要修改附录的格式，就要在附录区域重新定义 \CTEXthechapter，请看下例。

例 **6.1.10** 修改附录格式。

```
1   \documentclass{ctexbook}
2   \usepackage[explicit,indentafter]{titlesec}
3   \usepackage{zhluoma}
4   \begin{document}
5   \chapter{平面向量}
6   \chapter{立体几何}
7   \chapter{复数}
8   \renewcommand{\CTEXthechapter}{附录\RomanCn{chapter}}
9   \titleformat{\chapter}
10  {\filcenter\LARGE\bf}
11  {\CTEXthechapter}
12  {1em}
13  {#1}
14  []
15  \appendix
16  \chapter{复数的三角形式}
17  \end{document}
```

附录 I　复数的三角形式

▶ 因为第 8 行代码影响其后的章序号，所以在附录之前重新定义了章序号，然后第 9~14 行代码设置标题格式，这样就更改了附录格式。

6.2　页眉页脚

6.2.1　预设的 4 种页面风格

　　LaTeX 系统预定义了 4 种页面风格,它们控制页眉页脚的整体风格设置,其名称和格式说明见表 6-6。

表 6-6　参数的含义

参数	含义
empty	没有页眉页脚
plain	没有页眉,页脚是居中的页码
headings	没有页脚,页眉是章节名称和页码
myheadings	没有页脚,页眉是页码和用户自定义的内容

　　设置全文页面风格的命令为

```
1  \pagestyle{页面风格}
```

　　设置某一页的页面风格的命令为

```
1  \thispagestyle{风格}
```

- 风格可以是上述 4 种页面风格,也可以是自定义风格。
- 预设的 4 种页面风格版式单一,不便于修改,不能满足多样化需求,故下面主要介绍利用 titlesec 宏包的 pagestyles 选项来设置页眉页脚。

6.2.2　定制页眉页脚

　　在导言区加载

```
1  \usepackage[pagestyles]{titlesec}
```

　　定义新的页面风格的命令为

```
1  \newpagestyle{名称}
2  {
3  \sethead[偶数页左页眉][偶数页中页眉][偶数页右页眉]
4          {奇数页左页眉}{奇数页中页眉}{奇数页右页眉}
5  \setfoot[偶数页左页脚][偶数页中页脚][偶数页右页脚]
6          {奇数页左页脚}{奇数页中页脚}{奇数页右页脚}
7  }
8  \pagestyle{名称}
```

- 名称是用户自定义的页面风格名称,当第 1~7 行代码设置好之后,第 8 行代码执行生成全文的页眉页脚风格。
- 一本书可以有多个页面风格,如果第 8 行代码放在正文某处,那么它影响其后的页面风格。
- ctexart 文类是单面排版,不需要设置偶数页的页眉页脚;ctexbook 文类是双面对称排版,需要设置偶数页的页眉页脚。

- 页眉页脚通常展示章节名称和页码等信息，随着章节的变化，页眉页脚内容也随着变化。章节名称、页码命令见表 6-7。

表 6-7 命令的含义

命令	含义
\thepage	显示页码
\thechapter	显示章编号，其中 \CTEXthechapter 显示 "第 \chinese {chapter} 章"
\thesection	显示节编号，其余层次标题编号依次类推
\chaptertitle	显示章标题
\sectiontitle	显示节标题，其余层次标题依次类推
\ifthechapter{true}{false}	true 代表有章编号的页眉页脚内容，false 代表无章编号的页眉页脚内容
\ifthesection{true}{false}	true 代表有节编号的页眉页脚内容，false 代表无节编号的页眉页脚内容，其余层次标题依次类推

页眉页脚线的命令为

```
1  \headerrule          \footrule
2  \setheadrule{数值}    \setfootrule{数值}
```

- 第 1 行左边的命令生成页眉线，右边的命令生成页脚线。
- 第 2 行左边的命令设置页眉线的粗细，右边的命令设置页脚线的粗细。

例 6.2.1 设置试卷的页脚。

```
1   \documentclass{ctexart}
2   \usepackage[pagestyles]{titlesec}
3   \usepackage{lastpage}
4   \newpagestyle{shijuan}
5   {
6   \setfoot{}{\bf Z数学试题 \quad 第\thepage 页（共~\pageref{LastPage}~页）}{}
7   }
8   \pagestyle{shijuan}
9   \begin{document}
10  试卷内容……
11  \end{document}
```

Z 数学试题   第 1 页（共 1 页）

- 本例加载了 lastpage 宏包，通过引用最后一页的页码，实现了显示页数的效果。

例 6.2.2 设置书籍的页眉页脚。

```
1   \documentclass{ctexbook}
2   \usepackage[pagestyles]{titlesec}
3   \newpagestyle{yemei}
4   {
```

```
5   \sethead[\thepage]
6   []
7   [\ifthechapter{\CTEXthechapter\quad\chaptertitle}{\chaptertitle}]
8   {
9   \ifthesection{\thesection\quad\sectiontitle}
10  {\ifthechapter{\sectiontitle}{\chaptertitle}}
11  }
12  {}
13  {\thepage}
14  \headrule
15  }
16  \pagestyle{yemei}
17  \begin{document}
18  \frontmatter
19  \chapter{前言}
20  这是前言第1页
21  \newpage
22  这是前言第2页
23  \newpage
24  这是前言第3页
25  \newpage
26  这是前言第4页
27  \chapter{目录}
28  \mainmatter
29  \chapter{三角函数}
30  \section{任意角}
31  \newpage
32  这是任意角第一节
33  \newpage
34  \section{弧度制}
35  \section{任意角的三角函数}
36  \end{document}
```

ii	前言

这是前言第 2 页

前言	iii

这是前言第 3 页

2	第一章　三角函数

这是任意角第一节

1.2　弧度制	3

1.2　弧度制

- ▶ 第 7 行代码设置偶数页右页眉。这里用到了判断语句,如果该章有编号,则显示序号和标题;如果没有编号(比如前言、目录),则只显示标题。
- ▶ 第 9、10 行代码设置奇数页左页眉。如果有节编号,则显示序号和标题。如果没有节编号,这里嵌套了条件判断,分为两种情况:一是像前言、目录那样没有章编号的区域,它们的奇数页左页眉仍应是"前言"或"目录"(\chaptertitle);二是正文有章编号的区域,对应的奇数页左页眉只显示节标题内容(\sectiontitle)。
- ▶ 读者可以编译源文件,查看完整的效果。

6.2.3 几点补充

① 章首页的页面风格。

ctexbook 文类的章首页默认页面风格为 plain,即没有页眉,页码位于页脚中部。如果章首页页眉页脚均空置,那么直接用命令

```
1  \assignpagestyle{\chapter}{empty}
```

如果希望章首页与其他页的页面风格保持一致,就需要重新定义章首页的页面风格,其命令如下:

```
1  \renewpagestyle{plain}
2  {
3  \sethead{左页眉}{中页眉}{右页眉}
4  \setfoot{左页脚}{中页脚}{右页脚}
5  \headrule
6  \footrule
7  }
```

- 第 3~6 行代码按需使用,不用全部写出。

② 重设页眉页脚线。

重设页眉线的命令为

```
1  \renewcommand{\makeheadrule}{画线命令}
```

重设页脚线的命令为

```
1  \renewcommand{\makefootrule}{画线命令}
```

③ 带星号章节标题写入页眉。

带星号章节标题写入页眉的命令为

```
1  \chaptermark{章标题内容}
2  \sectionmark{节标题内容}
```

④ 空白页的页眉。

ctexbook 类文档默认每章从单页开始,这可能造成双页完全空白,但页眉仍然存在。遇到这种情况时,可通过在前一章的结尾处添加命令来消除页眉:

```
1  \clearpage{\pagestyle{empty}\cleardoublepage}
```

例 **6.2.3** 设置页眉命令的综合应用。

```
1  \documentclass{ctexbook}
2  \usepackage[pagestyles]{titlesec}
```

```
3    \newpagestyle{maths}
4    {
5    \sethead[\thepage]
6    []
7    [\ifthechapter{\CTEXthechapter\quad\chaptertitle}{\chaptertitle}]
8    {
9    \ifthesection{\thesection\quad\sectiontitle}
10   {\ifthechapter{\sectiontitle}{\chaptertitle}}
11   }
12   {}
13   {\thepage}
14   \renewcommand{\makeheadrule}
15   {
16   \makebox[0pt][l]{\rule[-2pt]{\linewidth}{0.3pt}}
17   \rule[-4.5pt]{\linewidth}{1pt}}
18   }
19   \pagestyle{maths}
20   \assignpagestyle{\chapter}{empty}
21   \begin{document}
22   \frontmatter
23   \chapter{前言}
24   \clearpage{\pagestyle{empty}\cleardoublepage}
25   \tableofcontents
26   \mainmatter
27   \chapter{圆锥曲线}
28   \section{椭圆}
29   内容……
30   \newpage
31   \section{双曲线}
32   内容……
33   \newpage
34   \section{抛物线}
35   内容……
36   \newpage
37   \section*{习题课}
38   \addcontentsline{toc}{section}{习题课}
39   \sectionmark{习题课}
40   内容……
41   \newpage
42   内容……
43   \chapter{空间向量}
44   \end{document}
```

4 第一章 圆锥曲线

习题课

内容……

习题课 5

内容……

▶ 本例假设前言只有一页,故第 24 行代码消除空白页的页眉。

▶ 本例假设章首页的页眉页脚空白,故设置第 20 行代码。

▶ 第 14~18 行代码重定义页眉线为文武线。

▶ 第 38 行代码把带星号的节标题写入目录,第 39 行代码把带星号的节标题写入页眉。

▶ 请读者编译源文件查看完整的效果,这里只给出一部分效果图。

例 6.2.4 设置附录的页眉。

```
1  \documentclass{ctexbook}
2  \usepackage[pagestyles]{titlesec}
3  \begin{document}
4  \chapter{平面向量}
5  \chapter{立体几何}
6  \chapter{复数}
7  \newpagestyle{fulu}
8  {
9  \sethead[\thepage]
10 [\CTEXthechapter\quad\chaptertitle]
11 []
12 {}
13 {\CTEXthechapter\quad\chaptertitle}
14 {\thepage}
15 \headrule
16 }
17 \pagestyle{fulu}
18 \assignpagestyle{\chapter}{empty}
19 \appendix
20 \chapter{复数的三角形式}
21 \newpage
22 内容……
23 \newpage
24 内容……
25 \end{document}
```

8　　　　　　　　　　附录 A　复数的三角形式

内容

附录 A　复数的三角形式　　　　　9

内容

6.2.4　用 TikZ 修饰页眉页脚

例 **6.2.5** 在页眉区域用 TikZ 修饰页眉。

```
1  \documentclass{ctexbook}
2  \usepackage[pagestyles]{titlesec}
3  \usepackage{tikz,tikzpagenodes}
4  \newpagestyle{maths}
5  {
6  \sethead[\begin{tikzpicture}[remember picture,overlay]
7  \fill[gray]([yshift=-1mm]current page header area.south east)--(current page header
       area.north east)--++(-6cm,0)--([xshift=-7cm,yshift=-1mm]current page header area.
       south east)--cycle;
8  \draw[gray,line width=1pt]([yshift=-1mm]current page header area.south east)--([yshift
       =-1mm]current page header area.south west);
9  \end{tikzpicture}
10 \thepage]
11 []
12 [\color{white}\ifthechapter{\CTEXthechapter\quad\chaptertitle}{\chaptertitle}]
13 {\begin{tikzpicture}[remember picture,overlay]
14 \fill[gray]([yshift=-1mm]current page header area.south west)--(current page header
       area.north west)--++(6cm,0)--([xshift=7cm,yshift=-1mm]current page header area.
       south west)--cycle;
15 \draw[gray,line width=1pt]([yshift=-1mm]current page header area.south west)--([yshift
       =-1mm]current page header area.south east);
16 \end{tikzpicture}
17 \color{white}\ifthesection{\thesection\quad\sectiontitle}
18 {\ifthechapter{\sectiontitle}{\chaptertitle}}}
19 {}
20 {\thepage}
21 }
22 \pagestyle{maths}
23 \assignpagestyle{\chapter}{empty}
24 \begin{document}
25 \chapter{空间线面关系}
26 \section{线面平行的判定}
27 内容……
28 \newpage
```

```
29  \section{线面平行的性质}
30  内容……
31  \newpage
32  \section{线面垂直的判定}
33  内容……
34  \newpage
35  \section{线面垂直的性质}
36  内容……
37  \newpage
38  内容……
39  \chapter{空间向量}
40  \end{document}
```

2 ———————————————————— 第一章　空间线面关系

1.2　线面平行的性质

内容……

1.3　线面垂直的判定   3

1.3　线面垂直的判定

内容……

▶ TikZ 绘图环境必须放在第一个 [] 和第一个 {} 内。

例 **6.2.6** 在页面两侧放置章节信息和页码。

```
1   \documentclass{ctexbook}
2   \usepackage[pagestyles]{titlesec}
3   \usepackage{tikz,tikzpagenodes}
4   \usetikzlibrary{shapes.geometric}
5   \newpagestyle{maths}
6   {
7   \sethead[\begin{tikzpicture}[remember picture,overlay]
8   \draw[line width=1pt]([xshift=2em]current page.south west)--++(0,5cm)coordinate(a);
9   \node[rectangle,draw,anchor=south,font=\fangsong,
10  label={[kite,fill,draw,text=white,font=\bf]above:\thepage]}
11  at(a){\parbox{1em}{\linespread{1.2}\selectfont
12  \ifthechapter{\CTEXthechapter\vspace*{1em} \chaptertitle}{\chaptertitle}}};
13  \end{tikzpicture}]
14  []
15  []
16  {\begin{tikzpicture}[remember picture,overlay]
17  \draw[line width=1pt]([xshift=-2em]current page.north east)--++(0,-5cm)coordinate(b);
18  \node[rectangle,draw,anchor=north,font=\fangsong,
```

```
19  label={[kite,fill,draw,text=white,font=\bf,shape border rotate=180]below:\thepage}]
20  at(b).{\parbox{1em}{\linespread{1.2}\selectfont 培优教材必修第一册}};
21  \end{tikzpicture}}
22  {}
23  {}
24  }
25  \pagestyle{maths}
26  \assignpagestyle{\chapter}{empty}
27  \begin{document}
28  \chapter{统计学初步}
29  \newpage
30  \section{获得数据的途径及统计概念}
31  \newpage
32  \section{抽样}
33  \end{document}
```

- ▶ 实现本例效果的关键是灵活运用 node 的相关参数。
- ▶ 第 9 行代码设置锚（anchor）在南边，文字向上摆布；第 18 行代码设置锚（anchor）在北边，文字向下摆布。
- ▶ node 选项中再设置一个标签（label），这个标签同 node 一样可以设置形状，把页码放入 label 内，这样就实现了类似于方正书版"页号注解"的效果。

例 **6.2.7** 把名人名言写入页脚。

```
1  \documentclass{ctexbook}
2  \usepackage{zhlipsum,tikz,tikzpagenodes,calc}
```

```
3   \newzhlipsum{mingyan}
4   {
5   {阅读使人充实，会谈使人敏捷，写作使人精确。——培根},
6   {知人者智，自知者明。胜人者有力，自胜者强。——老子},
7   {业精于勤，荒于嬉；行成于思，毁于随。——韩愈},
8   }
9   \usepackage[pagestyles]{titlesec}
10  \newpagestyle{yejiao}
11  {
12  \setfoot[
13  \begin{tikzpicture}[remember picture,overlay]
14  \fill[gray!20]([yshift=-1.5cm]current page footer area.south west) rectangle (current
        page footer area.north east);
15  \node[anchor=west]at([yshift=-2em]current page footer area.west)
16  {\parbox{\textwidth-5mm}{\CTEXindent\zhlipsum[\thepage][name=mingyan]}};
17  \end{tikzpicture}
18  ][][]
19  {\begin{tikzpicture}[remember picture,overlay]
20  \fill[gray!20]([yshift=-1.5cm]current page footer area.south west) rectangle (current
        page footer area.north east);
21  \node[anchor=west]at([yshift=-2em]current page footer area.west)
22  {\parbox{\textwidth-5mm}{\CTEXindent\zhlipsum[\thepage][name=mingyan]}};
23  \end{tikzpicture}
24  }{}{}
25  }
26  \pagestyle{yejiao}
27  \assignpagestyle{\chapter}{empty}
28  \begin{document}
29  \chapter{空间线面关系}
30  \newpage
31  \section{线面平行的判定}
32  内容……
33  \newpage
34  \section{线面平行的性质}
35  内容……
36  \end{document}
```

1.1 线面平行的判定	1.2 线面平行的性质
内容……	内容……
知人者智，自知者明。胜人者有力，自胜者强。——老子	业精于勤，荒于嬉；行成于思，毁于随。——韩愈

► 本例模仿《五年高考三年模拟》的版式，在每页的页脚插入不同的名人名言。

▶ 灵活运用 zhlipsum 宏包自定义 mingyan 段落，每个段落一句名言。

▶ 每页的页脚相应地写入对应的段落，关键代码是

```
1    \zhlipsum[\thepage][name=mingyan]
```

▶ 为了让页脚的段落能断行，把内容放入 \parbox 内。

▶ tikz 起到装饰的作用，熟悉绘图的用户还可以把版式做得更漂亮。

第 7 章

玩 转 表 格

7.1 表格环境 tabular

7.1.1 表格参数

表格环境的排版命令结构如下：

```
1  \usepackage{array}
2  \begin{tabular}[位置]{列格式}
3  表格行
4  \end{tabular}
```

- 第 1 行代码加载数组宏包 array，为增强表格格式，一般都要加载。
- 第 2~4 行代码在正文区使用。各种参数及其选项说明见表 7-1。

7.1.2 实例展示

例 **7.1.1** 排版试卷选择题答题卡。

```
1  \documentclass{ctexart}
2  \usepackage{array}
3  \begin{document}
4  \begin{tabular}{|c|c|c|c|c|c|c|c|c|c|c|}\hline
5  题号&1&2&3&4&5&6&7&8&9&10\\\hline
6  答案& & & & & & & & & & \\\hline
7  \end{tabular}
8  \end{document}
```

题号	1	2	3	4	5	6	7	8	9	10
答案										

▶ 可以把本例的表格代码简化为

```
1  \begin{tabular}{|*{11}{c|}}\hline
2  题号&1&2&3&4&5&6&7&8&9&10\\\hline
3  答案& & & & & & & & & & \\\hline
4  \end{tabular}
```

请读者自行编译。

表 7-1　参数的含义

参数	含义
位置	可选参数,指定表格与外部文本行的基线在垂直方向上的对齐方式,它有三个选项:
	t　　　　　　表格的顶线与当前文本行的基线对齐
	c　　　　　　默认值,表格的中线与当前文本行的基线对齐
	b　　　　　　表格的底线与当前文本行的基线对齐
列格式	指定表格各列的对齐方式、列宽、列间距等排列格式,其选项如下:
	l　　　　　　指定该列内容左对齐
	c　　　　　　指定该列内容居中对齐
	r　　　　　　指定该列内容右对齐
	|　　　　　　在所处位置画一条竖直线
	||　　　　　　在所处位置画两条竖直线
	*{n}{列格式}　　作为有 n 个列格式相同的相邻列的简写
	@{文本}　　该选项称为 @-表达式,在它对应的位置(表格的边界或两列之间)"吃掉"原来的列间隔空白,改为插入指定的文本 若只写 @{},则删除列间隔的空白;如仍需要一定的距离,则可在文本中加入\hspace{宽度} 等水平空白命令
	p{宽度}　　该列具有固定宽度,且内容可以自动换行。该列数据左对齐,垂直方向顶端对齐
	m{宽度}　　该列具有固定宽度,且内容可以自动换行。该列数据左对齐,垂直方向居中对齐
	b{宽度}　　该列具有固定宽度,且内容可以自动换行。该列数据左对齐,垂直方向底端对齐
	>{文本}　　用在列格式选项 l、c、r、p、m 和 b 之前,它将文本内容(如字符等)插在该列所有数据之前
	<{文本}　　用在列格式选项 l、c、r、p、m 和 b 之后,它将文本内容(如字符等)插在该列所有数据之后
	!{文本}　　它可以在列格式的任何位置中使用,把文本内容作为表格线处理不同于 @{文本} 格式,它并不删除左右两边的空白
表格行	表格中的每一行都由若干列组成,相邻列之间用符号 & 隔开,列的内容可以是空的,但分隔符 & 不能省略。每行末尾加入换行符表示本行结束。在表格行里有下列命令:
	\hline　　该命令必须用于首行之前或紧跟在换行命令 \\ 之后,它表示画一条长度与表格宽度相同的水平线;若连用两个 \hline 命令,则得到两条并排的水平线
	\cline{i-j}　　该命令必须紧跟在换行命令 \\ 之后,它表示从第 i 列的左侧到第 j 列的右侧画一条水平线
	\multicolumn{n}{列格式}{文本}　　该命令表示将本行其后的 n 列合并成一列。列格式可以是前面介绍的各种列格式

例 **7.1.2** 使用 m{宽度}。

```
1  \documentclass{ctexart}
2  \usepackage{array}
3  \begin{document}
4  \begin{tabular}{|>{\centering\arraybackslash}m{7em}|>{\centering\arraybackslash}m{7em
      }|}\hline
5  现象 & 结论\\\hline
6  &    \\\hline
7  \end{tabular}
8  \end{document}
```

现象	结论

▶ 本例指定盒子内容的水平对齐方式为居中，注意此时需要在 \centering 后面紧跟 \arraybackslash 命令。

▶ 例 7.1.1 的代码也可以写成

```
1  \begin{tabular}{|>{\centering\arraybackslash}m{4em}|
2                  *{10}{>{\centering\arraybackslash}m{2em}|}}\hline
3  题号&1&2&3&4&5&6&7&8&9&10\\\hline
4  答案& & & & & & & & & \\\hline
5  \end{tabular}
```

请读者自行编译，然后再对比。

例 **7.1.3** 一组同分异构体的表格。

```
1   \documentclass{ctexart}
2   \usepackage{array}
3   \begin{document}
4   \begin{tabular}{|>{\centering\arraybackslash}m{5em}|
5   *{3}{>{\centering\arraybackslash}m{7em}|}}\hline
6   物质名称 & 正戊烷 & 异戊烷 & 新戊烷 \\\hline
7   结构式 &      &      &     \\ \hline
8   相同点 & \multicolumn{3}{l|}{}  \\\hline
9   不同点 & \multicolumn{3}{l|}{}  \\\hline
10  \end{tabular}
11  \end{document}
```

物质名称	正戊烷	异戊烷	新戊烷
结构式			
相同点			
不同点			

▶ 本例主要关注列合并命令的使用。

例 **7.1.4** 排版实验报告的表格。

```
1   \documentclass{ctexart}
2   \usepackage{array}
3   \begin{document}
4   \begin{tabular}{|>{\setlength\parindent{2em}}m{16em}|
5          >{\bf\centering\arraybackslash}m{16em}|}\hline
6   \multicolumn{1}{|>{\bf}c|}{实\quad 验} & 现\quad 象\\\hline
7   1.在试管中加入少量自来水，滴入几滴稀硝酸和几滴硝酸盐溶液 & \\\hline
8   \end{tabular}
9   \end{document}
```

实　　验	现　　象
1. 在试管中加入少量自来水, 滴入几滴稀硝酸和几滴硝酸盐溶液	

▶ 第 4 行代码 `>{\setlength\parindent{2em}}` 设置段首缩进两个字，符合中文排版习惯。

▶ 第 1 列的第 1 行与第 2 行的水平对齐方式不一样，故单独对第 1 行第 1 列设置列格式，这里用到了列合并命令，希望读者仔细领会。

7.1.3　表格行高

修改表格行高的参数见表 7-2。

表 7-2　参数的含义

参数	含义
`\arraystretch`	表格行与行之间的距离系数，默认值是 1。它的修改命令为 `\renewcommand{\arraystretch}{数值}`
`\extrarowheight`	每行附加高度，它保持每行的深度不变，默认值为 0pt，它的修改命令为 `\setlength\extrarowheight{数值+长度单位}`

例 **7.1.5** 排版"合金元素及其作用"的表格。

```
1    \documentclass{ctexart}
2    \usepackage{array}
3    \begin{document}
4    \begin{tabular}{|>{\centering\arraybackslash}m{5em}|m{20em}|}\hline
5    {\bf 合金元素} & \multicolumn{1}{c|}{\bf 主要作用}\\\hline
6    铬 & 增强耐磨性和抗氧化性；增强高温强度；提高高碳钢的耐磨性 \\\hline
7    锰 & 防止硫引起的脆性；增强钢的强度和韧性 \\\hline
8    \end{tabular}
9
10   \renewcommand{\arraystretch}{2}
```

```
11   \begin{tabular}{|>{\centering\arraybackslash}m{5em}|m{20em}|}\hline
12   {\bf 合金元素} & \multicolumn{1}{c|}{\bf 主要作用}\\\hline
13   铬 & 增强耐磨性和抗氧化性；增强高温强度；提高高碳钢的耐磨性 \\\hline
14   锰 & 防止硫引起的脆性；增强钢的强度和韧性 \\\hline
15   \end{tabular}
16
17   \renewcommand{\arraystretch}{2}
18   \setlength\extrarowheight{-3pt}
19   \begin{tabular}{|>{\centering\arraybackslash}m{5em}|m{20em}|}\hline
20   {\bf 合金元素} & \multicolumn{1}{c|}{\bf 主要作用}\\\hline
21   铬 & 增强耐磨性和抗氧化性；增强高温强度；提高高碳钢的耐磨性 \\\hline
22   锰 & 防止硫引起的脆性；增强钢的强度和韧性 \\\hline
23   \end{tabular}
24   \end{document}
```

合金元素	主要作用
铬	增强耐磨性和抗氧化性；增强高温强度；提高高碳钢的耐磨性
锰	防止硫引起的脆性；增强钢的强度和韧性

合金元素	主要作用
铬	增强耐磨性和抗氧化性；增强高温强度；提高高碳钢的耐磨性
锰	防止硫引起的脆性；增强钢的强度和韧性

合金元素	主要作用
铬	增强耐磨性和抗氧化性；增强高温强度；提高高碳钢的耐磨性
锰	防止硫引起的脆性；增强钢的强度和韧性

- 第 1 张表格没有任何设置；第 2 张表格增加了行高，但明显有些单元格的文本没有垂直居中；第 3 张表格综合使用 \arraystretch 和 \extrarowheight，效果比较好。

例 **7.1.6** 排版联考试卷的卷头。

```
1   \documentclass{ctexart}
2   \usepackage{array}
3   \begin{document}
4   \begin{center}
5   \renewcommand{\arraystretch}{1.5}
6   \begin{tabular}{>{\zihao{4}}c>{\zihao{-3}}c}
7   \makebox[7em][s]{哈师大附中} & \\
```

```
8   \makebox[7em][s]{东北师大附中} & 2020年高三第一次联合考试 \\
9   \makebox[7em][s]{辽宁省实验中学} & \\
10  \end{tabular}\\
11  {\zihao{-2}\bf 数\quad 学}
12  \end{center}
13  \end{document}
```

哈 师 大 附 中
东北师大附中　　2020 年高三第一次联合考试
辽宁省实验中学

数　　学

7.1.4　自定义列格式

列格式的选项有很多,各种选项组合在一起更是让列格式复杂且难辨。为此,array 宏包提供了一条自定义列格式的命令:

```
1   \newcolumntype{新选项名}[参数数量]{列格式}
```

- 新选项名是自定义的新列格式的名称,它只能用一个字母表示。
- 参数数量用于指定该新选项所具有的参数数量,默认值为 0。

例 7.1.7　自定义指定列宽且垂直、水平均居中的列格式。

```
1   \documentclass{ctexart}
2   \usepackage{array}
3   \newcolumntype{M}[1]{>{\centering\arraybackslash}m{#1}}
4   \begin{document}
5   \begin{tabular}{|M{3em}|M{7em}|M{6em}|M{3em}|M{12em}|}\hline
6   序号 & 可能影响因素 & 实验操作 & 现象 & 解释或结论\\\hline
7   1 & 盐的浓度 & & & \\\hline
8   2 & 溶液的酸碱性 & & & \\\hline
9   \end{tabular}
10  \end{document}
```

序号	可能影响因素	实验操作	现象	解释或结论
1	盐的浓度			
2	溶液的酸碱性			

7.1.5　竖式运算的排版

例 7.1.8　排版加法竖式。

```
1   \documentclass{ctexart}
2   \usepackage{array}
```

```
3   \begin{document}
4   \renewcommand{\arraystretch}{0.8}
5   \begin{tabular}{c@{\hspace{1mm}}c@{\hspace{0.5mm}}c@{\hspace{0.5mm}}c}
6   & 3 &   & 6 \\
7   $+$ & 2 &$_{1}$ & 9 \\\hline
8   & 6 &   & 5 \\
9   \end{tabular}
10  \end{document}
```

$$
\begin{array}{cc}
3 & 6 \\
+\,2_1 & 9 \\
\hline
6 & 5
\end{array}
$$

▶ 本例是一个四列表格,用 @{文本} 控制列间距。

例 **7.1.9** 排版减法竖式。

```
1   \documentclass{ctexart}
2   \usepackage{array}
3   \begin{document}
4   \renewcommand{\arraystretch}{0.8}
5   \begin{tabular}{ccc}
6   & \sf 2 & \sf 7 \\
7   $-$ & \fbox{\phantom{\tiny 2}} & \fbox{\phantom{\tiny 2}} \\\hline
8   & & \sf 8\\
9   \end{tabular}
10  \end{document}
```

$$
\begin{array}{ccc}
 & 2 & 7 \\
- & \square & \square \\
\hline
 & & 8
\end{array}
$$

例 **7.1.10** 排版乘法竖式。

```
1   \documentclass{ctexart}
2   \usepackage{cancel}
3   \usepackage{array}
4   \begin{document}
5   \renewcommand{\arraystretch}{0.8}
6   \begin{tabular}{r*{7}{@{\hspace{0.5mm}}r}}
7   & & & & 2 & . & & 8\\
8   &$\times$ & & 6 & . & 2 & & 5\\\hline
9   & & & 1 & & 4 & & 0\\
10  & & & 5 & & 6 & & \\
11  1 & 6 & & 8 & & & & \\\hline
12  1 & 7 & . & 5 & & &\bcancel{0}& &\bcancel{0}\\
13  \end{tabular}
14  \end{document}
```

$$
\begin{array}{r}
2.8 \\
\times\ 6.2\,5 \\
\hline
1\,4\,0 \\
5\,6\quad \\
1\,6\,8\quad\ \ \\
\hline
1\,7.5\,0\,0 \\
\end{array}
$$

例 7.1.11 排版除法竖式。

```
1   \documentclass{ctexart}
2   \usepackage{array}
3   \begin{document}
4   \begin{tabular}{>{$}r<{$}@{}>{$}l<{$}@{}*{3}{@{\hspace{0.5mm}}>{$}r<{$} @{\hspace{0.5
        mm}}>{$}c<{$}@{\hspace{0.5mm}}}>{$}c<{$}}
5   & & & &x^2 & -& x & - & 3\\\cline{2-9}
6   x-3 & \Big) & x^3 & - & 4x^2 & - & 0x & + & 9\\
7   & & x^3 & - & 3x^2 & & & & \\\cline{3-9}
8   & & & - & x^2 & + & 0x & + & 9\\
9   & & & - & x^2 & + & 3x & & \\\cline{4-9}
10  & & & & & - & 3x & + & 9 \\
11  & & & & & - & 3x & + & 9 \\\cline{6-9}
12  & & & & & &    &   & 0\\
13  \end{tabular}
14  \end{document}
```

$$
\begin{array}{r}
x^2-\ x-3 \\
x-3\,\overline{)\,x^3-4x^2-0x+9} \\
\underline{x^3-3x^2\ } \\
-\ x^2+0x+9 \\
\underline{-\ x^2+3x\quad} \\
-\,3x+9 \\
\underline{-\,3x+9} \\
0 \\
\end{array}
$$

- 如果表格某一列的每个文本都是公式,那么就可以用 `>{$}<{$}` 的列格式。
- 表格第 2 行第 2 列是"撇号",这里用了定界符 `\Big)` 替代,并在列格式两边加上 `@{}` 以消除间隔,看起来更紧凑。

7.2　makecell 宏包

7.2.1　单元格分行

对于单元格文本较少的情况,makecell 宏包提供了单元格文本分行的命令:

```
1   \makecell[对齐方式]{内容}
```

- 内容用 \\ 换行。
- 该命令不需要指定列宽，比 m{宽度} 选项更为灵活。
- 对齐方式可以是 t（顶齐）、b（底齐）、l（左齐）、r（右齐）、c（居中，默认）。

例 7.2.1 排版抛物线的四种标准方程。

```
\documentclass{ctexart}
\usepackage{array,makecell}
\begin{document}
\begin{tabular}{|c|c|c|c|c|}\hline
\makecell{标准\\方程} & \makecell{$y^2=2px$\\ $(p>0)$}&\makecell{$y^2=-2px$\\$(p>0)$}&\makecell{$x^2=2py$\\$(p>0)$}&\makecell{$x^2=-2py$\\$(p>0)$}\\\hline
\multicolumn{5}{|c|}{$p$的意义为焦点到准线的距离}\\\hline
\end{tabular}
\end{document}
```

标准方程	$y^2=2px$ $(p>0)$	$y^2=-2px$ $(p>0)$	$x^2=2py$ $(p>0)$	$x^2=-2py$ $(p>0)$
p 的意义为焦点到准线的距离				

例 7.2.2 比较 m{宽度} 与 makecell。

```
\documentclass{ctexart}
\usepackage{array,makecell}
\newcolumntype{M}[1]{>{\centering\arraybackslash}m{#1}}
\newcolumntype{P}[1]{>{\centering\arraybackslash}p{#1}}
\begin{document}
\begin{tabular}{|M{6em}|M{10em}|M{12em}|}\hline
反应物 & 硫酸溶液、淀粉溶液、碘水 & 唾液、淀粉溶液、碘水 \\\hline
反应现象 & & \\\hline
\end{tabular}
\vspace{1em}

\begin{tabular}{|P{6em}|P{10em}|P{12em}|}\hline
反应物 & \makecell{硫酸溶液、淀粉\\溶液、碘水} & 唾液、淀粉溶液、碘水 \\\hline
反应现象 & & \\\hline
\end{tabular}
\end{document}
```

反应物	硫酸溶液、淀粉溶液、碘水	唾液、淀粉溶液、碘水
反应现象		

反应物	硫酸溶液、淀粉溶液、碘水	唾液、淀粉溶液、碘水
反应现象		

▶ m{宽度} 是自动分行，\makecell 是手动分行，两者都可以分行，但就本例来看，明显

第 2 张表格更好看。

▶ 用 \makecell 命令分行时一般与 p{宽度} 格式配合使用,确保垂直居中。

7.2.2 表头设置

makecell 宏包提供了针对表头文本的命令:

```
1  \thead{表头文本}
```

- 该命令一般对表格第 1 行的文字使用。
- 表头文本允许用 \\ 换行。
- 修改表头文本格式的参数见表 7-3。

表 7-3 参数的含义

参数	含义
\theadfont	控制表头文本的格式,它的命令格式为 \renewcommand{\theadfont}{格式}
\theadalign	控制表头文本的对齐方式,它的命令格式为 \renewcommand{\theadalign}{对齐方式} 默认是居中,即 {cc}
\theadgape	控制表头行的行高,它的命令格式为 \renewcommand{\theadgape}{\gape} 该命令需要配合 \jot 一起使用

```
1   \documentclass{ctexart}
2   \usepackage{array,makecell}
3   \begin{document}
4   \setlength{\jot}{3pt}
5   \renewcommand\theadgape{\gape}
6   \renewcommand{\theadfont}{\bf}
7   \begin{tabular}{|>{\centering\arraybackslash}m{5em}|m{16em}|m{16em}|}\hline
8   \thead{种\qquad 类} & \thead{特\qquad 性} & \thead{用\qquad 途} \\\hline
9   普通玻璃 & 在较高温度下易软化 & 窗玻璃、玻璃器皿等 \\\hline
10  钢化玻璃 & 耐高温、耐腐蚀、高强度、抗震裂 & 运动器材、汽车、火车用窗玻璃等 \\\hline
11  \end{tabular}
12  \end{document}
```

种　　类	特　　性	用　　途
普通玻璃	在较高温度下易软化	窗玻璃、玻璃器皿等
钢化玻璃	耐高温、耐腐蚀、高强度、抗震裂	运动器材、汽车、火车用窗玻璃等

7.2.3   单元格加高

给某个单元格增加高度,makecell 宏包提供了一个命令:

```
1  \Gape[数值]{文本}
```

- 该命令中的文本不能换行。

例 7.2.3 加高分式所在的单元格。

```
1   \documentclass{ctexart}
2   \usepackage{amsmath}
3   \usepackage{array,makecell}
4   \newcolumntype{P}[1]{>{\centering\arraybackslash}p{#1}}
5   \begin{document}
6   \begin{tabular}{|P{3em}|P{2em}|P{2em}|P{2em}|}\hline
7   $n$  & 1 & 2 & 3 \\\hline
8   $a_n$ & \makecell{\Gape[2pt]{$\dfrac{1}{5}$}} & 1 & 0\\\hline
9   \end{tabular}
10  \end{document}
```

n	1	2	3
a_n	$\dfrac{1}{5}$	1	0

► 本例给分式所在的行加高,避免分子、分母贴近表格线。

► \Gape 命令外面再加上 \makecell 命令是为了让文本居中。

例 7.2.4 排版"场强"的知识表格。

```
1   \documentclass{ctexart}
2   \usepackage{amsmath,array,makecell}
3   \newcolumntype{M}[1]{>{\centering\arraybackslash}m{#1}}
4   \begin{document}
5   \renewcommand{\arraystretch}{2}
6   \setlength{\extrarowheight}{-3.5pt}
7   \renewcommand{\theadfont}{\bf}
8   \begin{tabular}{|M{5em}|m{10em}|m{9em}|m{7em}|}\hline
9   \thead{公式} & \thead{物理含义} & \thead{引入过程} & \thead{使用范围}\\\hline
10  $E=\dfrac{F}{q}$ & 场强大小的定义式 & $F\propto q$, $E$与$F$、$q$无关, 反映某点电场的性
        质 & 一切电场\\\hline
11  $E=k\dfrac{Q}{r^2}$ & 真空中点电荷场强的决定式 & 由\Gape[3pt]{$E=\dfrac{F}{q}$}和库仑定
        律导出 & 在真空中, 场源电荷是点电荷\\\hline
12  $E=\dfrac{U}{d}$ & 匀强电场的电场强度与电势差的关系 & 由电场力做功导出 & 匀强电场\\\hline
13  \end{tabular}
14  \end{document}
```

公式	物理含义	引入过程	使用范围
$E = \dfrac{F}{q}$	场强大小的定义式	$F \propto q$，E 与 F、q 无关，反映某点电场的性质	一切电场
$E = k\dfrac{Q}{r^2}$	真空中点电荷场强的决定式	由 $E = \dfrac{F}{q}$ 和库仑定律导出	在真空中，场源电荷是点电荷
$E = \dfrac{U}{d}$	匀强电场的电场强度与电势差的关系	由电场力做功导出	匀强电场

7.2.4　单元格跨行

makecell 宏包排版表格数据跨行的命令为

```
1  \multirowcell{行数}[垂直位移][水平对齐方式]{内容}
```

- 使用该命令需要加载 \multirow 宏包。
- 内容可以用 \\ 换行。
- 参数的含义见表 7-4。

表 7-4　参数的含义

参数	含义
行数	必要参数，指定内容所需跨越的行数，这个数值可以是小数，甚至可以是负数
垂直位移	可选参数，调整内容的垂直位置，正值向上移动，负值向下移动
水平对齐方式	可选参数，有 l（左齐）、c（居中，默认）、r（右齐）

例 7.2.5 排版试卷的卷头。

```
1   \documentclass{ctexart}
2   \usepackage{array,multirow,makecell}
3   \begin{document}
4   \begin{center}
5   \renewcommand{\arraystretch}{1.3}
6   \begin{tabular}{>{\zihao{-3}}c>{\zihao{4}}c>{\zihao{-3}}c}
7   \multirowcell{2}{兰溪一中} & \makebox[4.5em][s]{2020学年} & \multirowcell{2}{阶段性考试
        } \\
8   & \makebox[4.5em][s]{第一学期} &    \\
9   \end{tabular}\\
10  {\zihao{-2}\bf 数\quad 学}
11  \end{center}
```

题　号	一	二	三					总分
			18	19	20	21	22	
得　分								
评卷人								

▶ 本例用一个 3 列 2 行的无线表格实现卷头,核心是 \multirowcell,其中第 1 列和第 3 列跨两行。

▶ \makebox 实现文字的分散对齐。

例 **7.2.6** 排版答题卷的登分栏。

```
1  \documentclass{ctexart}
2  \usepackage{array,multirow,makecell}
3  \newcolumntype{M}[1]{>{\centering\arraybackslash}m{#1}}
4  \begin{document}
5  \begin{tabular}{|M{4em}|M{3em}|M{3em}|*{5}{M{1.5em}|}M{3em}|}\hline
6  \multirowcell{2}{题\quad 号} & \multirowcell{2}{一} & \multirowcell{2}{二}
7  &\multicolumn{5}{c|}{三} &\multirowcell{2}{总分}\\\cline{4-8}
8  & & 18 & 19 & 20 & 21 & 22 & \\\hline
9  \makecell{\Gape[2pt]{得\quad 分}} & & & & & & & \\\cline{1-8}
10 \makecell{\Gape[2pt]{评卷人}}& & & & & & & \\\hline
11 \end{tabular}
12 \end{document}
```

7.2.5 本节知识点的综合应用

例 **7.2.7** 排版考试说明条目的表格。

```
1  \documentclass{ctexart}
2  \usepackage{zhshuzi,array,multirow,makecell}
3    \newcolumntype{M}[1]{>{\centering\arraybackslash}m{#1}}
4  \begin{document}
5  \renewcommand{\theadfont}{\bf}
6  \setlength{\jot}{4pt}
7  \renewcommand{\theadgape}{\gape}
8  \begin{tabular}{|m{4em}|m{15em}|M{6em}|}\hline
9  \thead{单元}&\thead{知识条目}&\thead{考试要求}\\\hline
10 \multirowcell{10}{对数\\函数} & 1.对数与对数函数 & \\
11 & \quan{1}对数的概念 & b \\
12 & \quan{2}常用对数与自然对数 & a \\
```

```
13   & \quan{3}对数的运算性质 & c \\
14   & \quan{4}对数的换底公式 & a \\\cline{2-3}
15   & 2.对数函数及其性质 & \\
16   & \quan{1}对数函数的概念 & b \\
17   & \quan{2}对数函数的图像 & c \\
18   & \quan{3}对数函数的性质 & c \\
19   & \quan{4}指数函数与对数函数的关系 & a \\\hline
20   \end{tabular}
21   \end{document}
```

单元	知识条目	考试要求
对数 函数	1. 对数与对数函数	
	①对数的概念	b
	②常用对数与自然对数	a
	③对数的运算性质	c
	④对数的换底公式	a
	2. 对数函数及其性质	
	①对数函数的概念	b
	②对数函数的图像	c
	③对数函数的性质	c
	④指数函数与对数函数的关系	a

例 7.2.8 排版"洛伦兹力"的知识表格。

```
1    \documentclass{ctexart}
2    \xeCJKsetup{CJKmath}
3    \usepackage{amsmath,mathsymbolzhcn,array,multirow,makecell}
4    \begin{document}
5    \begin{tabular}{|c|c|c|c|}\hline
6    \multirowcell{3.8}{洛\\伦\\兹\\力} & 大小
7    & \multicolumn{2}{c|}{\makecell{$v \zhparallel B$时, $F_{洛}=0$\\$v\perp B$时, $F_{洛}=
     Bqv$}}\\\cline{2-4}
8    &\multirowcell{2.5}{方向} & \makecell{方向\\判定} & \makecell[l]{左手定则\\（注意四指指
     向正电荷运动方向，与负电荷\\运动反方向）}\\\cline{3-4}
9    & & \makecell{方向\\特点} & $F\perp B,F\perp v $\\\hline
10   \end{tabular}
11   \end{document}
```

洛伦兹力	大小		$v\mathbin{/\!\!/}B$ 时，$F_{洛}=0$ $v\perp B$ 时，$F_{洛}=Bqv$
	方向	方向判定	左手定则 （注意四指指向正电荷运动方向，与负电荷运动反方向）
		方向特点	$F\perp B,F\perp v$

► 在表格行复杂多样的时候，跨行的行数就可能是小数。

► \makecell 命令有两个作用：一是手动分行，二是实现水平对齐的方式多样化，请读者看第 4 列的第 3 行和第 4 行。

例 **7.2.9** 排版实习报告表。

```
1  \documentclass{ctexart}
2  \usepackage{array,multirow,makecell}
3  \newcolumntype{P}[1]{>{\centering\arraybackslash}p{#1}}
4  \begin{document}
5  \begin{tabular}{|P{9em}|P{12em}|P{3.5em}|P{12em}|}\hline
6  \makecell{\Gape[10pt]{测量项目}} & \multicolumn{3}{c|}{} \\\hline
7  \makecell{\Gape[10pt]{\parbox{1em}{\linespread{0.6}\selectfont 测得的相关数据}}} & &\
      makecell{附\\ \\ \\ 图} & \\\hline
8  \makecell{计算过程\\ （主要算式与结果）} & \multicolumn{3}{c|}{\makecell{\Gape[20pt
      ]{}}} \\\hline
9  \makecell{参与\\ 测量\\ 人员} & & \makecell{课题\\ 负责人} & \\\hline
10 参与计算人员 & & \makecell{复\\ 核} &\\\hline
11 \makecell{\Gape[10pt]{\parbox{4em}{指导教师审核意见}}} & \multicolumn{3}{c|}{} \\\hline
12 \makecell{\Gape[10pt]{备注}} & \multicolumn{3}{c|}{} \\\hline
13 \end{tabular}
14 \end{document}
```

● 本例展示了不同单元格的不同行高如何设置。

● 第 9、10 行代码没有对行高做任何设置。

- 第 6、12 行代码对少量的一行文本所在的单元格增加行高。
- 第 7、11 行代码活用 \parbox，实现了对多行文本所在的单元格增加行高。
- 第 7 行代码还设置了多行文本的行距。这里需要读者理解，单元格行高与单元格文本的行距是不同的概念。

7.3　表格线

7.3.1　两个参数

表格线相关参数的含义见表 7-5。

表 7-5　参数的含义

参数	含义
\arrayrulewidth	表格线的粗细，默认值是 0.4 pt，可用长度赋值命令修改其值
\doublerulesep	双表格线的间距，默认值是 2 pt，可用长度赋值命令修改其值

7.3.2　三线表

booktabs 宏包提供了给表格横线加粗的命令，首先在导言区加载

```
1  \usepackage{booktabs}
2  \setlength{\abovetopsep}{0ex} \setlength{\belowrulesep}{0ex}
3  \setlength{\aboverulesep}{0ex} \setlength{\belowbottomsep}{0ex}
```

- 第 2、3 行代码消除上顶线和下底线多余的垂直空白。
- 表格横线加粗的两个命令见表 7-6。

表 7-6　命令的含义

命令	含义
\toprule	画一条高度为 0.08 em 的表格上顶线，可用长度数据命令 \headrulewidth 修改其值
\bottomrule	画一条高度为 0.08 em 的表格下底线，可用长度数据命令 \headrulewidth 修改其值

例 7.3.1 排版函数性态变化的表格。

```
1  \documentclass{ctexart}
2  \usepackage{array,booktabs}
3  \setlength{\abovetopsep}{0ex} \setlength{\belowrulesep}{0ex}
4  \setlength{\aboverulesep}{0ex} \setlength{\belowbottomsep}{0ex}
5  \begin{document}
6  \begin{tabular}{cccc}\toprule
7  $x$    & $(0,2)$  &  2  & $(2,+\infty)$ \\\hline
```

```
8    $f'(x)$ &  $-$    &   0   &    $+$ \\
9    $f(x)$ &$\searrow $ & 极小值 & $\nearrow$ \\\bottomrule
10   \end{tabular}
11   \end{document}
```

x	$(0,2)$	2	$(2,+\infty)$
$f'(x)$	$-$	0	$+$
$f(x)$	$\searrow$	极小值	$\nearrow$

7.3.3   表格外框加粗

表格竖线加粗的命令为

```
1    !{\vrule width 数值+长度单位}
```

● 需要加粗的竖线用该命令代替 |。

例 **7.3.2** 排版物质在水中的溶解度的表格。

```
1    \documentclass{ctexart}
2    \usepackage{array,booktabs}
3    \setlength{\abovetopsep}{0ex} \setlength{\belowrulesep}{0ex}
4    \setlength{\aboverulesep}{0ex} \setlength{\belowbottomsep}{0ex}
5    \newcolumntype{M}[1]{>{\centering\arraybackslash}m{#1}}
6    \begin{document}
7    \begin{tabular}{!{\vrule width 0.08em}*{4}{M{6em}|}M{6em}!{\vrule width 0.08em}}\
        toprule
8    氯化钠 & 氯化铵 & 碳酸钠 & 碳酸氢钠 & 碳酸氢铵 \\\hline
9    35.9 & 37.2 & 21.5 & 9.6 & 21.7 \\\bottomrule
10   \end{tabular}
11   \end{document}
```

氯化钠	氯化铵	碳酸钠	碳酸氢钠	碳酸氢铵
35.9	37.2	21.5	9.6	21.7

▶ !{\vrule width 0.08em} 的写法烦琐,可用自定义列格式命令简化:

```
1    \newcolumntype{Y}{!{\vrule width 0.08em}}
```

7.3.4   双线表

本小节主要介绍 \hhline 宏包的使用,它可以很好地处理水平直线和垂直直线的相交状态。先在导言区加载

```
1    \usepackage{hhline}
```

然后在正文中用命令

```
1    \hhline{选项}
```

● 主要的选项说明见表 7-7。
● 如果在选项中用 || 或::来排版双垂线,那么由\hhline产生的水平直线就会被切断。要得到"一条水平线被双垂线穿过"的效果,可以根据情况使用#或者省略垂线的选项。

表 7-7　参数的含义

参数	含义
=	表示与列等宽的两条水平直线
—	表示与列等宽的一条水平直线
~	表示没有水平直线，只有一个与列等宽的空白
|	表示一条垂直直线穿过两条水平直线
:	表示一条垂直直线被两条水平直线切断
#	表示两条水平直线与两条垂直直线相交

例 7.3.3 排版一个月的天气统计表。

```
1   \documentclass{ctexart}
2   \usepackage{array,hhline}
3   \begin{document}
4   \begin{tabular}{c|*{15}{c}}\hline
5   日期&1&2&3&4&5&6&7&8&9&10&11&12&13&14&15\\\hline
6   天气&晴&雨&阴&阴&阴&雨&阴&晴&晴&晴&阴&晴&晴&晴&晴\\
7   \hhline{=|===============}
8   日期&16&17&18&19&20&21&22&23&24&25&26&27&28&29&30\\\hline
9   天气&晴&阴&雨&阴&阴&晴&阴&晴&晴&晴&阴&晴&晴&晴&晴\\\hline
10  \end{tabular}
11  \end{document}
```

日期	1	2	3	4	5	6	7	8	9	10	11	12	13	14	15
天气	晴	雨	阴	阴	阴	雨	阴	晴	晴	晴	阴	晴	晴	晴	晴

日期	16	17	18	19	20	21	22	23	24	25	26	27	28	29	30
天气	晴	阴	雨	阴	阴	晴	阴	晴	晴	晴	阴	晴	晴	晴	晴

例 7.3.4 排版白昼时间的统计表。

```
1   \documentclass{ctexart}
2   \usepackage{array,hhline}
3   \begin{document}
4   \begin{tabular}{c|c|c|c|c|c}\hline
5   日\quad 期 & 1月1日 & 2月28日 & 3月21日 & 4月27日 & 5月6日 \\\hline
6   时间$/$h & 5.59 & 10.23 & 12.38 & 16.39 & 17.26 \\
7   \hhline{=:=:=:=:=:=}
8   日\quad 期 & 6月21日 & 8月14日 & 9月23日 & 10月25日 & 11月21日 \\\hline
9   时间$/$h & 5.59 & 10.23 & 12.38 & 16.39 & 17.26 \\\hline
10  \end{tabular}
11  \end{document}
```

日　期	1 月 1 日	2 月 28 日	3 月 21 日	4 月 27 日	5 月 6 日
时间 /h	5.59	10.23	12.38	16.39	17.26
日　期	6 月 21 日	8 月 14 日	9 月 23 日	10 月 25 日	11 月 21 日
时间 /h	5.59	10.23	12.38	16.39	17.26

例 7.3.5 排版函数的表格。

```
1   \documentclass{ctexart}
2   \usepackage{array,hhline,booktabs,colortbl}
3   \setlength{\abovetopsep}{0ex} \setlength{\belowrulesep}{0ex}
4   \setlength{\aboverulesep}{0ex} \setlength{\belowbottomsep}{0ex}
5   \newcolumntype{Y}{!{\vrule width 0.08em}}
6   \begin{document}
7   \begin{tabular}{Yc|c|c|c|cY}
8   \toprule
9   $x$   & 1    & 2    & 3    & 4    & 5 \\\hline
10  $f(x)$ & 0.67 & 0.85 & 1.07 & 1.36 & 1.71 \\
11  \hhline{>{\vrule width 0.08em}=:=:=:=:=:=>{\vrule width 0.08em}}
12  $x$   & 6    & 7    & 8    & 9    & 10 \\\hline
13  $f(x)$ & 2.16 & 2.73 & 3.44 & 4.34 & 5.48 \\
14  \bottomrule
15  \end{tabular}
16  \end{document}
```

x	1	2	3	4	5
$f(x)$	0.67	0.85	1.07	1.36	1.71
x	6	7	8	9	10
$f(x)$	2.16	2.73	3.44	4.34	5.48

▶ 请读者注意，第 11 行代码用 >{\vrule width 0.08em} 代替 |，使这条竖线的宽度与外侧竖线的宽度一致，但要实现这样的效果，必须加载 colortbl 宏包。

例 7.3.6 排版集合运算的表格一。

```
1   \documentclass{ctexart}
2   \usepackage{amssymb,array,hhline,booktabs}
3   \setlength{\abovetopsep}{0ex} \setlength{\belowrulesep}{0ex}
4   \setlength{\aboverulesep}{0ex} \setlength{\belowbottomsep}{0ex}
5   \newcolumntype{M}{>{\centering\arraybackslash$}m{3em}<{$}}
6   \begin{document}
7   \begin{tabular}{M|M|M|M||M|M|M|M}\toprule
8   \cap & \varnothing & A & B & \cup & \varnothing & A & B\\
9   \hhline{-|-|-|--|-|-|-}
10  \varnothing & & & & \varnothing & & & \\
11  \hhline{-|-|-|--|-|-|-}
12  A & & & A\cap B & A & & & \\
```

```
13  \hhline{-|-|-|--|-|-|-}
14  B & & & & B & B\cup A & & \\\bottomrule
15  \end{tabular}
16  \end{document}
```

∩	∅	A	B	∪	∅	A	B
∅				∅			
A			$A \cap B$	A			
B				B	$B \cup A$		

- ▶ 如果表格中的每个元素都是数学公式,那么可以用 >{$} 和 <{$} 把单元格数据放入数学环境中。
- ▶ 第 9、11、13 行代码省略了 ||,使得水平线穿越双垂线。

例 **7.3.7** 排版集合运算的表格二 。

```
1   \documentclass{ctexart}
2   \usepackage{amssymb,array,hhline,booktabs}
3   \setlength{\abovetopsep}{0ex} \setlength{\belowrulesep}{0ex}
4   \setlength{\aboverulesep}{0ex} \setlength{\belowbottomsep}{0ex}
5   \newcolumntype{M}{>{\centering\arraybackslash$}m{3em}<{$}}
6   \begin{document}
7   \begin{tabular}{M|M|M|M||M|M|M|M}\toprule
8   \cap&\varnothing&A&\complement_UA&\cup&\varnothing&A&\complement_UA \\
9   \hhline{-|-|-|-||-|-|-|-}
10  \varnothing & & & & \varnothing & & & \\
11  \hhline{-|-|-|-||-|-|-|-}
12  A    & & & &     A    & & & \\
13  \hhline{-|-|-|-||-|-|-|-}
14  \complement_UA & & & & \complement_UA & & & \\\bottomrule
15  \end{tabular}
16  \end{document}
```

∩	∅	A	$\complement_U A$	∪	∅	A	$\complement_U A$
∅				∅			
A				A			
$\complement_U A$				$\complement_U A$			

- ▶ 本例实现了水平线被双垂线切断的效果,请读者与上例做对比。

7.3.5　本节知识的综合应用

例 **7.3.8** 排版短除法 。

```
1   \documentclass{ctexart}
2   \usepackage{array,hhline}
```

```
3    \begin{document}
4    \begin{tabular}{rrr@{\hspace{0.1em}}rr}
5    \multicolumn{1}{r@{\hspace{0.1em}}|}{2} & & & 84 & 96 \\
6    \hhline{~|----}
7    \multicolumn{2}{r@{\hspace{0.1em}}|}{2} & & 42 & 48 \\
8    \hhline{~~|---}
9    \multicolumn{3}{r@{\hspace{0.1em}}|}{3} & 21 & 24 \\
10   \hhline{~~~|--}
11   & & & 7 & 8 \\
12   \end{tabular}
13   \end{document}
```

```
  2      84   96
      2   42   48
        3 21   24
            7    8
```

7.4 彩色表格

colortbl 宏包提供了一组为表格着色的命令,本节简要介绍几个常用命令。

7.4.1 列背景颜色

列背景着色命令为

```
1    \columncolor{颜色}
```

- 这里的颜色 通常使用在 xcolor 宏包中已定义的颜色名称,或是用 \definecolor 颜色定义自定义的颜色名称。
- 给列着色需在列格式里用 >{\columncolor{颜色}} 的形式。

例 7.4.1 将表格第 1 列的背景颜色设置为 gray!20 。

```
1    \documentclass{ctexart}
2    \usepackage{xcolor,array,colortbl}
3    \newcolumntype{M}{>{\centering\arraybackslash}m{4em}}
4    \begin{document}
5    \begin{tabular}{>{\columncolor{gray!20}}M*{6}{|M}}\hline
6    学\quad 号& 1 & 2 & 3 & 4 & 5 & 6 \\\hline
7    成\quad 绩& 80& 75& 79 & 80 & 98 & 80\\\hline
8    \end{tabular}
9    \end{document}
```

学　号	1	2	3	4	5	6
成　绩	80	75	79	80	98	80

7.4.2 行背景颜色

行背景着色命令为

```
1  \rowcolor{颜色}
```

- \rowcolor{颜色} 必须放在一行的起始处。
- 行列交汇处的颜色以行颜色为准。

例 7.4.2 将表格第 1 行的背景颜色设置为 gray!20。

```
1   \documentclass{ctexart}
2   \usepackage{xcolor,array,colortbl}
3   \newcolumntype{M}{>{\centering\arraybackslash}m{8em}}
4   \begin{document}
5   \begin{tabular}{M|M|M|M}\hline
6   \rowcolor{gray!20}
7   $f(x)$ & $g(x)$ & $f(x)+g(x)$ & $f(x)\cdot g(x)$\\\hline
8   单调增函数 & 单调增函数 & & \\\hline
9   单调增函数 & 单调减函数 & & \\\hline
10  \end{tabular}
11  \end{document}
```

$f(x)$	$g(x)$	$f(x) + g(x)$	$f(x) \cdot g(x)$
单调增函数	单调增函数		
单调增函数	单调减函数		

7.4.3 表格线颜色

表格线着色命令为

```
1  \arrayrulecolor{颜色}
```

- 代码 1 通常放在表格环境之前,它可改变其后所有表格的表格线颜色。

例 7.4.3 将表格线的颜色设置为白色,粗细为 1.5 pt。

```
1   \documentclass{ctexart}
2   \usepackage{xcolor,amssymb,array,makecell,colortbl}
3   \newcolumntype{M}[1]{>{\centering\arraybackslash}m{#1}}
4   \begin{document}
5   \setlength\arrayrulewidth{1.5pt}
6   \arrayrulecolor{white}
7   \begin{tabular}{>{\columncolor{gray!20}}m{18em}|>{\columncolor{gray!20}}M{6em}}
8   \makecell{\bf 常用数集} & \bf 记法\\\hline
9   全体非负整数组成的集合称为非负整数集(或自然数集) & $\mathbb{N}$ \\\hline
10  所有正整数组成的集合称为正整数集 & $\mathbb{N^*}$或$\mathbb{N}_+$\\\hline
11  全体整数组成的集合称为整数集 & $\mathbb{Z}$\\\hline
12  全体有理数组成的集合称为有理数集 & $\mathbb{Q}$\\\hline
13  全体实数组成的集合称为实数集 & $\mathbb{R}$\\
```

```
14  \end{tabular}
15  \end{document}
```

常用数集	记法
全体非负整数组成的集合称为非负整数集（或自然数集）	N
所有正整数组成的集合称为正整数集	N* 或 N+
全体整数组成的集合称为整数集	Z
全体有理数组成的集合称为有理数集	Q
全体实数组成的集合称为实数集	ℝ

▶ 第 6 行代码全局设置表格线的颜色。

例 7.4.4 排版"个人所得税税率表"。

```
1   \documentclass{ctexart}
2   \usepackage{xcolor,array,booktabs,colortbl}
3   \setlength{\abovetopsep}{0ex} \setlength{\belowrulesep}{0ex}
4   \setlength{\aboverulesep}{0ex} \setlength{\belowbottomsep}{0ex}
5   \newcolumntype{M}[1]{>{\centering\arraybackslash}m{#1}}
6   \newcolumntype{Y}{!{\color{gray}\vrule width 0.08em}}
7   \begin{document}
8   \begin{tabular}{YM{4em}|M{20em}|M{6em}Y}
9   \arrayrulecolor{gray}\toprule
10  \arrayrulecolor{black}
11  级数 & 全月应纳税所得额 & 税率（\%） \\\hline
12  1 & 不超过500元的 & 5 \\
13  2 & 超过500元至2000元的部分 & 10\\
14  \arrayrulecolor{gray}\bottomrule
15  \end{tabular}
16  \end{document}
```

级数	全月应纳税所得额	税率（%）
1	不超过 500 元的	5
2	超过 500 元至 2000 元的部分	10

- 本例展示的是设置表格外框线的颜色。
- 第 6 行代码设置左右两侧的表格线宽度和颜色。
- 第 9 和 14 行代码分别对上顶线和下底线单独设置颜色。
- 第 10 行代码紧接着第 9 行代码恢复黑色,因为 \arrayrulecolor 命令影响其后的表格线颜色。

7.4.4 跨行跨列的背景颜色

例 **7.4.5** 排版函数单调性的表格。

```
1  \documentclass{ctexart}
2  \usepackage{xcolor,array,multirow,makecell,hhline,colortbl}
3  \newcolumntype{M}[1]{>{\centering\arraybackslash}m{#1}}
4  \begin{document}
5  \begin{tabular}{>{\columncolor{gray!20}}M{6em}*{4}{|M{4em}}}\hline
6  & \multicolumn{2}{c|}{$y=kx+b$} & \multicolumn{2}{c}{$y=k/x$}\\\cline{2-5}
7  \multirowcell{-2}{函数} & $k>0$ & $k<0$ & $k>0$ & $k<0$ \\\hline
8  单调区间 & & & &\\\hline
9  单调性 & & & & \\\hline
10 \end{tabular}
11 \end{document}
```

函数	$y = kx + b$		$y = k/x$	
	$k > 0$	$k < 0$	$k > 0$	$k < 0$
单调区间				
单调性				

- 请读者注意第 7 行代码，跨行的文本要写在后面（比如跨 2 行，就在第 2 行写跨行文本，否则文本会被颜色遮住），再用负数行将跨行文本上移。

例 **7.4.6** 给跨行跨列的表头着色。

```
1  \documentclass{ctexart}
2  \usepackage{xcolor,array,multirow,makecell,hhline,colortbl}
3  \newcolumntype{M}[1]{>{\centering\arraybackslash}m{#1}}
4  \begin{document}
5  \begin{tabular}{M{6em}*{4}{|M{4em}}}\hline
6  \rowcolor{gray!20}
7  & \multicolumn{2}{c|}{$y=kx+b$} & \multicolumn{2}{c}{$y=k/x$}\\
8  \hhline{>{\arrayrulecolor{gray!20}}->{\arrayrulecolor{black}}|-|-|-|-}
9  \rowcolor{gray!20}
10 \multirowcell{-2}{函数} & $k>0$ & $k<0$ & $k>0$ & $k<0$ \\\hline
11 单调区间 & & & &\\\hline
12 单调性 & & & & \\\hline
13 \end{tabular}
14 \end{document}
```

函数	$y = kx + b$		$y = k/x$	
	$k > 0$	$k < 0$	$k > 0$	$k < 0$
单调区间				
单调性				

- 第 8 行代码的位置不能写 \cline{2-5}，因为 colortbl 宏包不支持 \cline（颜色会覆盖\cline）。
- 第 8 行代码首先给第一条水平线设置与行背景一致的颜色（相当于把第一条水平线"隐藏"），然后从第二条竖线开始表格线的颜色都为黑色，请读者仔细研读这段代码。

7.4.5 单元格背景颜色

单元格背景着色命令为

```
1  \cellcolor{颜色}
```

- 该命令用于设置表格中某一单元格的背景颜色。

例 7.4.7 设置表格中某个单元格的颜色。

```
1  documentclass{ctexart}
2  \usepackage{xcolor,array,colortbl}
3  \newcolumntype{M}[1]{>{\centering\arraybackslash}m{#1}}
4  \begin{document}
5  \begin{tabular}{M{6em}|M{8em}}\hline
6  \cellcolor{gray!20}图\qquad 像 & 性\qquad 质\\\hline
7  & \cellcolor{gray!20} \\\hline
8  \end{tabular}
9  \end{document}
```

图　　像	性　　质

7.4.6 本节知识的综合应用

例 7.4.8 排版"空气用量与彩釉颜色变化"的表格。

```
1   \documentclass{ctexart}
2   \usepackage{xcolor,array,multirow,makecell,hhline,booktabs,colortbl}
3   \setlength{\abovetopsep}{0ex} \setlength{\belowrulesep}{0ex}
4   \setlength{\aboverulesep}{0ex} \setlength{\belowbottomsep}{0ex}
5   \newcolumntype{M}[1]{>{\centering\arraybackslash}m{#1}}
6   \newcolumntype{Y}{!{\vrule width 0.08em}}
7   \begin{document}
8   \begin{tabular}{YM{6em}|M{10em}|M{10em}Y}\toprule
9   \rowcolor{gray!20}
10  & \multicolumn{2}{cY}{烧制时的空气用量与彩釉颜色}\\
11  \hhline{>{\vrule width 0.08em}>{\arrayrulecolor{gray!20}}-
12  >{\arrayrulecolor{black}}|--|}
13  \rowcolor{gray!20}
14  \multirowcell{-2}{彩釉中的\\金属元素}&空气过量 & 空气不足\\\hline
15  Fe & 黄、红、褐、黑 & 蓝、绿\\\hline
```

```
16  Cu & 黄绿 & 红 \\\hline
17  Mn & 紫、褐 & 褐、黑褐\\\bottomrule
18  \end{tabular}
19  \end{document}
```

彩釉中的 金属元素	烧制时的空气用量与彩釉颜色	
	空气过量	空气不足
Fe	黄、红、褐、黑	蓝、绿
Cu	黄绿	红
Mn	紫、褐	褐、黑褐

例 7.4.9 排版"国际单位制的 7 个基本单位"的表格。

```
1   \documentclass{ctexart}
2   \usepackage{xcolor,array,colortbl}
3   \newcolumntype{M}[1]{>{\centering\arraybackslash}m{#1}}
4   \begin{document}
5   \arrayrulecolor{white}
6   \setlength\arrayrulewidth{1.5pt}
7   \begin{tabular}{M{8em}|M{6em}|M{6em}}
8   \rowcolor{gray!50}
9   \bf 物理量 & \bf 单位名称 & \bf 单位符号 \\
10  \rowcolor{gray!30} 长度 & 米 & m \\
11  \rowcolor{gray!10} 质量 & 千克（公斤） & kg \\
12  \rowcolor{gray!30} 时间 & 秒 & s \\
13  \rowcolor{gray!10} 电流 & 安[培] & A \\
14  \rowcolor{gray!30} 热力学温度 & 开[尔文] & K \\
15  \rowcolor{gray!10} 物质的量& 摩[尔] & mol \\
16  \rowcolor{gray!30} 发光强度 & 坎[德拉] & cd \\
17  \end{tabular}
18  \end{document}
```

物理量	单位名称	单位符号
长度	米	m
质量	千克（公斤）	kg
时间	秒	s
电流	安 [培]	A
热力学温度	开 [尔文]	K
物质的量	摩 [尔]	mol
发光强度	坎 [德拉]	cd

例 7.4.10 排版化学知识整理的表格。

```
1   \documentclass{ctexart}
2   \usepackage{xcolor,array,multirow,makecell,hhline,colortbl}
3   \newcolumntype{M}[1]{>{\columncolor{gray!20}}>{\centering\arraybackslash}m{#1}}
```

```
4   \begin{document}
5   \arrayrulecolor{white}
6   \setlength\arrayrulewidth{1pt}
7   \begin{tabular}{M{9em}|M{6em}|M{10em}|M{10em}}
8   类型 & 材料举例 & 主要成分或生产原理 & 主要性质和用途 \\\hline
9   & 碳化硅 & &\\
10  \hhline{>{\arrayrulecolor{gray!20}}->{\arrayrulecolor{white}}|-|-|-}
11  & 氯化硅 & &\\
12  \hhline{>{\arrayrulecolor{gray!20}}->{\arrayrulecolor{white}}|-|-|-}
13  & 单质硅 & &\\
14  \hhline{>{\arrayrulecolor{gray!20}}->{\arrayrulecolor{white}}|-|-|-}
15  \multirowcell{-4.5}{无机非金属新材料} & 金刚石 & &\\
16  \end{tabular}
17  \end{document}
```

类型	材料举例	主要成分或生产原理	主要性质和用途
	碳化硅		
无机非金属新材料	氯化硅		
	单质硅		
	金刚石		

7.5 斜线表头

7.5.1 从一个例子说起

例 7.5.1 排版"原函数与反函数的关系"的表格。

```
1   \documentclass{ctexart}
2   \usepackage{xcolor,array,tikz}
3   \newcolumntype{M}[1]{>{\centering\arraybackslash}m{#1}}
4   \newcommand{\zuobiao}[2][]{\tikz[remember picture,overlay]\coordinate[#1](#2);}
5   \newcommand{\dingwei}[1]{\noalign{\hbox to 0pt{\zuobiao{#1}}}}
6   \newcommand{\DINGWEI}[3]{\hskip\stretch{0}\kern - \tabcolsep\zuobiao{#1}\hfill
7   #2 \hfill\zuobiao{#3}\kern-\tabcolsep}
8   \begin{document}
9   \renewcommand{\arraystretch}{1.5}\setlength\extrarowheight{-1pt}
10  \begin{tabular}{|M{5em}|M{10em}|M{10em}|}
11  \dingwei{A} \hline
12  & 函数$y=f(x)$ & 反函数 $y=f^{-1}(x)$ \\
13  \dingwei{B} \hline
14  \DINGWEI{C}{定义域}{D} & $D$ & $R$ \\\hline
15  值域 & $R$ & $D$ \\\hline
16  \end{tabular}
```

```
17  \begin{tikzpicture}[remember picture,overlay,line width=0.3pt]
18  \draw([yshift=-0.3pt]A)--(B-|D);
19  \end{tikzpicture}
20  \end{document}
```

	函数 $y=f(x)$	反函数 $y=f^{-1}(x)$
定义域	D	R
值域	R	D

▶ 画表格线的关键代码有 3 条:第 4 行代码定义坐标命令;第 5 行代码在每条水平横线的起始处定位一个点;第 6 行代码的第 1 个和第 3 个参数分别在单元格的左右定位两个点,第 2 个参数是单元格的文本。

▶ 如图 7-1 所示,第 11 行代码的命令 \dingwei{A} 对应图中的 A 点,第 13 行代码的命令 \dingwei{B} 对应图中的 B 点,第 14 行代码的命令 \DINGWEI{C}{定义域}{D} 对应图中第 2 行第 1 列的单元格。

▶ 最关键的是图中 E 点位置的确定,第 18 行代码的坐标 (B-|D) 表示过 B 的水平线和过 D 的竖直线的交点,这个交点就是图 7-1 中的 E 点。

▶ 只要确定单元格的对角两点,再通过点的平移,就可以画出我们想要的斜线类型,这种方法目前来说适用性最强。

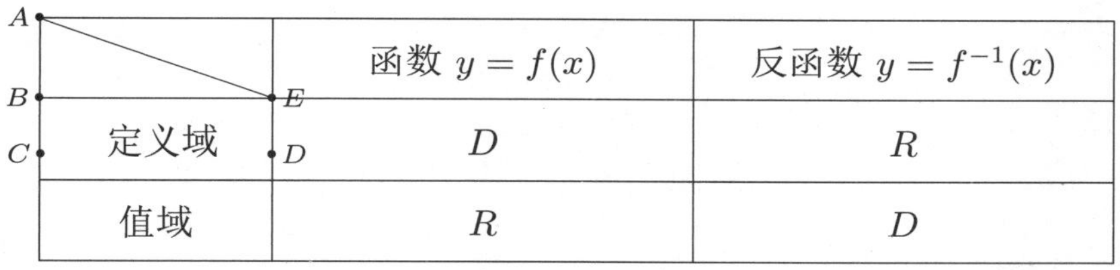

	函数 $y=f(x)$	反函数 $y=f^{-1}(x)$
定义域	D	R
值域	R	D

图 7-1　单元格定位点

7.5.2　添加表头文字

例 **7.5.2** 排版"水与钠反应"的实验表格。

```
1  \documentclass{ctexart}
2  \usepackage{xcolor,array,makecell,tikz}
3  \newcolumntype{M}[1]{>{\centering\arraybackslash}m{#1}}
4  \newcommand{\zuobiao}[2][]{\tikz[remember picture,overlay]\coordinate[#1](#2);}
5  \newcommand{\dingwei}[1]{\noalign{\hbox to 0pt{\zuobiao{#1}}}}
6  \newcommand{\DINGWEI}[3]{\hskip\stretch{0}\kern - \tabcolsep\zuobiao{#1}\hfill
7  #2 \hfill\zuobiao{#3}\kern-\tabcolsep}
8  \begin{document}
```

```
9   \setlength{\jot}{10pt}
10  \renewcommand{\theadgape}{\gape}
11  \renewcommand{\theadfont}{\zihao{5}}
12  \begin{tabular}{|M{7em}|M{9em}|M{9em}|M{9em}|}
13  \dingwei{A} \hline
14  & \thead{金属钠的变化} & \thead{气体燃烧现象} & \thead{检验产物} \\
15  \dingwei{B} \hline
16  \DINGWEI{C}{水}{D} &\Gape[10pt]{} & & \\\hline
17  乙醇 &\Gape[10pt]{} & & \\\hline
18  \end{tabular}
19  \begin{tikzpicture}[remember picture,overlay,line width=0.3pt]
20  \draw([yshift=-0.3pt]A)--(B-|D);
21  \node[shift={(2.3cm,-0.5cm)}]at(A){项目};
22  \node[shift={(1.5cm,0.3cm)}]at(B){物质};
23  \end{tikzpicture}
24  \end{document}
```

项目 物质	金属钠的变化	气体燃烧现象	检验产物
水			
乙醇			

▶ 本例使用 \node 命令添加表头文字。

▶ 添加斜线文字的表头行往往行距比较大,本例就用了 \makecell 宏包的 \thead 命令。

7.5.3　常用表格斜线举例

例 **7.5.3** 排版"特殊角三角函数值"的表格。

```
1   \documentclass{ctexart}
2   \usepackage{xcolor,array,makecell,tikz}
3   \newcolumntype{M}[1]{>{\centering\arraybackslash$}m{#1}<{$}}
4   \newcommand{\zuobiao}[2][]{\tikz[remember picture,overlay]\coordinate[#1](#2);}
5   \newcommand{\dingwei}[1]{\noalign{\hbox to 0pt{\zuobiao{#1}}}}
6   \newcommand{\DINGWEI}[3]{\hskip\stretch{0}\kern - \tabcolsep\zuobiao{#1}\hfill
7   #2 \hfill\zuobiao{#3}\kern-\tabcolsep}
8   \begin{document}
9   \begin{tabular}{|M{4em}|*{5}{M{3em}|}}\hline
10  \alpha & 30^{\circ} & 45^{\circ} & 60^{\circ} & 90^{\circ} & 180^{\circ} \\\hline
11  \sin\alpha & & & & & \\\hline
12  \cos\alpha & & & & & \\
```

```
13  \dingwei{A}\hline
14  \tan\alpha & & & &\DINGWEI{C}{}{D} & \\
15  \dingwei{B}\hline
16  \end{tabular}
17  \begin{tikzpicture}[remember picture,overlay,line width=0.3pt]
18  \draw([yshift=-0.3pt]A-|D)--(B-|C);
19  \draw([yshift=-0.3pt]A-|C)--(B-|D);
20  \end{tikzpicture}
21  \end{document}
```

α	30°	45°	60°	90°	180°
$\sin\alpha$					
$\cos\alpha$					
$\tan\alpha$				✕	

例 7.5.4 排版表头有两条斜线的表格。

```
1   \documentclass{ctexart}
2   \usepackage{xcolor,array,makecell,tikz}
3   \newcolumntype{M}[1]{>{\centering\arraybackslash}m{#1}}
4   \newcommand{\zuobiao}[2][]{\tikz[remember picture,overlay]\coordinate[#1](#2);}
5   \newcommand{\dingwei}[1]{\noalign{\hbox to 0pt{\zuobiao{#1}}}}
6   \newcommand{\DINGWEI}[3]{\hskip\stretch{0}\kern - \tabcolsep\zuobiao{#1}\hfill
7   #2 \hfill\zuobiao{#3}\kern-\tabcolsep}
8   \begin{document}
9   \renewcommand{\arraystretch}{1.3}
10  \setlength\extrarowheight{-1pt}
11  \setlength{\jot}{12pt}
12  \renewcommand{\theadgape}{\gape}
13  \renewcommand{\theadfont}{\zihao{5}}
14  \begin{tabular}{|M{8em}|*{4}{M{5em}|}}
15  \dingwei{A} \hline
16  & \thead{0.1} &\thead{0.5} & \thead{1} & \thead{10}\\
17  \dingwei{B}\hline
18  \DINGWEI{C}{400}{D} & 99.2 & 99.6 & 99.7 & 99.9\\\hline
19  500 & 93.5 & 96.9 & 97.8 & 99.3 \\\hline
20  \end{tabular}
21  \begin{tikzpicture}[remember picture,overlay,line width=0.3pt]
22  \draw([xshift=4em,yshift=-0.3pt]A)--(B-|D);
23  \draw([yshift=-2em]A)--(B-|D);
24  \node[shift={(8em,-1em)}]at(A){压强};
25  \node[shift={(3em,0.5em)}]at(B){温度};
26  \node[shift={(2em,-1em)}]at(A){转};
27  \node[shift={(4em,-1.5em)}]at(A){化};
```

```
28  \node[shift={(6em,-2.5em)}]at(A){率};
29  \end{tikzpicture}
30  \end{document}
```

转化率 温度 \ 压强	0.1	0.5	1	10
400	99.2	99.6	99.7	99.9
500	93.5	96.9	97.8	99.3

▶ 本例通过改变点的坐标实现多种斜线样式。

例 **7.5.5** 绘制两条斜线的表头样式。

```
1   \documentclass{ctexart}
2   \usepackage{xcolor,array,multirow,makecell,tikz}
3   \newcolumntype{P}[1]{>{\centering\arraybackslash}p{#1}}
4   \newcommand{\zuobiao}[2][]{\tikz[remember picture,overlay]\coordinate[#1](#2);}
5   \newcommand{\dingwei}[1]{\noalign{\hbox to 0pt{\zuobiao{#1}}}}
6   \newcommand{\DINGWEI}[3]{\hskip\stretch{0}\kern - \tabcolsep\zuobiao{#1}\hfill
7   #2 \hfill\zuobiao{#3}\kern-\tabcolsep}
8   \begin{document}
9   \renewcommand{\arraystretch}{1.3}
10  \setlength\extrarowheight{-1pt}
11  \setlength{\jot}{12pt}
12  \renewcommand{\theadgape}{\gape}
13  \renewcommand{\theadfont}{\zihao{5}}
14  \begin{tabular}{|P{5em}|P{4em}|P{6em}|P{5em}|P{7em}|}
15  \dingwei{A}\hline
16  \multicolumn{2}{|c|}{} &\thead{软包装印刷} & \thead{标签印刷} & \thead{瓦楞纸板印刷}\\
17  \dingwei{B}\hline
18  \multirowcell{2}{20世纪\\ 90年代末} & \DINGWEI{C}{欧洲}{D} & & & \\\cline{2-5}
19  & 美国 & & & \\\hline
20  \end{tabular}
21  \begin{tikzpicture}[remember picture,overlay,line width=0.3pt]
22  \draw([yshift=-0.3pt]A)--(B-|C);
23  \draw([yshift=-0.3pt]A)--(B-|D);
24  \node[shift={(9em,-1.5em)}] at (A){类别};
25  \node[shift={(7em,-3.2em)}] at (A){国家};
26  \node[shift={(3em,0.5em)}] at (B){时间};
27  \end{tikzpicture}
28  \end{document}
```

时间\类别\国家	软包装印刷	标签印刷	瓦楞纸板印刷
20 世纪 90 年代末 欧洲			
美国			

7.5.4 本节知识的综合应用

例 7.5.6 排版物理知识表格。

```
1   \documentclass{ctexart}
2   \usepackage{xcolor,array,multirow,makecell,booktabs,colortbl,tikz,calc}
3   \setlength{\abovetopsep}{0ex} \setlength{\belowrulesep}{0ex}
4   \setlength{\aboverulesep}{0ex} \setlength{\belowbottomsep}{0ex}
5   \newcolumntype{M}[1]{>{\centering\arraybackslash}m{#1}}
6   \newcolumntype{Y}{!{\vrule width 0.08em}}
7   \newcommand{\zuobiao}[2][]{\tikz[remember picture,overlay]\coordinate[#1](#2);}
8   \newcommand{\dingwei}[1]{\noalign{\hbox to 0pt{\zuobiao{#1}}}}
9   \newcommand{\DINGWEI}[3]{\hskip\stretch{0}\kern - \tabcolsep\zuobiao{#1}\hfill
10  #2 \hfill\zuobiao{#3}\kern-\tabcolsep}
11  \begin{document}
12  \renewcommand{\arraystretch}{1.3}
13  \setlength\extrarowheight{-1pt}
14  \setlength{\jot}{8pt}
15  \renewcommand{\theadgape}{\gape}
16  \renewcommand{\theadfont}{\bf}
17  \begin{tabular}{YM{2em}|M{4em}|m{15em}|m{13em}Y}
18  \dingwei{A}\toprule
19  \multicolumn{2}{Yc|}{}
20  & \thead{单缝衍射} & \thead{双缝干涉} \\
21  \dingwei{B}\hline
22  \multirowcell{4}{不\\同\\点} & 产生条件 & 只要狭缝足够小，任何光都能发生& 频率相同的两列
        光波相遇叠加 \\\cline{2-4}
23  & 条纹宽度 & 条纹宽度不等，中央最宽 & 条纹宽度相等 \\\cline{2-4}
24  & \DINGWEI{C}{条纹间距}{D}& 各相邻条纹间距不等 & 各相邻条纹等间距 \\\cline{2-4}
25  & 亮度 & 中央条纹最亮，两边变暗& 清晰条纹，亮度基本相等 \\\hline
26  \multicolumn{2}{Yc|}{相同点} &
27  \multicolumn{2}{m{28em+12pt}Y}{干涉、衍射都是波特有的现象，属于波的叠加；干涉、衍射都产生
        明暗相间的条纹 }\\\bottomrule
28  \end{tabular}
29  \begin{tikzpicture}[remember picture,overlay,line width=0.3pt]
30  \draw([yshift=-0.3pt]A)--(B-|D);
31  \node[font=\bf,shift={(6em,-1em)}] at (A){种类};
32  \node[font=\bf,shift={(3em,0.5em)}] at (B){项目};
```

```
33  \end{tikzpicture}
34  \end{document}
```

项目 \ 种类		单缝衍射	双缝干涉
不同点	产生条件	只要狭缝足够小，任何光都能发生	频率相同的两列光波相遇叠加
	条纹宽度	条纹宽度不等，中央最宽	条纹宽度相等
	条纹间距	各相邻条纹间距不等	各相邻条纹等间距
	亮度	中央条纹最亮，两边变暗	清晰条纹，亮度基本相等
相同点		干涉、衍射都是波特有的现象，属于波的叠加；干涉、衍射都产生明暗相间的条纹	

- 两列之间的空白是 12 pt，故第 26 行代码合并两列的总宽度是列宽加列空白。

例 **7.5.7** 排版化学实验表格。

```
1   \documentclass{ctexart}
2   \usepackage{xcolor,array,multirow,makecell,booktabs,hhline,colortbl,tikz}
3   \setlength{\abovetopsep}{0ex} \setlength{\belowrulesep}{0ex}
4   \setlength{\aboverulesep}{0ex} \setlength{\belowbottomsep}{0ex}
5   \newcolumntype{M}[1]{>{\centering\arraybackslash}m{#1}}
6   \newcolumntype{Y}{!{\vrule width 0.08em}}
7   \newcommand{\zuobiao}[2][]{\tikz[remember picture,overlay]\coordinate[#1](#2);}
8   \newcommand{\dingwei}[1]{\noalign{\hbox to 0pt{\zuobiao{#1}}}}
9   \newcommand{\DINGWEI}[3]{ \hskip\stretch{0}\kern - \tabcolsep\zuobiao{#1} \hfill #2 \
        hfill\zuobiao{#3}\kern-\tabcolsep}
10  \begin{document}
11  \renewcommand{\arraystretch}{1.3}
12  \setlength\extrarowheight{-1pt}
13  \begin{tabular}{Y>{\columncolor{gray!20}}M{7em}|*{3}{M{4em}|}m{5.5em}|m{5.5em}Y}
14  \dingwei{A}\toprule
15  \rowcolor{gray!20}
16  & \multicolumn{3}{c|}{起始温度$t_1/$\textcelsius} & & \\
17  \hhline{>{\vrule width 0.08em}>{\arrayrulecolor{gray!20}}-
18  >{\arrayrulecolor{black}}|--->{\arrayrulecolor{gray!20}}-
19  >{\arrayrulecolor{black}}|>{\arrayrulecolor{gray!20}}-
20  >{\arrayrulecolor{black}}>{\vrule width 0.08em}}
21  \rowcolor{gray!20}
22  & HCl & NaOH & 平均值 &\multirowcell{-2}{终止温度\\$t_2/$\textcelsius} & \multirowcell
        {-2}{温度差\\ $(t_2-t_1)/$\textcelsius}\\
23  \dingwei{B}\hline
24  \DINGWEI{C}{1}{D} & & & & & \\\hline
25  2 & & & & & \\\hline
26  3 & & & & & \\\bottomrule
```

```
27  \end{tabular}
28  \begin{tikzpicture}[remember picture,overlay,line width=0.3pt]
29  \draw([yshift=-0.3pt]A)--(B-|D);
30  \node[shift={(6em,-1.5em)}] at (A){温度};
31  \node[shift={(3em,0.7em)}] at (B){实验次数};
32  \end{tikzpicture}
33  \end{document}
```

温度 实验次数	起始温度 t_1/℃			终止温度 t_2/℃	温度差 $(t_2 - t_1)$/℃
	HCl	NaOH	平均值		
1					
2					
3					

7.6　跨页表格

supertabular 宏包提供了一个可排多页表格的环境:

```
1  \begin{supertabular}{列格式}
2  表格行
3  \end{supertabular}
```

- 该环境中的列格式和表格行的定义与 tabular 环境的相同。
- supertabular 宏包还提供了一组与排版多页表格相关的命令(表 7-8),它们必须在多页表格环境之前使用才有效。

表 7-8　命令的含义

命令	含义
\tablecaption{表格标题}	表格标题命令,该命令与 caption 图表标题命令类似
\tablefirsthead{首页列标题}	首页列标题命令,用于设置第一页表格的各列标题。该命令可根据需要选择使用
\tablehead{续页列标题}	续页列标题命令,用于设置后续各页的各列标题
\tablelasttail{结束标识}	结束标识命令,用于设置在表格结束时所要显示的结束标识,通常是一条水平线
\tabletail{分页标识}	分页标识命令,用于设置在每次分页前所要显示的分页标识,如"接下页"等。该命令可根据需要选择使用

例 **7.6.1** 排版多页表格。

```
1  \documentclass{ctexart}
2  \usepackage{array,booktabs,supertabular}
3  \newcolumntype{M}[1]{>{\centering\arraybackslash}m{#1}}
4  \begin{document}
```

```
5   \vspace*{13cm}
6   \begin{center}
7   \tablecaption{奶山羊常用矿物质饲料含量简表\label{aa}}
8   \tablefirsthead{\toprule
9   \multicolumn{1}{c}{饲料名称} & \multicolumn{1}{c}{干物质（\%）}
10  & \multicolumn{1}{c}{钙（\%）} & \multicolumn{1}{c}{磷（\%）}\\\hline}
11  \tablehead{\multicolumn{4}{r}{\kaishu 续表\ref{aa}}\\\toprule
12  \multicolumn{1}{c}{饲料名称} & \multicolumn{1}{c}{干物质（\%）}
13  & \multicolumn{1}{c}{钙（\%）} & \multicolumn{1}{c}{磷（\%）}\\\hline}
14  \tabletail{\bottomrule\multicolumn{4}{r}{\kaishu 接下页}\\}
15  \tablelasttail{\bottomrule}
16  \begin{supertabular}{M{6em}M{6em}M{4em}M{4em}}
17  贝壳粉 & 98.00 & 32.93 & 0.03\\
18  骨粉   & 91.00 & 31.82 & 13.39\\
19  蛎粉   & 99.60 & 39.23 & 0.23\\
20  磷酸钙 & ——    & 27.91 & 14.38\\
21  石粉   & 97.10 & 39.19 & —— \\
22  碳酸钙 & 99.10 & 35.19 & 0.14\\
23  \end{supertabular}
24  \end{center}
25  \end{document}
```

表 1: 奶山羊常用矿物质饲料含量简表

饲料名称	干物质（%）	钙（%）	磷（%）
贝壳粉	98.00	32.93	0.03
骨粉	91.00	31.82	13.39
蛎粉	99.60	39.23	0.23
磷酸钙	——	27.91	14.38

接下页

续表 1

饲料名称	干物质（%）	钙（%）	磷（%）
石粉	97.10	39.19	——
碳酸钙	99.10	35.19	0.14

▶ \tablefirsthead 和 \tablehead 命令都将生成以列标题为内容的表格行，所以在它们之后都需要使用 \\ 换行命令。

第 8 章

玩 转 公 式

8.1 简单数学式

8.1.1 数学模式

行内数学公式的输入：

```
1  $ ... $
```

行间数学公式的输入：

```
1  \[ ... \]
```

例 8.1.1 设置数学模式。

```
1  \documentclass{ctexart}
2  \begin{document}
3  加法交换律$a+b=b+a$.\par
4  乘法结合律
5  \[a(bc)=(ab)c.\]
6  \end{document}
```

加法交换律 $a+b=b+a$.
乘法结合律
$$a(bc)=(ab)c.$$

8.1.2 数学模式内输入中文

amsmath 宏包提供了数学模式内输入中文的命令：

```
1  \text{文字}
```

xeCJK 宏包提供了 CJKmath 选项，可以在数学模式内直接输入中文：

```
1  \xeCJKsetup{CJKmath}
```

例 8.1.2 排版公式中夹杂中文。

```
1  \documentclass{ctexart}
2  \xeCJKsetup{CJKmath}
3  \usepackage{amsmath}
4  \begin{document}
5  $a>0~\text{或}~a<-1$.\\
6  $A=\{高一年级参加活动的学生\}$.
7  \end{document}
```

$a > 0$ 或 $a < -1.$

$A = \{$高一年级参加活动的学生$\}.$

▶ 公式内的汉字与数字、符号之间不会自动加空格，用 ~ 手动加空格。

▶ \text{文字} 会随着字体变化而变化。若用 CJKmath 直接输中文，则公式内的中文字体为宋体。

8.1.3 几个常用的数学宏包

① amsmath 宏包。

amsmath 宏包是美国数学会设计开发的一个宏包，它全面扩展了 LaTeX 的基本数学功能，是 LaTeX 必备宏包之一。

② mathtools 宏包。

mathtools 宏包在 amsmath 宏包的基础上又做了一些拓展，当调用 mathtools 宏包时，它将自动加载 amsmath 宏包。

③ zhmathstyle 宏包。

笔者结合中学实际和国内排版的习惯，修改了分式、根式、定界符等的样式，同时把圆弧、直立积分、正体圆周率等字体和符号整合在一起，编写了 zhmathstyle 宏包，使其符合试卷、教辅书的排版习惯。

8.1.4 简单数学公式的输入

① 上下标。

```
1  上标  ^
2  下标  _
```

例 **8.1.3** 输入上下标。

```
1  \documentclass{ctexart}
2  \begin{document}
3  $a^2$,$a_n$,$C_n^2$,
4  $7^{7^{7^{\cdot^{\cdot^{\cdot^7}}}}}$,$2^{m+n}$
5  \end{document}
```

$$a^2, a_n, C_n^2, 7^{7^{7^{\cdot^{\cdot^{\cdot^7}}}}}, 2^{m+n}$$

▶ 当下标或上标多于一个字符时，需要使用分组确定上下标范围。

② 撇号和角度符号。

▶ 撇号（′）和角度符号（°）是两个特殊的上标，它们的输入如下例所示。

例 **8.1.4** 输入撇号（′）和角度符号（°）。

```
1  \documentclass{ctexart}
2  \begin{document}
3  $f'(x)$,$f''(x)$,$f'''(x)$,$A=90^{\circ}$
```

```
4   \end{document}
```

$$f'(x),\ f''(x),\ f'''(x),\ A = 90°$$

③ 左侧上下标。

mathtools 宏包提供了实现左侧上下标的命令：

```
1   \prescript{上标}{下标}{内容}
```

例 **8.1.5** 输入四角标。

```
1   \documentclass{ctexart}
2   \usepackage{mathtools}
3   \begin{document}
4   $\prescript{14}{2}{\mathrm{C}}^{5+}_{2}$
5   \end{document}
```

$$\prescript{14}{2}{\mathrm{C}}^{5+}_{2}$$

④ 上下修饰。

```
1   上划线    \overline{}
2   下划线    \underline{}
3   上花括号  \overbrace{}
4   下花括号  \underbrace{}
5   上尖符号  \hat{}
6   圆弧      \wideparen{}
7   向量      \vv{}
```

- 圆弧符号调用 zhmathstyle 宏包。
- 向量符号调用 esvect 宏包。

例 **8.1.6** 输入向量、圆弧等符号。

```
1   \documentclass{ctexart}
2   \xeCJKsetup{CJKmath}
3   \usepackage{esvect,zhmathstyle}
4   \begin{document}
5   $\hat{a}=\overline{y}-\hat{b}\overline{x}$, $\vv{AB}$, $\wideparen{AB}$\\
6   $\overbrace{a+\cdots+a}^{n~个~a}+\underbrace{a+\cdots+a}_{k~个~a}$
7   \end{document}
```

$$\hat{a}=\overline{y}-\hat{b}\overline{x},\overrightarrow{AB},\overparen{AB},\overbrace{a+\cdots+a}^{n\ 个\ a}+\underbrace{a+\cdots+a}_{k\ 个\ a}$$

⑤ 分式。

```
1   \frac{分子}{分母}
2   \dfrac{分子}{分母}
```

- \frac 为小分式，\dfrac 为大分式（需要加载 amsmath 宏包）。

例 8.1.7 输入分式。

```
1  \documentclass{ctexart}
2  \begin{document}
3  $\frac{1}{2}$, $\log_{\frac{1}{2}}x$,
4  $\dfrac{1}{2}$
5  \end{document}
```

$$\frac{1}{2}, \log_{\frac{1}{2}} x, \frac{1}{2}$$

▶ 按照国内排版的习惯,zhmathstyle 宏包定义了 \zfrac 命令,修改了分子、分母与分数线的距离,并能根据分子、分母的宽度适当延长分数线。

⑥ 根式。

```
1  \sqrt[根指数]{被开方数}
```

例 8.1.8 输入根式。

```
1  \documentclass{ctexart}
2  \usepackage{zhmathstyle}
3  \begin{document}
4   $\sqrt{2}$, $\sqrt[3]{3}$,$\sqrt[3]{\zfrac{1}{2}}$
5  \end{document}
```

$$\sqrt{2}, \sqrt[3]{3}, \sqrt[3]{\frac{1}{2}}$$

▶ zhmathstyle 宏包可以自动调整根指数的位置。
▶ zhmathstyle 宏包提供了排版连根式的命令 \zsqrt。

例 8.1.9 排版连根式。

```
1  \documentclass{ctexart}
2  \usepackage{zhmathstyle}
3  \begin{document}
4  $\zsqrt{2+\zsqrt{2+\zsqrt{2+\zsqrt{2}}}}$
5  \end{document}
```

$$\sqrt{2+\sqrt{2+\sqrt{2+\sqrt{2}}}}$$

⑦ 求和、求积与积分。

```
1  \sum_{下限}^{上限}
2  \prod_{下限}^{上限}
3  \int_{下限}^{上限}
```

● \sum 为求和命令,\prod 为求积命令,\int 为积分命令。

例 **8.1.10** 输入求和、求积与积分。

```
1   \documentclass[no-math]{ctexart}
2   \usepackage{zhmathstyle}
3   \begin{document}
4   $\sum_{i=1}^{n}$, $\sum\limits_{i=1}^{n}$, $\displaystyle\sum_{i=1}^{n}$,\qquad
5   $\prod_{i=1}^{n}$, $\prod\limits_{i=1}^{n}$, $\displaystyle\prod_{i=1}^{n}$, \qquad
6   $\upint_0^1 f(x)\text{d}x$, $\displaystyle\upint_0^1 f(x)\text{d}x$
7   \[\sum_{i=1}^{n}, \prod_{i=1}^{n}, \upint_0^1 f(x)\text{d}x,
8   \upoint_0^1 f(x)\text{d}x, \upiint_0^1 f(x)\text{d}x, \upiiint_0^1 f(x)\text{d}x,
9   \upoiint_0^1 f(x)\text{d}x\]
10  \end{document}
```

$$\sum_{i=1}^n, \ \sum_{i=1}^{n}, \ \sum_{i=1}^{n}, \qquad \prod_{i=1}^n, \ \prod_{i=1}^{n}, \ \prod_{i=1}^{n}, \qquad \int_0^1 f(x)\mathrm{d}x, \ \int_0^1 f(x)\mathrm{d}x$$

$$\sum_{i=1}^{n}, \prod_{i=1}^{n}, \int_0^1 f(x)\mathrm{d}x, \oint_0^1 f(x)\mathrm{d}x, \iint_0^1 f(x)\mathrm{d}x, \iiint_0^1 f(x)\mathrm{d}x, \oiint_0^1 f(x)\mathrm{d}x$$

▶ 对行内的求和与求积要注意两点：一是 \limits 影响上下标的位置，二是如果想要行内公式的效果与行间公式的效果一样，就须加上 \displaystyle 命令。

▶ \zhmathstyle 宏包提供的直立积分号（以 up 开头的命令），无论行内还是行间都是直立大积分号。

⑧ 矩阵与行列式。

mathtools 宏包提供了 6 种矩阵环境：

```
1   \begin{matrix*} [对齐方式] 内容 \end{matrix*}
2   \begin{pmatrix*}[对齐方式] 内容 \end{pmatrix*}
3   \begin{bmatrix*}[对齐方式] 内容 \end{bmatrix*}
4   \begin{Bmatrix*}[对齐方式] 内容 \end{Bmatrix*}
5   \begin{vmatrix*}[对齐方式] 内容 \end{vmatrix*}
6   \begin{Vmatrix*}[对齐方式] 内容 \end{Vmatrix*}
```

● 对齐方式为左齐 l、居中 c、右齐 r，默认为居中 c。每个元素用 & 分隔。

● 以上每种环境都必须置于数学模式中。

例 **8.1.11** 用 6 种环境编写矩阵。

```
1   \documentclass{ctexart}
2   \usepackage{mathtools}
3   \begin{document}
4   \[
5   \begin{matrix*}[r] 1 & -1 \\ 2 & 3\end{matrix*}\quad
6   \begin{pmatrix*}[r]1 & -1 \\ 2 & 3\end{pmatrix*}\quad
7   \begin{bmatrix*}[r]1 & -1 \\ 2 & 3\end{bmatrix*}\quad
8   \begin{Bmatrix*}[r]1 & -1 \\ 2 & 3\end{Bmatrix*}\quad
9   \begin{vmatrix*}[r]1 & -1 \\ 2 & 3\end{vmatrix*}\quad
10  \begin{Vmatrix*}[r]1 & -1 \\ 2 & 3\end{Vmatrix*}
```

```
11  \]
12  \end{document}
```

$$1 \quad -1 \quad \begin{pmatrix} 1 & -1 \\ 2 & 3 \end{pmatrix} \quad \begin{bmatrix} 1 & -1 \\ 2 & 3 \end{bmatrix} \quad \begin{Bmatrix} 1 & -1 \\ 2 & 3 \end{Bmatrix} \quad \begin{vmatrix} 1 & -1 \\ 2 & 3 \end{vmatrix} \quad \begin{Vmatrix} 1 & -1 \\ 2 & 3 \end{Vmatrix}$$

8.2 数学字体与符号

8.2.1 数学正体和黑体

通常数学公式内的字体为斜体, 但有些个别情形下需要用到正体, 比如自然对数的底数 e、虚数单位 i、圆周率 π 等。数学模式下, 得到数学正体的命令为

```
1  \mathrm{字母}
```

圆周率的符号需要借助其他字体宏包, zhmathstyle 宏包里集成了相应的字体, 输入圆周率的命令是 \uppi。

教科书上用小写黑斜体字母表示向量, 数学模式下得到黑斜体字母的命令为

```
1  \boldsymbol{字母}
```

数集符号用空心体表示, 调用 amssymb 宏包, 数学模式下得到空心体的命令为

```
1  \mathbb{字母}
```

8.2.2 几个中国特色的符号

mathsymbolzhcn 宏包提供了几个非常有用的适应国内排版习惯的数学符号。
- 先把 mathsymbol-zh-cn.otf 安装到操作系统的字体文件夹下。
- 再安装 mathsymbolzhcn.sty 宏包文件, 刷新数据, 即可使用。
- 符号及对应命令说明见表 8-1。

表 8-1 参数的含义

参数	含义
\zhparaleq	⫫
\zhparalogram	▱
\zhsimilar	∽
\zhcongruent	≌
\zhparallel	∥
\zhsubsetneqq	⫋
\zhsupsetneqq	⫌

8.2.3 常用符号

下面罗列了中学数学常用的符号, 这些符号主要来自 amssymb 宏包和 zhmathstyle 宏包。

① 数学普通符号。

ℓ \ell	∂ \partial	∞ \infty	$'$ \prime
$\varnothing$ \varnothing	$\angle$ \angle	$\triangle$ \triangle	$\forall$ \forall
$\exists$ \exists	$\neg$ \neg	$\flat$ \flat	$\natural$ \natural
$\sharp$ \sharp	$\blacktriangle$ \blacktriangle	$\blacksquare$ \blacksquare	$\square$ \square
$''$ ''	$\bigstar$ \bigstar	$\complement$ \complement	$\bigcirc$ \bigcirc
$\therefore$ \therefore	$\because$ \because	$'''$ '''	

② 数学重音符号。

$$\hat{a}\ \text{\textbackslash hat}\quad \bar{a}\ \text{\textbackslash bar}\quad \vec{a}\ \text{\textbackslash vec}\quad \dot{a}\ \text{\textbackslash dot}$$

③ 二元运算符。

$\wedge$ \wedge	$\vee$ \vee	$\cap$ \cap	$\cup$ \cup
$\div$ \div	$\odot$ \odot	$\oslash$ \oslash	$\otimes$ \otimes
$\oplus$ \oplus	$\mp$ \mp	$\pm$ \pm	$\circ$ \circ
$\bigcirc$ \bigcirc	$\smallsetminus$ \smallsetminus	$\cdot$ \cdot	$\ast$ \ast
$\times$ \times	$\star$ \star	$\divideontimes$ \divideontimes	

④ 关系运算符。

$=$ =	$\neq$ \neq	$\propto$ \propto	$\equiv$ \equiv
$<$ <	$>$ >	$\leqslant$ \leqslant	$\geqslant$ \geqslant
$\in$ \in	$\notin$ \notin	$\doteq$ \doteq	$\ll$ \ll
$\gg$ \gg	$\subset$ \subset	$\not\subset$ \not\subset	$\approx$ \approx
$\subseteq$ \subseteq	$\supseteq$ \supseteq	$\mid$ \mid	$\nmid$ \nmid

⑤ 小写希腊字母。

α \alpha	β \beta	γ \gamma	δ \delta
ϵ \epsilon	ε \varepsilon	ζ \zeta	η \eta
θ \theta	ϑ \vartheta	ι \iota	κ \kappa
λ \lambda	μ \mu	ν \nu	ξ \xi
σ \sigma	τ \tau	υ \upsilon	ϕ \phi
φ \varphi	χ \chi	ψ \psi	ω \omega
π \uppi	ϖ \varpi	ρ \rho	

⑥ 大写希腊字母。

Γ \Gamma	Δ \Delta	Λ \Lambda	Θ \Theta
Ξ \Xi	Π \Pi	Σ \Sigma	Υ \Upsilon
Φ \Phi	Ψ \Psi	Ω \Omega	

⑦ 标点符号。

$$\cdots \text{ \textbackslash cdots} \quad \ddots \text{ \textbackslash ddots} \quad \iddots \text{ \textbackslash iddots}$$
$$\vdots \text{ \textbackslash vdots} \quad : \text{ \textbackslash ratio} \quad - \text{ \textbackslash gang}$$

- \ratio 表示比例；\gang 表示二面角的连字符。这两个符号来自 zhmathstyle 宏包。
- \iddots 需要调用 mathdots 宏包。

⑧ 函数名。

```
\arccos   \arcsin   \arctan   \cos   \sin   \tan   \lg   \log
\ln       \bmod     \rag      \lim   \max   \min   \sup   \inf
```

8.2.4　定界符

定界符就是尺寸随公式高度的变化而变化的符号。中学数学常用的定界符有 5 类：

$$\Bigg(\bigg(\big((\ ))\big)\bigg)\Bigg) \quad \Bigg[\bigg[\big[[\ ]]\big]\bigg]\Bigg] \quad \Bigg\{\bigg\{\big\{\{\ \}\}\big\}\bigg\}\Bigg\} \quad \Bigg|\bigg||\ ||\bigg|\Bigg| \quad \Bigg\langle\bigg\langle\big\langle\langle\ \rangle\rangle\big\rangle\bigg\rangle\Bigg\rangle$$

- \langle（显示 < ）与 \rangle（显示 > ）常用作向量夹角的符号。
- 绝对值的符号不要直接使用 ||，应该使用 \lvert 和 \rvert，确保两竖与字符有恰当的间距。

定界符输入规则是

```
1   \left左界符 \right右界符
```

- 第 1 行代码必须成对出现，若只需一侧的定界符，则另一侧的定界符换成圆点（.）。如 \left(right. 表示只有左侧圆括号。左界符与右界符可以不同。
- amsmath 宏包还提供了 \big、\Big、\bigg、\Bigg 共四个层次的加高命令，它们可以成对使用，也可以单独使用。

例 8.2.1 用定界符排版数学式子。

```
1   \documentclass{ctexart}
2   \usepackage{amsmath}
3   \begin{document}
4   $y'\Big|_{x=1}$, $\left[\dfrac{1}{2},+\infty\right)$
5   \end{document}
```

$$y'\Big|_{x=1}, \left[\frac{1}{2},+\infty\right)$$

有时会遇到纵向不对称的公式，如果再加上定界符，就会有多余的空白。zhmathstyle 宏包提供了一个命令：

```
1   \leftright{左界符}{公式}{右界符}
```

用它来调整定界符的大小，以此消除多余空白。

例 8.2.2 比较定界符排版的两种效果。

```
1   \documentclass{ctexart}
2   \usepackage{zhmathstyle}
3   \begin{document}
```

```
4  \[\left(\zfrac{2\uppi}{\zfrac{1}{3}}\right),
5  \leftright{(}{\zfrac{2\uppi}{\zfrac{1}{3}}}{)}\]
6  \end{document}
```

$$\left(\dfrac{2\pi}{\dfrac{1}{3}}\right),\left(\dfrac{2\pi}{\dfrac{1}{3}}\right)$$

zhmathstyle 宏包还提供了排版集合描述法的命令：

```
1  \Set{元素 \given 特征}
2  \Set*{元素 \given 特征}
```

● 带 * 的命令随公式高度自动加高定界符。

例 8.2.3 排版集合描述法。

```
1  \documentclass{ctexart}
2  \usepackage{mathtools,zhmathstyle}
3  \begin{document}
4  $\Set{x\given 0<x<1}$\qquad
5  $\Set*{x\given x\neq -\zfrac{b}{2a}}$
6  \end{document}
```

$$\{x\mid 0<x<1\}\qquad\left\{x\,\middle|\,x\neq-\frac{b}{2a}\right\}$$

8.2.5　箭头

以下罗列的是常用的箭头样式。

⟵	\longleftarrow	⟶	\longrightarrow	⟹	\Longrightarrow
⟸	\Longleftarrow	⇏	\nRightarrow	⇎	\nLeftrightarrow
⟺	\Longleftrightarrow	⇍	\nLeftarrow	⇓	\Downarrow
⟼	\longmapsto	↑	\uparrow	↓	\downarrow
⇌	\rightleftharpoons	↕	\Updownarrow	↕	\updownarrow
↗	\nearrow	↙	\swarrow	↖	\nwarrow
⇑	\Uparrow	↘	\searrow		

extarrows 宏包提供了可添加文字的箭头，列举见表 8-2。

例 8.2.4 排版函数图像平移变换的关系图。

```
1  \documentclass{ctexart}
2  \xeCJKsetup{CJKmath}
3  \usepackage{extarrows}
4  \begin{document}
5  $y=f(x)\xlongrightarrow[$a<0$,向右平移$|a|$个单位]{$a>0$,向左平移$a$个单位}y=f(x+a)$
6  \end{document}
```

$$y=f(x)\xrightarrow[a<0,向右平移|a|个单位]{a>0,向左平移a个单位}y=f(x+a)$$

表 8-2 参数的含义

参数	含义
\xlongleftarrow[下方]{上方}	$\xleftarrow[\text{下方}]{\text{上方}}$
\xlongrightarrow[下方]{上方}	$\xrightarrow[\text{下方}]{\text{上方}}$
\xLongleftarrow[下方]{上方}	$\xLeftarrow[\text{下方}]{\text{上方}}$
\xLongrightarrow[下方]{上方}	$\xRightarrow[\text{下方}]{\text{上方}}$
\xlongleftrightarrow[下方]{上方}	$\xleftrightarrow[\text{下方}]{\text{上方}}$
\xlongequal[下方]{上方}	$\overset{\text{上方}}{\underset{\text{下方}}{=\!=}}$

例 **8.2.5** 用箭头排版几个关系式。

```
1  \documentclass{ctexart}
2  \usepackage{extarrows}
3  \xeCJKsetup{CJKmath}
4  \begin{document}
5  $A\xlongrightarrow{f}B$, \quad
6  $f: A\longrightarrow B$, \quad
7  $a+b+b\xlongequal[]{合并同类项}a+2b$
8  \end{document}
```

$$A \xrightarrow{f} B, \quad f: A \longrightarrow B, \quad a+b+b \xlongequal{\text{合并同类项}} a+2b$$

8.3 多行公式

8.3.1 gather 环境

amsmath 宏包提供的 gather 环境可以排版中心对称的公式组,每一行公式都有编号。gather 环境允许每行公式换行,它的命令结构如下:

```
1  \begin{gather}
2  第一行公式 \\
3  第二行公式 \\
4  ......
5  \end{gather}
```

例 **8.3.1** 用 gather 环境排版多行公式。

```
1  \documentclass{ctexart}
2  \usepackage{amsmath}
3  \begin{document}
4  \begin{gather}
5  \sin^2\alpha+\cos^2\alpha=1,\\
```

```
6   \tan\alpha=\dfrac{\sin\alpha}{\cos\alpha}.
7   \end{gather}
8   \end{document}
```

$$\sin^2 \alpha + \cos^2 \alpha = 1, \tag{1}$$

$$\tan \alpha = \frac{\sin \alpha}{\cos \alpha}. \tag{2}$$

▶ gather* 环境取消每行的公式编号。

例 **8.3.2** 排版一个数阵。

```
1    \documentclass{ctexart}
2    \usepackage{amsmath}
3    \begin{document}
4    \begin{gather*}
5    1 \\
6    2 \quad 3\\
7    4 \quad 5 \quad 6 \\
8    \cdots\cdots
9    \end{gather*}
10   \end{document}
```

$$1$$
$$2 \quad 3$$
$$4 \quad 5 \quad 6$$
$$\cdots\cdots$$

8.3.2　分段函数

mathtools 宏包提供的 dcases 环境可以方便地排版分段函数,它的命令结构如下:

```
1   \begin{dcases}
2   式1, & 范围1,\\
3   式2, & 范围2,\\
4   ......
5   \end{dcases}
```

● dcases 环境须放入数学环境中。

例 **8.3.3** 排版一个简单的分段函数。

```
1   \documentclass{ctexart}
2   \usepackage{amssymb,mathtools}
3   \begin{document}
4   \[
5   f(x)=\begin{dcases}
6   x, & x\geqslant 0, \\
```

```
7    -x, & x<0.
8    \end{dcases}
9    \]
10   \end{document}
```

$$f(x) = \begin{dcases} x, & x \geqslant 0, \\ -x, & x < 0. \end{dcases}$$

例 **8.3.4** 排版二元一次不等式组。

```
1    \documentclass{ctexart}
2    \usepackage{amssymb,mathtools}
3    \begin{document}
4    $ \begin{dcases}
5    x-y \geqslant 0,\\
6    2x+y \leqslant 6,\\
7    x+y \geqslant 2.
8    \end{dcases}$
9    \end{document}
```

$$\begin{cases} x - y \geqslant 0, \\ 2x + y \leqslant 6, \\ x + y \geqslant 2. \end{cases}$$

dcases 环境可以嵌套使用,下面的例子是常见的知识结构的排版。

例 **8.3.5** 排版知识结构。

```
1    \documentclass{ctexart}
2    \xeCJKsetup{CJKmath}
3    \usepackage{mathtools}
4    \begin{document}
5    \[实数\begin{dcases}
6    有理数\smash[t]{
7    \begin{dcases}
8    整数\smash{
9    \begin{dcases} 奇数 \\ 偶数\end{dcases}}\\[10pt]
10   分数
11   \end{dcases}}\\
12   无理数\smash[b]{
13   \begin{dcases} 代数无理数 \\ 超越数 \end{dcases}}
14   \end{dcases}\]
15   \end{document}
```

▶ \smash 命令的结构为

```
1    \smash[参数]{内容}
```

这条命令的作用是忽略内容的高度和深度。它有两个可选参数:t 和 b,分别表示只忽略内容盒子的高度和深度。如果不给参数,则同时忽略内容盒子的高度和深度。

8.3.3　align 环境

数学排版中有许多公式需要在等号、加减号等处对齐。amsmath 宏包提供的 align 环境可以方便地实现这一要求,而且每行都给出公式编号。align 环境的命令结构如下:

```
1    \begin{align}
2    内容1 & 内容2 & ...\\
3    内容3 & 内容4 & ...\\
4    ……
5    \end{align}
```

- align 环境的对齐方式非常灵活,它以 & 为分列标志,奇数列右对齐,偶数列左对齐。
- align* 环境的每行公式不给出编号。

例 8.3.6 排版在等号处对齐的多行公式。

```
1    \documentclass{ctexart}
2    \usepackage{amsmath}
3    \begin{document}
4    \begin{align}
5    f(x) & =ax^2+bx+c \\
6        & =a(x-k)^2+h
7    \end{align}
8    \end{document}
```

$$f(x) = ax^2 + bx + c \tag{1}$$
$$= a(x - k)^2 + h \tag{2}$$

例 8.3.7 排版左对齐的多行公式。

```
1    \documentclass{ctexart}
2    \usepackage{amsmath}
3    \begin{document}
```

```
4    \begin{align*}
5    & a_1=a_1, \\
6    & a_2=a_1q,\\
7    & a_3=a_2q=a_1q^2, \\
8    & a_4=a_3q=a_1q^3,\\
9    & \cdots\cdots
10   \end{align*}
11   \end{document}
```

$$a_1 = a_1,$$
$$a_2 = a_1q,$$
$$a_3 = a_2q = a_1q^2,$$
$$a_4 = a_3q = a_1q^3,$$
$$\cdots\cdots$$

例 8.3.8 排版每组左对齐的公式组。

```
1    \documentclass{ctexart}
2    \xeCJKsetup{CJKmath}
3    \usepackage{amsmath}
4    \begin{document}
5    \begin{align*}
6    &\sin 0=0,   & & \cos 0=1, & & \tan 0=0,\\
7    &\csc 0~不存在, & & \sec 0=1, & & \cot 0~不存在.
8    \end{align*}
9    \end{document}
```

$$\sin 0 = 0, \qquad\qquad \cos 0 = 1, \qquad\qquad \tan 0 = 0,$$
$$\csc 0 \text{ 不存在}, \qquad\qquad \sec 0 = 1, \qquad\qquad \cot 0 \text{ 不存在}.$$

▶ 本例的奇数列全部空置,请读者认真体会。

▶ 每列公式之间的空白以及列对两侧的空白宽度相等。

8.3.4 flalign 环境

flalign 环境与 align 环境的功能基本相同,唯一的区别是列对之间的距离为弹性距离,使得公式组两端对齐。

例 8.3.9 排版居中公式左端的文字说明。

```
1    \documentclass{ctexart}
2    \xeCJKsetup{CJKmath}
3    \usepackage{amsmath}
4    \begin{document}
5    \begin{flalign*}
```

```
6    &因为 & x_1+x_2=2+\dfrac{4}{k^2} & &
7    \end{flalign*}
8    \begin{flalign*}
9    &所以 & |AB| &=|AF|+|BF| &\\
10   &      &     &=(x_1+1)+(x_2+1)& \\
11   &      &     &=4+\dfrac{4}{k^2} &
12   \end{flalign*}
13   \end{document}
```

因为
$$x_1 + x_2 = 2 + \frac{4}{k^2}$$

所以
$$|AB| = |AF| + |BF|$$
$$= (x_1 + 1) + (x_2 + 1)$$
$$= 4 + \frac{4}{k^2}$$

▶ 本例的排版是国内常见的版式,它相当于方正书版的"左齐"注解,但比方正书版更加灵活。

▶ flalign 环境的对齐方式仍然是奇数列右齐,偶数列左齐。

▶ 文本 & 文本相当于一组公式,比如 & 因为就是一组公式(第 1 列空置)。第9行代码相当于有 3 组公式,其中第 3 组空置,这样通过弹性距离把第 2 组公式"弹到"居中位置。读者不妨删除几个 &,看看效果如何。

▶ 第 9~11 行代码也是 3 组公式,其中第 2 组公式在等号处对齐,第 3 组公式空置。

▶ 为了方便理解,不妨认为第偶数个 & 起到分组的作用,第奇数个 & 起到组内公式在某处对齐的作用。

▶ flalign* 环境的每行公式都不给出编号。

8.3.5 alignat 环境

alignat 环境与 align 环境的对齐方式相同,不同之处是列对之间的距离需要手动加入;另外该环境还提供了一个参数项,用于设置列对的个数。

例 8.3.10 排版左对齐的公式组。

```
1    \documentclass{ctexart}
2    \xeCJKsetup{CJKmath}
3    \usepackage{amsmath}
4    \begin{document}
5    \begin{alignat}{3}
6    &a_1=1\quad & &或 \quad& &a_1=0\\
7    &a_2=1 & &或 & & a_2=2
8    \end{alignat}
9    \end{document}
```

$$a_1 = 1 \quad \text{或} \quad a_1 = 0 \tag{1}$$
$$a_2 = 1 \quad \text{或} \quad a_2 = 2 \tag{2}$$

▶ alignat* 环境没有公式编号。

▶ 读者可以把环境换成 align 或 flalign,再编译,对比结果。

8.3.6 aligned 环境

aligned 环境类似于"公式块",它把公式看作一个整体,每行公式只占据自身的自然宽度,并且自身没有公式编号。aligned 的对齐规则与 align 相同。可将 aligned 环境放入其他公式环境中,使其成为其他公式的一个组成部分。

例 8.3.11 排版在等号处对齐的方程组。

```
1   \documentclass{ctexart}
2   \usepackage{amsmath}
3   \begin{document}
4   \begin{equation}
5   \left\{
6   \begin{aligned}
7   c_{11}x_1+c_{12}x_2+\cdots+c_{1n}x_n & =d_1,\\
8   c_{22}x_2+\cdots+c_{2n}x_n & =d_2,\\
9   \cdots\cdots\cdots\cdots\\
10  c_{nn}x_n & =d_n.
11  \end{aligned}
12  \right.
13  \end{equation}
14  \end{document}
```

$$\left\{ \begin{aligned} c_{11}x_1 + c_{12}x_2 + \cdots + c_{1n}x_n &= d_1, \\ c_{22}x_2 + \cdots + c_{2n}x_n &= d_2, \\ \cdots\cdots\cdots\cdots & \\ c_{nn}x_n &= d_n. \end{aligned} \right. \tag{1}$$

▶ aligned 环境放入 equation 环境中才有编号,且编号只有一个。

▶ aligned 环境自身不带定界符,注意与 dcases 环境的区别,但两者都是"公式块"。

▶ dcases 环境只能左对齐,而 aligned 环境的对齐方式就要灵活多了。

例 8.3.12 排版几何证明的推理过程。

```
1   \documentclass{ctexart}
2   \xeCJKsetup{CJKmath}
3   \usepackage{amsmath,amssymb,mathsymbolzhcn}
4   \begin{document}
5   \[\left.
```

```
6   \begin{aligned}
7   \smash{
8   \left.
9   \begin{aligned}
10  AE=EB\\
11  AF=FD
12  \end{aligned}
13  \right\}
14  }
15  \Longrightarrow & EF\zhparallel BD \\
16  & EF\not\subset 平面~BCD\\
17  & BD\subset 平面~BCD
18  \end{aligned}\right\}\Longrightarrow EF\zhparallel 平面~BCD.\]
19  \end{document}
```

$$\left.\begin{aligned} AE = EB \\ AF = FD \end{aligned}\right\} \Longrightarrow \left.\begin{aligned} EF \mathbin{/\!/} BD \\ EF \not\subset \text{平面 } BCD \\ BD \subset \text{平面 } BCD \end{aligned}\right\} \Longrightarrow EF \mathbin{/\!/} \text{平面 } BCD.$$

▶ 本例很好地体现了 aligned "公式块"的特点，在排版过程中灵活运用了对齐规则。

▶ \smash 命令"吃掉"了第 1 行第 1 列内容的深度。

8.3.7　长公式断行

例 **8.3.13**　排版在等号右边第一个字符处对齐的长公式。

```
1   \documentclass{ctexart}
2   \usepackage{amsmath,zhmathstyle}
3   \begin{document}
4   \begin{align*}
5   f(x)=&-\uppi^2+\sum_{n=1}^{\infty}\left\{\dfrac{4}{n^2}[(-1)^n-1]\cos nx\right.\\
6   &+\left.\dfrac{2}{\uppi}\left[\dfrac{\uppi^2}{n}+\left(\dfrac{\uppi^2}{n}-\dfrac{2}{n
        ^3}\right)(1-(-1)^n)\right]\sin nx\right\}\\
7   =&-\uppi^2-8\left(\cos x+\dfrac{1}{3^2}\cos 3x+\dfrac{1}{5^2}\cos 5x+\cdots\right)\\
8   &+\dfrac{2}{\uppi}\left\{(3\uppi^2-4)\sin x+\dfrac{\uppi^2}{2}\sin 2x+\left(\dfrac{3\
        uppi^2}{3}-\dfrac{4}{3^3}\right)\sin 3x+\sin 4x+\cdots\right\}.
9   \end{align*}
10  \end{document}
```

$$
\begin{aligned}
f(x) = & -\pi^2 + \sum_{n=1}^{\infty} \left\{ \frac{4}{n^2}[(-1)^n - 1]\cos nx \right. \\
& + \frac{2}{\pi}\left[\frac{\pi^2}{n} + \left(\frac{\pi^2}{n} - \frac{2}{n^3}\right)(1-(-1)^n)\right]\sin nx \Bigg\}
\end{aligned}
$$

$$= -\pi^2 - 8\left(\cos x + \frac{1}{3^2}\cos 3x + \frac{1}{5^2}\cos 5x + \cdots\right)$$
$$+ \frac{2}{\pi}\left\{(3\pi^2 - 4)\sin x + \frac{\pi^2}{2}\sin 2x + \left(\frac{3\pi^2}{3} - \frac{4}{3^3}\right)\sin 3x + \sin 4x + \cdots\right\}.$$

▶ 长公式两端若有定界符，则不能盲目断行，每行必须成对出现 \left 和 \right，或者使用 \bigg 之类的命令。

▶ 若等号右边第一个字符不是二元运算符，则需使用 ={} 以确保等号两边保持正常的间距。

例 **8.3.14** 排版长公式断行。

```
1  \documentclass{ctexart}
2  \usepackage{amsmath}
3  \begin{document}
4  \begin{align*}
5  f(x)={}&f(0)+f'(0)x+\dfrac{f''(0)}{2!}x^2+\dfrac{f^{(n)}(0)}{n!}x^n\\
6  &+\dfrac{f^{(n+1)}(\theta x)}{(n+1)!}x^{n+1}\quad (0<\theta<1).
7  \end{align*}
8  \end{document}
```

$$f(x) = f(0) + f'(0)x + \frac{f''(0)}{2!}x^2 + \frac{f^{(n)}(0)}{n!}x^n$$
$$+ \frac{f^{(n+1)}(\theta x)}{(n+1)!}x^{n+1} \quad (0 < \theta < 1).$$

例 **8.3.15** 利用"幻影"（phantom）实现特殊对齐效果。

```
1  \documentclass[no-math]{ctexart}
2  \usepackage{amsmath,zhmathstyle}
3  \begin{document}
4  \begin{align*}
5  &\phantom{={}}\cos[x+(2k+1)\uppi]\\
6  &=\cos x\cos[(2k+1)\uppi]-\sin x\sin[(2k+1)\uppi]\\
7  &=-\cos x
8  \end{align*}
9  \end{document}
```

$$\cos[x + (2k + 1)\pi]$$
$$= \cos x \cos[(2k + 1)\pi] - \sin x \sin[(2k + 1)\pi]$$
$$= -\cos x$$

▶ phantom 是一种空格，它的作用是产生与参数内容一样大小的空盒子，没有内容。本例就是用这个特性产生特殊的对齐效果的。

▶ 系统并不能识别出"幻影"里面的字符是数学等号，故采用 ={} 的形式保证两边的间距正常。

本节最后给出多行公式跨页的命令：

```
1  \allowdisplaybreaks[参数]
```

其中参数可填 1、2、3、4，数字越大，执行跨页的强度越大。该命令置于导言区即可。

8.4　公式的修饰

8.4.1　单行公式的编号

单行公式的环境如下：

```
1  \begin{equation}
2  公式……
3  \end{equation}
```

或者

```
1  \begin{equation*}
2  公式……
3  \end{equation*}
```

- 带 * 的环境没有公式编号。equation 环境只能用于编排单行公式，不能换行。
- dcases 或者 aligned 环境下的公式如果要带有编号，则须放入 equation 环境里。

例 8.4.1　排版带编号的单行公式。

```
1  \documentclass{ctexart}
2  \usepackage{amsmath,amssymb}
3  \begin{document}
4  在直角三角形$ABC$中，若$\angle C=90^{\circ}$，则
5  \begin{equation}\label{aa}
6  AC^2+BC^2=AB^2.
7  \end{equation}
8  公式(\ref{aa})称为勾股定理.
9  \end{document}
```

在直角三角形 ABC 中，若 $\angle C = 90°$，则

$$AC^2 + BC^2 = AB^2. \tag{1}$$

公式 (1) 称为勾股定理.

▶ 当我们给了 \label{aa} 之后，就可以用 \ref{aa} 引用这个编号。

amsmath 宏包提供了一条引用命令

```
1  \eqref{书签名}
```

用于引用书签命令 \label{书签名} 所在公式的序号。它与 \ref 命令的关系是

```
1  \eqref=(\ref)
```

即 \eqref 自带圆括号。

8.4.2   多行公式的编号

gather、align、flalign、alignat 等多行公式环境每行均有编号,带 * 的环境则每行都不给编号。amsmath 宏包提供了命令:

```
1    \notag
```

实现某行公式不编号。

例 8.4.2 排版最后一行带编号的多行公式。

```
1    \documentclass{ctexart}
2    \usepackage{amsmath}
3    \begin{document}
4    \begin{align}
5     f(x) & =\sin(-x)\notag\\
6          & =-\sin x
7    \end{align}
8    \end{document}
```

$$f(x) = \sin(-x)$$
$$= -\sin x \qquad\qquad (1)$$

- \notag 命令置于换行 \\ 之前,实现该行公式不编号。

8.4.3   手动编号

无论自动编号的公式环境还是没有编号的公式环境,都可以用 amsmath 宏包提供的命令

```
1    \tag{标号} 或 \tag*{标号}
```

来实现手动编号。

- 这两个命令的区别是 \tag*{标号} 实现的编号的左右两侧没有圆括号。
- 标号可以是任意有意义的文本,下面的例子将中学最常见的带圈数字作为公式编号。

例 8.4.3 排版用带圈数字编号的公式。

```
1    \documentclass{ctexart}
2    \usepackage{amsmath,zhshuzi}
3    \begin{document}
4    \begin{align}
5    l_1M=l_2a,\tag*{\quan{1}}\\
6    l_2M=l_1b,\tag*{\quan{2}}
7    \end{align}
8    \end{document}
```

$$l_1 M = l_2 a, \qquad\qquad ①$$
$$l_2 M = l_1 b, \qquad\qquad ②$$

例 **8.4.4** 排版物理试卷的参考答案。

```
1   \documentclass{ctexart}
2   \xeCJKsetup{CJKmath}
3   \usepackage{amsmath,zhshuzi}
4   \begin{document}
5   在$F$点有
6   \begin{align}
7   & m_{人}g-\dfrac{1}{4}m_{人}g=m_{人}\dfrac{v_{F}^2}{r},\tag*{\quan{1}}\\
8   & r=L\sin\theta=12\,\mathrm{m},\tag*{\quan{2}}
9   \end{align}
10  得
11  \begin{equation}
12  v_F=\sqrt{\dfrac{3}{4}gr}=3\sqrt{10}\,\mathrm{m/s}.\tag*{\quan{3}}
13  \end{equation}
14  \end{document}
```

在 F 点有

$$m_人 g - \frac{1}{4}m_人 g = m_人 \frac{v_F^2}{r}, \qquad ①$$

$$r = L\sin\theta = 12\,\mathrm{m}, \qquad ②$$

得

$$v_F = \sqrt{\frac{3}{4}gr} = 3\sqrt{10}\,\mathrm{m/s}. \qquad ③$$

例 **8.4.5** 排版乘法运算律。

```
1   \documentclass{ctexart}
2   \xeCJKsetup{CJKmath}
3   \usepackage{amsmath}
4   \begin{document}
5   因为
6   \begin{align}
7   (a\cdot b)\cdot c & =(b\cdot a)\cdot c \tag*{（乘法交换律）}\\
8   & =(\underbrace{b+b+\cdots+b}_{\textstyle a~个})\cdot c \tag*{（乘法的意义）} \\
9   & =\underbrace{b\cdot c+b\cdot c+\cdots +b\cdot c}_{\textstyle a~个} \tag*{（分配律）}
        \\
10  & = (b\cdot c)\cdot a \tag*{（乘法的意义）}\\
11  & = a\cdot(b\cdot c) \tag*{（乘法交换律）}
12  \end{align}
13  所以
14  \[a\cdot(b\cdot c)=(a\cdot b)\cdot c\]
15  \end{document}
```

因为

$$(a \cdot b) \cdot c = (b \cdot a) \cdot c \qquad \text{（乘法交换律）}$$

$$= (\underbrace{b + b + \cdots + b}_{a \text{ 个}}) \cdot c \qquad \text{（乘法的意义）}$$

$$= \underbrace{b \cdot c + b \cdot c + \cdots + b \cdot c}_{a \text{ 个}} \qquad \text{（分配律）}$$

$$= (b \cdot c) \cdot a \qquad \text{（乘法的意义）}$$

$$= a \cdot (b \cdot c) \qquad \text{（乘法交换律）}$$

所以

$$a \cdot (b \cdot c) = (a \cdot b) \cdot c$$

8.4.4 多行公式修饰

　　`gather`、`align`、`flalign`、`alignat` 等环境中每行公式都是一个自然段，这些公式组的两边都没法标注一些文本。`empheq` 宏包实现了修饰多行公式的功能，是一个十分有用的宏包。

　　例 8.4.6 排版每行都有编号的方程组。

```
1  \documentclass{ctexart}
2  \usepackage{amsmath,empheq,zhshuzi}
3  \begin{document}
4  \begin{empheq}[left= \empheqlbrace]{align}
5  &4x+y-z=12,\tag*{\quan{1}}\\
6  &3x+2y+z=-5,\tag*{\quan{2}}\\
7  &x-y+5z=1.\tag*{\quan{3}}
8  \end{empheq}
9  \end{document}
```

$$\begin{cases} 4x + y - z = 12, & \text{①} \\ 3x + 2y + z = -5, & \text{②} \\ x - y + 5z = 1. & \text{③} \end{cases}$$

　　▶ 本例实质上是给 `align` 环境的公式左边带上花括号。

　　`empheq` 环境实现左侧修饰多行公式的命令结构如下：

```
1  \begin{empheq}[left=文本]{环境}
2  第一行公式\\
3  第二行公式\\
4  ...
5  \end{empheq}
```

　　● 文本可以是任何有意义的内容，比如符号、文字、式子等，还可以是定界符。最常用的定界符是左侧花括号，它的命令是 `\empheqlbrace`，其余可用的定界符参考宏包手册，这里不再罗列。

- 环境主要有 gather、align、flalign、alignat 以及带 * 的公式组环境。

例 8.4.7 排版每行都编号的分段函数。

```
1  \documentclass{ctexart}
2  \usepackage{amsmath,amssymb,empheq}
3  \begin{document}
4  \begin{empheq}[left={f(x)=\empheqlbrace}]{alignat=1}
5  x&,\quad x\geqslant 0,\\
6  -x&,\quad x<0.
7  \end{empheq}
8   \end{document}
```

$$
f(x) = \begin{cases} x, & x \geqslant 0, & (1) \\ -x, & x < 0. & (2) \end{cases}
$$

8.4.5　公式彩框

empheq 宏包配合 tcolorbox 宏包可以得到给公式加彩框的效果。它的命令结构如下：

```
1  \begin{empheq}[box=彩框名称]{环境}
2  公式...
3  \end{empheq}
```

- 环境主要有 gather、align、flalign、alignat 以及带 * 的公式组环境。
- 彩框名称可按第 4 章介绍的知识建立各种自定义的彩框。

例 8.4.8 排版单行公式加彩框。

```
1  \documentclass{ctexart}
2  \usepackage{amsmath,empheq}
3  \usepackage[most]{tcolorbox}
4  \newtcbox{\gsbox}{on line,colback=gray!10,colframe=black,top=0mm,bottom=0mm,left=0mm,
     right=0mm,arc=0mm,boxrule=0.5pt}
5  \begin{document}
6  \begin{empheq}[box=\gsbox]{gather*}
7   W=Fs
8  \end{empheq}
9  \end{document}
```

$\boxed{W = Fs}$

- ▶ on line 选项不能遗漏。
- ▶ 读者只要熟悉 tcolorbox 的各种参数，就可以实现丰富多彩的公式彩框。

例 **8.4.9** 排版多行公式加彩框。

```
1   \documentclass{ctexart}
2   \usepackage{amsmath,empheq}
3   \usepackage[most]{tcolorbox}
4   \newtcbox{\eqbox}{on line,colback=gray!20,top=0mm,bottom=0mm,left=0mm,right=0mm,arc=3
        mm,boxrule=0pt}
5   \newtcbox{\eqboxed}{on line,colback=white,colframe=black,top=0mm,bottom=0mm,left=0mm,
        right=0mm,arc=0mm,boxrule=0.5pt}
6   \begin{document}
7   \begin{empheq}[box=\eqbox,left={\empheqlbrace}]{gather*}
8   \sin^2\alpha+\cos^2\alpha=1,\\
9   \tan\alpha=\dfrac{\sin\alpha}{\cos\alpha}.
10  \end{empheq}
11  \begin{empheq}[box=\eqboxed]{align}
12  S_n & =\dfrac{n(a_1+a_n)}{2}\\
13  & =na_1+\dfrac{n(n-1)}{2}d
14  \end{empheq}
15  \end{document}
```

$$
\begin{cases}
\sin^2 \alpha + \cos^2 \alpha = 1, \\
\tan \alpha = \dfrac{\sin \alpha}{\cos \alpha}.
\end{cases}
$$

$$
\begin{aligned}
S_n & = \frac{n(a_1 + a_n)}{2} \tag{1}\\
& = na_1 + \frac{n(n-1)}{2}d \tag{2}
\end{aligned}
$$

8.4.6 用 tikzmark 装饰公式

例 **8.4.10** 排版多项式乘法去括号的示意图。

```
1   \documentclass{ctexart}
2   \usepackage{tikz}
3   \usetikzlibrary{tikzmark,arrows.meta}
4   \tikzset{>=Stealth}
5   \begin{document}
6   \[
```

```
7   (\tikzmark{a}a+\tikzmark{b}b)(\tikzmark{c}c+\tikzmark{d}d)=ac+ad+bc+bd
8   \]
9   \begin{tikzpicture}[remember picture,overlay]
10  \path[->]([shift={(2pt,7.5pt)}]pic cs:a) edge [bend left=30] ([shift={(3pt,7pt)}]pic
        cs:c);
11  \path[->]([shift={(2pt,7.5pt)}]pic cs:a) edge [bend left=30] ([shift={(2pt,7pt)}]pic
        cs:d);
12  \path[->]([shift={(2pt,-2pt)}]pic cs:b) edge [bend right=30] ([shift={(3pt,-2pt)}]pic
        cs:c);
13  \path[->]([shift={(2pt,-2pt)}]pic cs:b) edge [bend right=30] ([shift={(2pt,-2pt)}]pic
        cs:d);
14  \end{tikzpicture}
15  \end{document}
```

$$(a+b)(c+d) = ac+ad+bc+bd$$

例 8.4.11 排版十字相乘法的示意图。

```
1   \documentclass{ctexart}
2   \usepackage{mathtools,tikz}
3   \usetikzlibrary{tikzmark}
4   \begin{document}
5   \[
6   \begin{matrix*}
7   a_1\tikzmark{y1} \hspace{2em} & \tikzmark{y2}c_1\\
8   a_2\tikzmark{y3} \hspace{2em} & \tikzmark{y4}c_2
9   \end{matrix*}
10  \]
11  \begin{tikzpicture}[remember picture,overlay]
12  \draw([shift={(0pt,2pt)}]pic cs:y1)--([shift={(0pt,2pt)}]pic cs:y4);
13  \draw([shift={(0pt,2pt)}]pic cs:y3)--([shift={(0pt,2pt)}]pic cs:y2);
14  \end{tikzpicture}
15  \end{document}
```

$$\begin{matrix} a_1 & c_1 \\ a_2 & c_2 \end{matrix}$$

8.5 定理类环境

8.5.1 定理类环境

定理类环境的命令如下：

```
1  \newtheorem{定理类环境名}{标题}[排序单位]
2  \begin{定理类环境名}[副标题]
3  内容……
4  \end{定理类环境名}
```

- 第 1 行代码在导言区设置，第 2~4 行代码在正文使用。定理类环境的各种参数说明见表 8-3。

表 8-3 参数的含义

参数	含义
定理类环境名	给所定义的定理类环境起的名称，它不得与现有环境重名
标题	用于设置定理类表达式的标题，如定理、引理、证明等
排序单位	可选参数，用于设定排序单位。如果是 chapter，则每一新章开始时所定义的定理类环境的计算器清零。该参数的默认值以全文为排序单位
副标题	可选参数，用于对标题进行补充说明

8.5.2 定理格式

如果要修改定理类表达式的字体、标题字体、结束符等，需要使用 ntheorem 宏包。下面给出几条常用的命令，见表 8-4。

表 8-4 命令的含义

命令	含义
\theorempreskipamount	表达式与上文距离，可用长度赋值命令修改
\theorempostskipamount	表达式与下文距离，可用长度赋值命令修改
\theoremstyle{格式}	该宏包预定义了多种定理类格式，可用此命令调用
\theoremheaderfont{字体命令}	标题的字体格式
\theorembodyfont{字体命令}	定理内容的字体格式
\theoremseparator{符号}	标题与内容之间的分隔符，默认为空格
\theoremsymbol{结束符}	设置表达式结束的符号，此命令自动将结束符置于行末

定理宏包 ntheorem 预定义了多种定理类数学表达式的格式，表 8-5 中是这些预定义格式的名称及其说明。

例 8.5.1 设置一个证明环境。

```
1  \documentclass{ctexart}
2  \usepackage{amsmath}
3  \usepackage[thmmarks,amsmath]{ntheorem}
```

表 8-5　格式的含义

格式	含义
plain	与系统提供的定理类环境的排版格式相同
break	标题和序号单独一行
change	标题和序号位置调换
changebreak	标题和序号单独一行,标题和序号位置调换
margin	序号置于左边空
marginbreak	标题和序号单独一行,序号置于左边空
nonumberplain	与 plain 格式相似,但是没有序号
nonumberbreak	与 break 格式相似,但是没有序号
empty	无标题,无序号,可有副标题

```
4   \setlength\theorempreskipamount{0ex}
5   \setlength\theorempostskipamount{0ex}
6   \theoremstyle{nonumberplain}
7   \theoremheaderfont{\bf}
8   \theorembodyfont{\rm}
9   \theoremseparator{\quad}
10  \theoremsymbol{\rule[-0.1em]{5pt}{10pt}}
11  \newtheorem{proof}{\hskip2em 证明}
12  \begin{document}
13  \begin{proof}
14  如果$r(x)=0$,那么$f(x)=q(x)g(x)$,即$g(x)\mid f(x)$.\par
15  反过来, 如果$g(x)\mid f(x)$, 那么
16  \[f(x)=q(x)g(x)=q(x)g(x)+0,\]
17  即$r(x)=0$.
18  \end{proof}
19  \end{document}
```

> **证明**　　如果 $r(x) = 0$, 那么 $f(x) = q(x)g(x)$, 即 $g(x) \mid f(x)$.
>
> 　　反过来, 如果 $g(x) \mid f(x)$, 那么
>
> $$f(x) = q(x)g(x) = q(x)g(x) + 0,$$
>
> 即 $r(x) = 0$. ∎

▶ \hskip2em 表示把**证明**两字缩进两个字符,否则就顶格排版。

▶ 使用结束符必须在宏包调用命令里加 thmmarks 选项。同时该宏包还有一个 amsmath 选项,如果已经调用了 amsmath 宏包,就要使用这个选项,以便与其兼容。

例 8.5.2 设置一个定理环境。

```
1   \documentclass[no-math]{ctexbook}
2   \usepackage[thmmarks]{ntheorem}
3   \theoremstyle{plain}
```

```
4   \theoremheaderfont{\bf}
5   \theorembodyfont{\rm}
6   \theoremsymbol{\raisebox{0.3em}{\fbox{}}}
7   \newtheorem{thm}{\hskip2em 定理}[chapter]
8   \begin{document}
9   \begin{thm}[切割线定理]
10  过圆外一点作圆的一条切线和一条割线，切线长是割线从这点到两个交点的线段长的比例中项.
11  \end{thm}
12  \end{document}
```

> **定理 1** (**切割线定理**) 过圆外一点作圆的一条切线和一条割线，切线长
> 是割线从这点到两个交点的线段长的比例中项.   □

8.5.3 彩框定理环境

对已有的环境加上彩框，可以使用 tcolorbox 宏包提供的一条命令：

```
1   \tcolorboxenvironment{环境名称}{彩框格式}
```

- 环境名称是已有的环境，彩框格式是第 3 章介绍的各种参数。
- 这条命令非常实用，只要建立了一个环境，就可以用这条命令给这个环境加上彩框。

例 8.5.3 制作一个彩框定理环境。

```
1   \documentclass{ctexart}
2   \usepackage[most]{tcolorbox}
3   \usepackage[thmmarks]{ntheorem}
4   \theoremstyle{plain}
5   \theoremheaderfont{\bf}
6   \theorembodyfont{\rm}
7   \theoremsymbol{\raisebox{0.3em}{\fbox{}}}
8   \newtheorem{thm}{\hskip2em 定理}
9   \tcolorboxenvironment{thm}{boxrule=0pt,colback=gray!20,arc=0mm}
10  \begin{document}
11  \begin{thm}[切割线定理]
12  过圆外一点作圆的一条切线和一条割线，切线长是割线从这点到两个交点的线段长的比例中项.
13  \end{thm}
14  \end{document}
```

> **定理 1** (**切割线定理**) 过圆外一点作圆的一条切线和一条割线，切
> 线长是割线从这点到两个交点的线段长的比例中项.   □

例 8.5.4 制作一个定义环境。

```
1   \documentclass{ctexart}
2   \usepackage[most]{tcolorbox}
3   \usepackage[thmmarks,amsmath]{ntheorem}
```

```
4    \theoremstyle{plain}
5    \theoremheaderfont{\bf}
6    \theorembodyfont{\rm}
7    \theoremsymbol{}
8    \newtheorem{dy}{\hskip2em 定义}
9    \tcolorboxenvironment{dy}{colframe=gray,arc=0pt,leftrule=0mm,rightrule=0mm}
10   \begin{document}
11   \begin{dy}
12   设函数$f$在某$U(x_0)$内有定义.若
13   \[\lim_{x\rightarrow x_0}f(x)=f(x_0),\]
14   则称$f${\bf 在点$x_0$连续.}
15   \end{dy}
16   \end{document}
```

> **定义 1** 设函数 f 在某 $U(x_0)$ 内有定义. 若
>
> $$\lim_{x \to x_0} f(x) = f(x_0),$$
>
> 则称 f **在点** x_0 **连续.**

8.6　公式的微调

8.6.1　字符尺寸的修改

数学模式中有 4 种字体尺寸 (表 8-6) 可选,它们的实际尺寸是相对于文本类的基础字体尺寸的。

表 8-6　数学模式中的 4 种字体尺寸

命令	缩写	说明
\displaystyle	D	行间公式的标准尺寸
\textstyle	T	行内公式的标准尺寸
\scriptstyle	S	一级角标的尺寸
\scriptscriptstyle	SS	二级角标的尺寸

当切换到数学模式时,被激活的字体是 D (行间公式) 或 T (行内公式)。它们的差别就在于那些有两种尺寸的符号以及上下标的位置,参考例 8.1.10。

修改数学公式字体的尺寸大小的命令为

```
1    \DeclareMathSizes{正文}{数学正文}{一级角标}{二级角标}
```

这里 4 个参数都是整数,其单位是 pt。

例如,　\DeclareMathSizes{10.95pt}{10.95pt}{7pt}{6pt}　表示正文字体尺寸是 11 pt,对应的数学正文字体尺寸是 11 pt,一级角标是 7 pt,二级角标是 6 pt。

8.6.2 水平间距的修改

LaTeX 提供有 3 条数学符号的水平间距设置命令，见表 8-7。

表 8-7 水平间距命令及其说明

水平间距设置命令	说明	默认值
\thinmuskip	算符如"cos"与其他符号间距	3mu
\medmuskip	二元符如"+"与其他符号间距	4mu plus 2mu minus 4mu
\thickmuskip	关联符如"="与其他符号间距	5mu plus 5mu

例 8.6.1 调整水平间距。

```
1  \documentclass{ctexart}
2  \begin{document}
3  $f(x)=x+\cos x-2$, \quad
4  \thinmuskip=2mu
5  \medmuskip=2mu
6  \thickmuskip=3mu
7  $f(x)=x+\cos x-2$
8  \end{document}
```

$$f(x) = x + \cos x - 2, \quad f(x) = x + \cos x - 2$$

▶ 这 3 条水平间距命令影响其后的公式。

8.6.3 垂直间距的修改

LaTeX 定义了 4 条垂直间距设置命令，用于控制行间公式与上下文之间的距离，见表 8-8。

表 8-8 公式与上下文的垂直间距

垂直间距设置命令	说明	默认值
\abovedisplayshortskip	短公式与上方文本间距	0pt plus 3pt
\belowdisplayshortskip	短公式与下方文本间距	7pt plus 3pt minus 4pt
\abovedisplayskip	长公式与上方文本间距	12pt plus 3pt minus 9pt
\belowdisplayskip	长公式与下方文本间距	12pt plus 3pt minus 9pt
\jot	多行公式环境中增加或减少竖直距离	3pt

如果行间公式的左端位于上方文本末端的右侧，则该公式被称为短公式；否则就是长公式。直观来看，被上方最末一行文本遮住一些的公式就是长公式，一点都未被遮住的就是短公式。

例如，短公式为

$$a^2 = b^2 + c^2 - 2bc \cos A$$

下面是同样的公式，但它的左端位于本行文本末端的左侧，因此变为长公式：

$$a^2 = b^2 + c^2 - 2bc\cos A$$

　　读者可以根据需要，使用长度赋值命令，修改行间公式与上下文之间的距离，使版面看起来更紧凑。

　　例 **8.6.2** 设置本书公式与上下文的距离。

```
1  \abovedisplayshortskip=5pt
2  \belowdisplayshortskip=5pt
3  \abovedisplayskip=5pt
4  \belowdisplayskip=5pt
```

　　▶ 可将上述 4 条命令放置在正文开始处。

　　例 **8.6.3** 调整多行公式的行距。

```
1   \documentclass{ctexart}
2   \usepackage{amsmath}
3   \begin{document}
4   \begin{minipage}{0.5\textwidth}
5   \begin{align*}
6     f(x)& = ax^2+bx+c\\
7        & = a(x-x_1)(x-x_2)
8   \end{align*}
9   \end{minipage}
10  \begin{minipage}{0.5\textwidth}
11  \setlength\jot{-1pt}
12  \begin{align*}
13    f(x)& = ax^2+bx+c\\
14       & = a(x-x_1)(x-x_2)
15  \end{align*}
16  \end{minipage}
17  \end{document}
```

$$f(x) = ax^2 + bx + c \qquad\qquad f(x) = ax^2 + bx + c$$
$$\quad = a(x - x_1)(x - x_2) \qquad\qquad\quad = a(x - x_1)(x - x_2)$$

- \jot 影响其后的多行公式行距。
- 若 \jot 命令对某些环境的多行公式无效，那么可用 \\[高度] 的方法局部调整行间距离。

　　例 **8.6.4** 局部调整多行公式的行距。

```
1  \documentclass{ctexart}
2  \usepackage{amssymb,mathtools}
3  \begin{document}
4  $f(x)=
5  \begin{dcases}
```

```
6    |\lg x|,       & 0<x\leqslant 10,\\
7    -\dfrac{1}{2}x+6,& x>10.
8    \end{dcases}$
9    $f(x)=
10   \begin{dcases}
11   |\lg x|,        & 0<x\leqslant 10, \\[6pt]
12   -\dfrac{1}{2}x+6,& x>10.
13   \end{dcases}$
14   \end{document}
```

$$f(x)=\begin{cases} |\lg x|, & 0<x\leqslant 10, \\ -\dfrac{1}{2}x+6, & x>10. \end{cases} \qquad f(x)=\begin{cases} |\lg x|, & 0<x\leqslant 10, \\ -\dfrac{1}{2}x+6, & x>10. \end{cases}$$

8.6.4   定界符高度的调整

调整定界符高度的命令是

```
1    \delimiterfactor=数值
```

- 默认数值是 901,可根据实际情况设置为 800 左右,定界符高度下降,比较美观。
- 这条命令影响其后的公式。

  例 8.6.5 调整定界符的高度。

```
1    \documentclass{ctexart}
2    \usepackage{mathtools,amssymb}
3    \begin{document}
4    $f(x)=
5    \begin{dcases}
6    x,& x\geqslant 0,\\
7    -x,& x<0.
8    \end{dcases}$ \quad
9    \delimiterfactor=800
10   $f(x)=
11   \begin{dcases}
12   x,& x\geqslant 0,\\
13   -x,& x<0.
14   \end{dcases}$
15   \end{document}
```

$$f(x)=\begin{cases} x, & x\geqslant 0, \\ -x, & x<0. \end{cases} \qquad f(x)=\begin{cases} x, & x\geqslant 0, \\ -x, & x<0. \end{cases}$$

8.7　排版化学式

8.7.1　简单化学式

① 分子式。

chemformula 宏包提供了排版分子式的命令：

```
1  \ch{内容}
```

> **例 8.7.1** 排版分子式。

```
1  \documentclass{ctexart}
2  \usepackage{chemformula}
3  \begin{document}
4  \ch{H2O}\quad \ch{H+} \quad \ch{AgCl2-} \quad \ch{^{227}_{90}Th+} \quad
5  \ch{[Cu(NH3)4]^2+} \quad \ch{CaSO4*H2O}
6  \end{document}
```

$$H_2O \quad H^+ \quad AgCl_2^- \quad {}^{227}_{90}Th^+ \quad [Cu(NH_3)_4]^{2+} \quad CaSO_4 \cdot H_2O$$

② 电子式。

chemformula 宏包提供了排版电子式的命令：

```
1  \chlewis{角度1标点，角度2标点，...}{元素符号}
```

- 角度按逆时针方向的顺序展开。
- 标点有两种格式："，" 表示两个电子，"." 表示一个电子。

> **例 8.7.2** 排版电子式。

```
1  \documentclass{ctexart}
2  \usepackage{chemformula}
3  \begin{document}
4  \chlewis{0.90,180,270}{Cl}\qquad
5  \chlewis{0.90,180.270}{S}
6  \end{document}
```

$$:\!\overset{..}{\underset{..}{Cl}}\!\cdot \qquad \cdot\overset{..}{\underset{.}{S}}$$

③ 电子排布式。

elements 宏包提供了排版电子排布式的命令：

```
1  \elconf{元素符号}
```

例 8.7.3 排版钙的电子排布式。

```
1  \documentclass{ctexart}
2  \usepackage{elements}
3  \begin{document}
4  \elconf{Ca}
5  \end{document}
```

$1s^2 2s^2 2p^6 3s^2 3p^6 4s^2$

④ 标注化合价。

chemmacros 宏包提供了标注化合价的命令：

```
1  \ox*{数字,元素符号}
```

要使 \ox* 命令有效，需在导言区设置如下：

```
1  \usepackage{chemmacros}
2  \chemsetup{modules=all}
3  \chemsetup[redox]{roman=false,explicit-sign=true}
```

- 第 1 行代码加载 chemmacros 宏包，第 2 行代码引用所有模块。
- 第 3 行代码设置氧化还原的格式，其中 roman=false 表示使用阿拉伯数字，explicit-sign=true 表示化合价中显示 + 号。

例 8.7.4 显示 Mn 的化合价。

```
1  \documentclass{ctexart}
2  \usepackage{chemmacros}
3  \chemsetup{modules=all}
4  \chemsetup[redox]{roman=false,explicit-sign = true}
5  \begin{document}
6  \ox*{{+7},Mn}
7  \end{document}
```

$\overset{+7}{\text{Mn}}$

8.7.2　反应方程式

排版化学反应方程式主要使用 chemformula 宏包。输出反应方程式的命令为

```
1  \ch{内容}
```

添加文字的命令为

```
1  箭头类型[上方文字][下方文字]
```

- 箭头类型可参考宏包说明文档。

例 8.7.5 排版化学反应方程式。

```
1  \documentclass{ctexart}
2  \usepackage{chemformula}
3  \begin{document}
```

```
4  \ch{Na2SO4 + BaCl2 -> 2 NaCl + BaSO4 v}\par
5  \ch{Cu + 2 H+ -> Cu^2+ + H2 ^}\par
6  \ch{H2O + C ->[高温] H2 + CO}\par
7  \ch{Fe^3+ + 3 SCN- <=> Fe(SCN)3}
8  \end{document}
```

$$Na_2SO_4 + BaCl_2 \longrightarrow 2\,NaCl + BaSO_4\downarrow$$
$$Cu + 2\,H^+ \longrightarrow Cu^{2+} + H_2\uparrow$$
$$H_2O + C \xrightarrow{\text{高温}} H_2 + CO$$
$$Fe^{3+} + 3\,SCN^- \rightleftharpoons Fe(SCN)_3$$

▶ 要正确输出反应方程式,化学式与加号、等号之间必须保留空格。

▶ 沉淀的符号用键盘字母 v 表示,气体的符号用 ^ 表示。

▶ 系数与化学式之间必须保留空格,不然当作下标处理。

▶ 上标的数字前需加 ^,否则作为下标处理。

有时需要注明反应物和生成物在反应时的状态,chemmacros 宏包提供了相关的命令:

```
1  \sld,\lqd,\gas
```

例 **8.7.6** 排版反应热方程式。

```
1  \documentclass{ctexart}
2  \usepackage{chemformula,chemmacros}
3  \begin{document}
4  \ch{C\sld{} + 2 H2O\lqd{} -> CO2\gas{} + 2 H2\gas}
5  \end{document}
```

$$C\,(s) + 2\,H_2O\,(l) \longrightarrow CO_2\,(g) + 2\,H_2\,(g)$$

▶ \sld、\lqd、\gas 这三条命令后面加上 {} 的作用是确保跟在它们后面的字符能够正确排版。

相比普通的化学反应方程式,氧化还原反应需要标注化合价和电子转移方向。chemmacros 宏包提供了一条命令,用来标注电子转移的元素:

```
1  "\OX{记号,\ox*{数字,元素符号}}"
```

画双线桥的命令为

```
1  \redox(记号1,记号2)[-Stealth][垂直距离]{文本}
```

● 这条命令表示在记号1 与记号2 之间画一条带燕尾箭头（指向记号2）的折线,这条折线与反应式的距离由垂直距离这个参数决定,正值表示折线在上方,负值表示折线在下方。

例 **8.7.7** 排版氧化还原反应。

```
1  \documentclass{ctexart}
2  \usepackage{chemmacros}
3  \begin{document}
4  \ch[label-offset = 0.5pt]{2 K "\OX{a,\ox*{{+7},Mn}}" "\OX{b,\ox*{{-2},04}}" ->[$\
     bigtriangleup$] K2 "\OX{c,\ox*{{+6},Mn}}" 04 + "\OX{d,\ox*{{+4},Mn}}" 02 + "\OX{e
```

```
      ,\ox*{0,O2}}" ^}
5   \redox(a,c)[-Stealth]{\small 得e$^{-}$}
6   \redox(a,d)[-Stealth][3]{\small 得3e$^{-}$}
7   \redox(b,e)[-Stealth][-1]{\small 失4e$^{-}$}
8   \end{document}
```

$$2\,\overset{+7\ -2}{\text{KMnO}_4} \xrightarrow{\triangle} \overset{+6}{\text{K}_2\text{MnO}_4} + \overset{+4}{\text{MnO}_2} + \overset{0}{\text{O}_2}\uparrow$$

得 $3e^-$

得 e^-

失 $4e^-$

▶ label-offset 用来调节三角形符号与等号的距离。

8.7.3　有机结构式

chemfig 宏包是专为排版有机结构式而开发的。排版有机结构式的命令为

```
1   \chemfig{内容}
```

该宏包提供了 9 种键的类型,见表 8-9。

表 8-9　键的类型

键的类型	含义
\chemfigA-B	A —— B
\chemfigA=B	A ═══ B
\chemfigA~B	A ≡≡≡ B
\chemfigA>B	A ► B
\chemfigA<B	A ◄ B
\chemfigA>:B	A ‖‖‖‥ B
\chemfigA<:B	A ‥‖‖‖ B
\chemfigA> | B	A ▷ B
\chemfigA< | B	A ◁ B

- 键角用 [:角度] 表示。如果不给出这个参数,则默认键角为 0(即水平画线)。
- 键角的相对角度用 [::角度] 表示。

例 **8.7.8** 排版有机结构式。

```
1   \documentclass{ctexart}
2   \usepackage{chemfig}
3   \begin{document}
4   \chemfig{A-[:30]B=[:-75]C-[:10]D-[:90]>|[:60]-[:-20]E-[:0] ~ [:-75]F}\qquad
5   \chemfig{[:75]R-C(=[::+60]O)-[::-60]O-[::-60]C(=[::+60]O)-[::-60]R}\qquad
6   \chemfig{H_3C-C(=[:30]O)(-[:-30]OH)}
7   \end{document}
```

- 每个节点的分支写在（ ）内。

多边形结构的排版命令为

```
\chemfig{元素符号*数字(内容)}
```

- 数字表示多边形的边数。

例 8.7.9 排版苯环。

```
1  \documentclass{ctexart}
2  \usepackage{chemfig}
3  \begin{document}
4  \chemfig{*6(=-=-=-)}\qquad
5  \chemfig{X*6(-=-(-A-B=C)=-=-)}\qquad
6  \chemfig{A*6(-B*5(----)=-=-=)}
7  \end{document}
```

▶ 读者如需学习更多的内容，请参阅 chemfig 宏包说明文档。

第 9 章

玩 转 罗 列

9.1 列表环境的参数

9.1.1 条目尺寸命令

列表环境的条目尺寸命令如图 9-1 所示。参数的含义见表 9-1。

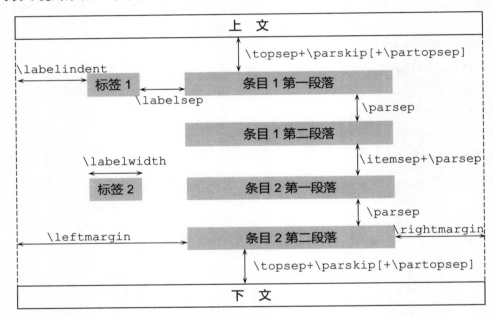

图 9-1 条目尺寸命令示意图

表 9-1 参数的含义

参数	含义
\labelindent	标签相对于环境左端的缩进宽度
\labelsep	标签与条目之间的距离
\labelwidth	标签宽度
\leftmargin	条目左端与环境左端的距离
\rightmargin	条目右端与环境右端的距离，默认为 0 pt
\topsep	列表与上、下文之间的垂直空白
\parskip	列表与上文或下文之间设定的垂直空白
\partopsep	附加垂直空白
\parsep	一个条目中的两段落之间附加的垂直空白
\itemsep	条目之间附加的垂直距离

9.1.2 水平距离和垂直距离

由图 9-1 容易知道

```
1   lableindent + labelwidth + labelsep = leftmargin
```

垂直方向的距离可设为

```
1   itemsep=0pt,partopsep=0pt,parsep=\parskip,topsep=0pt
```

- 这样设置保证垂直方向没有多余的空白,所有条目之间的距离等于文本行距,符合国内排版的习惯。

9.1.3 enumitem 宏包的参数

enumitem 宏包提供了几条有用的列表参数,见表 9-2。

表 9-2　参数的含义

参数	含义
label=	设置标签序号的计数形式。可用的计数形式为\alph(小写英文字母)、\Alph(大写英文字母)、\arabic(阿拉伯数字)、\chinese(中文数字)、\roman(小写罗马数字)、\Roman(大写罗马数字)、\romanCn(中文字体小写罗马数字)、\RomanCn(中文字体大写罗马数字),默认的计数形式是阿拉伯数字
align=	标签序号的对齐方式。align=left(左对齐),align=right(右对齐),默认是右对齐
start=	设置第一个条目的标签序号
resume	接续前一个列表环境的最后一个序号
before=	列表环境开始之前的环境设置
after=	列表环境结束之后的环境设置

9.2　排序列表的应用

9.2.1 排序列表的环境

排序列表的环境为

```
1   \usepackage{enumitem}
2   \setenumerate{itemsep=0pt,partopsep=0pt,parsep=\parskip,topsep=0pt}
3   \begin{enumerate}[选项]
4   \item 条目1
5   \item 条目2
6   ...
7   \end{enumerate}
```

- 第 1、2 行代码放置在导言区,第 3~7 行代码在正文使用。
- 第 2 行代码全局设置排序列表的垂直距离。列表的各种选项可以在 \setenumerate 全局设置,也可以在具体的列表环境中设置。

- 第 3 行代码的选项主要用来设置水平距离、标签样式等内容。
- 每个条目都以条目命令 \item 开头。

9.2.2   应用举例

例 9.2.1 排版试卷的注意事项。

```
1   \documentclass{ctexart}
2   \usepackage{enumitem}
3   \setenumerate{itemsep=0pt,partopsep=0pt,parsep=\parskip,topsep=0pt}
4   \begin{document}
5   {\bf 考试注意事项: }
6   \begin{enumerate}[align=left,label={\arabic*}.,labelindent=2em,labelwidth=1em,labelsep
        =0em,leftmargin=3em,]
7   \item 答题前，考生务必将自己的准考证号、姓名填写在答题卡上。考生要认真核对答题卡上粘贴的条
        形码的"准考证号、姓名"与本人准考证号、姓名是否一致。
8   \item 用2B铅笔作答选择题，用0.5毫米的黑色字迹钢笔、水笔或圆珠笔作答非选择题。
9   \item 考试结束，监考员将试题卷、答题卡一并收回。
10  \end{enumerate}
11  \end{document}
```

考试注意事项：
1. 答题前，考生务必将自己的准考证号、姓名填写在答题卡上。考生要认真核对答题卡上粘贴的条形码的"准考证号、姓名"与本人准考证号、姓名是否一致。
2. 用 2B 铅笔作答选择题，用 0.5 毫米的黑色字迹钢笔、水笔或圆珠笔作答非选择题。
3. 考试结束，监考员将试题卷、答题卡一并收回。

▶ 这里要注意计数形式的写法，必须带上 *。

例 9.2.2 排版两道判断题，使其题号右对齐且两位数的编号顶格。

```
1   \documentclass{ctexart}
2   \usepackage{enumitem}
3   \setenumerate{itemsep=0pt,partopsep=0pt,parsep=\parskip,topsep=0pt}
4   \begin{document}
5   \noindent 判断题：
6   \begin{enumerate}[start=9,label={\arabic*}.,labelindent=0.2em,labelwidth=1.2em,
        labelsep=0.2em,leftmargin=1.6em,]
7   \item 哲学与具体学科的关系是整体与部分的关系。
8   \item 凡是实践，都是以人为主体、以客观事物为对象的物质性活动。
9   \end{enumerate}
10  \end{document}
```

判断题：
  9. 哲学与具体学科的关系是整体与部分的关系。
10. 凡是实践，都是以人为主体、以客观事物为对象的物质性活动。

▶ start=9 表明序号从 9 开始，非常方便。序号默认是右对齐。

例 9.2.3 顶格排版 2013 年高考江西理科数学卷第 15 题。

```
1   \documentclass{ctexart}
2   \usepackage{mathtool,amssymb,enumitem}
3   \setenumerate{itemsep=0pt,partopsep=0pt,parsep=\parskip,topsep=0pt}
4   \begin{document}
5   \begin{enumerate}[align=left,label=15(\arabic*).,labelindent=0em,labelwidth=3em,
        labelsep=0em,leftmargin=3em]
6   \item（坐标系与参数方程选做题）设曲线C的参数方程为
7   $\begin{dcases} x=t\\ y=t^2\end{dcases}$（$t$为参数）.
8   若以直角坐标系的原点为极点, $x$轴的正半轴为极轴建立极坐标系, 则曲线C的极坐标方程为
9   \CJKunderline{\hspace*{3em}}.
10  \item （不等式选做题）在实数范围内, 不等式$\big| |x+2|-1\big|\leqslant 1$的解集为
11  \CJKunderline{\hspace*{3em}}.
12  \end{enumerate}
13  \end{document}
```

15(1). （坐标系与参数方程选做题）设曲线 C 的参数方程为 $\begin{cases} x = t \\ y = t^2 \end{cases}$（$t$ 为参数）. 若以直角坐标系的原点为极点，x 轴的正半轴为极轴建立极坐标系，则曲线 C 的极坐标方程为_____.

15(2). （不等式选做题）在实数范围内，不等式 $||x+2|-1| \leqslant 1$ 的解集为_____.

▶ 本例比较特殊，同一序号下设置两个小题，从中可以看出 enumitem 宏包设置标签序号形式是非常方便的。

▶ 下一道试题只需开启新的 enumerate 环境，并设置 start=16，即从 16 开始。

例 9.2.4 排版以带圈数字为排序列表的计数形式。

```
1   \documentclass{ctexart}
2   \usepackage{zhshuizi,chemformula,enumitem}
3   \setenumerate{itemsep=0pt,partopsep=0pt,parsep=\parskip,topsep=0pt}
4   \begin{document}
5   \begin{enumerate}[label=\quan{\arabic*},labelindent=2em,labelwidth=1em,labelsep=0.2em,
        leftmargin=*]
6   \item \ch{N2H4}是一种高能燃料, 有强还原性, 可通过\ch{NH3}和\ch{NaClO}反应制得, 写出该制备
        反应的化学方程式\CJKunderline{\hspace*{3em}}。
7   \item \ch{N2H4}的水溶液呈弱碱性, 室温下其电离常数$K_1\approx 1.0\times10^{-6}$, 则\ch
        {0.01 mol.L^{-1}}\ch{N2H4}水溶液的\ch{pH}等于\CJKunderline{\hspace*{3em}}。
8   \end{enumerate}
9   \end{document}
```

①N_2H_4是一种高能燃料，有强还原性，可通过 NH_3 和 $NaClO$ 反应制得，写出该制备反应的化学方程式_____。

②N_2H_4的水溶液呈弱碱性，室温下其电离常数 $K_1 \approx 1.0 \times 10^{-6}$，则 $0.01\,mol \cdot L^{-1}$ N_2H_4水溶液的 pH 等于_____。

9.3   列表的分类

9.3.1   常规列表

常规列表的环境如下：

```
1  \usepackage{enumitem}
2  \setitemize{itemsep=0pt,partopsep=0pt,parsep=\parskip,topsep=0pt}
3  \begin{itemize}[选项]
4  \item 条目1
5  \item 条目2
6  ...
7  \end{itemize}
```

- 第 1、2 行代码放置在导言区，第 3~7 行代码在正文使用。
- 第 2 行代码全局设置常规列表的垂直距离。
- 第 3 行代码的选项主要用来设置水平距离、标签样式等内容。
- 每个条目都以条目命令 \item 开头。

例 9.3.1 用常规列表排版本书的编写目的。

```
1   \documentclass{ctexart}
2   \usepackage{enumitem}
3   \setitemize{itemsep=0pt,partopsep=0pt,parsep=\parskip,topsep=0pt}
4   \begin{document}
5   本书的编写目的是：
6   \begin{itemize}[leftmargin=3.2em]
7   \item 为中学教师和师范生量身定制，所选例题均来自日常的试卷和教辅书。
8   \item 推广普及\LaTeX，努力实现\LaTeX 的中国化。
9   \end{itemize}
10  \end{document}
```

本书的编写目的是：
- 为中学教师和师范生量身定制，所选例题均来自日常的试卷和教辅书。
- 推广普及 LaTeX，努力实现 LaTeX 的中国化。

▶ 常规列表的默认标签是圆点，可以通过 label= 设置其他标签。

例 9.3.2 把常规列表的标签改为五角星。

```
1   \documentclass{ctexart}
2   \usepackage{amssymb,enumitem}
3   \setitemize{itemsep=0pt,partopsep=0pt,parsep=\parskip,topsep=0pt}
4   \begin{document}
5   \begin{itemize}[label=$\bigstar$,leftmargin=3.2em]
6   \item 学生学习新知识的预备状态
7   \item 学生学习新知识的情感态度
8   \end{itemize}
9   \end{document}
```

★ 学生学习新知识的预备状态
★ 学生学习新知识的情感态度

9.3.2　解说列表

解说列表的环境如下:

```
1  \usepackage{enumitem}
2  \setdescription{itemsep=0pt,partopsep=0pt,parsep=\parskip,topsep=0pt}
3  \begin{description}[选项]
4  \item[词条1] 条目1
5  \item[词条2] 条目2
6  ...
7  \end{description}
```

- 第 1、2 行代码放置在导言区,第 3~7 行代码在正文使用。
- 第 2 行代码全局设置解说列表的垂直距离。
- 第 3 行代码的选项主要用来设置水平距离、词条字体等内容。
- 每个条目都以条目命令 \item[词条] 开头。

例 9.3.3 排版一个解说列表。

```
1   \documentclass{ctexart}
2   \usepackage{enumitem}
3   \setdescription{itemsep=0pt,partopsep=0pt,parsep=\parskip,topsep=0pt}
4   \begin{document}
5   \begin{description}[align=left,labelindent=2em,labelwidth=6em,labelsep=0em,leftmargin
        =8em,font=\fangsong]
6   \item[练习] 以复习相应小节的教学内容为主, 供课题练习用。
7   \item[习题] 每小节后一般配有习题, 供课内、外作业选用, 少数标有*号的题在难度上略有提高, 仅
        供学有余力的学生选用。
8   \item[复习参考题]每章最后配有复习参考题, 分A、B两组, A组题是属于基本要求范围的, 供复习全章
        使用; B组题带有一定的灵活性, 难度上略有提高, 仅供学有余力的学生选用。
9   \end{description}
10  \end{document}
```

练习	以复习相应小节的教学内容为主,供课题练习用。
习题	每小节后一般配有习题,供课内、外作业选用,少数标有 * 号的题在难度上略有提高,仅供学有余力的学生选用。
复习参考题	每章最后配有复习参考题,分 A、B 两组,A 组题是属于基本要求范围的,供复习全章使用;B 组题带有一定的灵活性,难度上略有提高,仅供学有余力的学生选用。

- 解说列表有一个选项 font=,用来设置词条字体,默认为黑体,本例设置为仿宋。

例 9.3.4 排版试卷的选择题标题。

```
1   \documentclass{ctexart}
2   \usepackage{enumitem}
```

```
3   \setdescription{itemsep=0pt,partopsep=0pt,parsep=\parskip,topsep=0pt}
4   \begin{document}
5   \begin{description}[align=left,labelindent=0em,labelwidth=2em,labelsep=0em,leftmargin
        =2em]
6   \item[一、]{\bf 选择题：本大题共10小题，每小题4分，共40分。在每小题给出的四个选项中，只有
        一项是符合题目要求的。}
7   \end{description}
8   \end{document}
```

一、选择题：本大题共 10 小题，每小题 4 分，共 40 分。在每小题给出的四个选项中，只有一项是符合题目要求的。

9.3.3 嵌套列表

列表可以嵌套，最多 4 层，可以满足日常排版试卷、试题等要求。

例 **9.3.5** 排版 2013 年高考江西理科数学卷第 21 题。

```
1    \documentclass{ctexart}
2    \usepackage{mathtools,enumitem}
3    \setenumerate{itemsep=0pt,partopsep=0pt,parsep=\parskip,topsep=0pt}
4    \begin{document}
5    \lineskiplimit=5.5pt
6    \lineskip=6pt
7    \begin{enumerate}[start=21,align=left,label=\arabic*.,labelindent=0em,labelwidth=1.5em
         ,labelsep=0em,leftmargin=1.5em]
8    \item （本题满分14分）\\
9    已知函数$f(x)=a\Big(1-2\Big|x-\dfrac{1}{2}\Big|\Big)$, $a$为常数且$a>0$。
10   \begin{enumerate}[align=left,label=(\arabic*),labelwidth=1.5em,labelsep=0em,leftmargin
         =1.5em]
11   \item 证明：函数$f(x)$的图像关于直线$x=\dfrac{1}{2}$对称；
12   \item 若$x_0$满足$f(f(x_0))=x_0$,但$f(x_0)\neq x_0$,则称$x_0$为函数
13   $f(x)$的二阶周期点.如果$f(x)$有两个二阶周期点$x_1,x_2$,试确定
14   $a$的取值范围.
15   \end{enumerate}
16   \end{enumerate}
17   \end{document}
```

21. (本题满分 14 分)

已知函数 $f(x) = a\left(1 - 2\left|x - \dfrac{1}{2}\right|\right)$，$a$ 为常数且 $a > 0$。

(1) 证明：函数 $f(x)$ 的图像关于直线 $x = \dfrac{1}{2}$ 对称；

(2) 若 x_0 满足 $f(f(x_0)) = x_0$，但 $f(x_0) \neq x_0$，则称 x_0 为函数 $f(x)$ 的二阶周期点. 如果 $f(x)$ 有两个二阶周期点 x_1, x_2，试确定 a 的取值范围.

例 9.3.6 排版 2016 年高考浙江理科数学卷第 18 题。

```
1    \documentclass{ctexart}
2    \usepackage{amssymb,enumitem,zhluoma}
3    \setenumerate{itemsep=0pt,partopsep=0pt,parsep=\parskip,topsep=0pt}
4    \begin{document}
5    \begin{enumerate}[start=18,align=left,label=\bf\arabic*.,labelindent=0em,
6    labelwidth=1.5em,labelsep=0em,leftmargin=1.5em]
7    \item （本题满分15分）\\
8    已知$a\geqslant 3$，函数$F(x)=\min\{2|x-1|,x^2-2ax+4a-2\}$.
9    \begin{enumerate}[align=left,label={(\RomanCn*)},labelwidth=2em,
10   labelsep=0em,leftmargin=2em]
11   \item 求使得等式$F(x)=x^2-2ax+4a-2$成立的$x$的取值范围.
12   \item
13   \begin{enumerate}[align=left,label={(\romanCn*)},labelwidth=1.8em,labelsep=0em,
            leftmargin=1.8em]
14   \item 求$F(x)$的最小值$m(a)$;
15   \item 求$F(x)$在$[0,6]$上的最大值$M(a)$.
16   \end{enumerate}
17   \end{enumerate}
18   \end{enumerate}
19   \end{document}
```

18.（本题满分 15 分）

　　已知 $a \geqslant 3$，函数 $F(x) = \min\{2|x-1|, x^2 - 2ax + 4a - 2\}$.

　　（Ⅰ）求使得等式 $F(x) = x^2 - 2ax + 4a - 2$ 成立的 x 的取值范围.

　　（Ⅱ）（ⅰ）求 $F(x)$ 的最小值 $m(a)$;

　　　　　（ⅱ）求 $F(x)$ 在 $[0,6]$ 上的最大值 $M(a)$.

▶ 本例嵌套了三层列表，每一层的计数形式均不同。

▶ zhluoma 宏包放在 enumitem 宏包之后。

例 9.3.7 排版高考江苏理科数学卷第 21 题。这里为了节省版面，不给出详细的试题，只给出关键代码。

```
1    \documentclass{ctexart}
2    \usepackage{enumitem}
3    \setenumerate{itemsep=0pt,partopsep=0pt,parsep=\parskip,topsep=0pt}
4    \begin{document}
5    \begin{enumerate}[start=21,align=left,label=\bf\arabic*.,labelindent=0em,labelwidth
            =1.5em,labelsep=0em,leftmargin=1.5em]
6    \item {\bf 【选做题】……}
7    \begin{enumerate}[align=left,label=\bf{\Alph*.},labelwidth=1em,labelsep=0.2em,
            leftmargin=1.2em]
8    \item ［选修4--1：几何证明选讲］\\
9    如图，……
10   \item ［选修4--2：矩阵与变换］\\
```

```
11   已知矩阵……
12   \item ［选修4--4：坐标系与参数方程］\\
13   在极坐标系中，……
14   \item ［选修4--5：不等式选讲］\\
15   若$x$，$y$，$z$为实数，……
16   \end{enumerate}
17   \end{enumerate}
18   \end{document}
```

21.【选做题 】……

    A.［选修 4–1:几何证明选讲］

      如图,……

    B.［选修 4–2:矩阵与变换］

      已知矩阵……

    C.［选修 4–4:坐标系与参数方程］

      在极坐标系中,……

    D.［选修 4–5:不等式选讲］

      若 x,y,z 为实数,……

例 9.3.8 排版 2019 年高考全国Ⅰ理科数学卷的注意事项。

```
1    \documentclass{ctexart}
2    \usepackage{enumitem}
3    \setenumerate{itemsep=0pt,partopsep=0pt,parsep=\parskip,topsep=0pt}
4    \setdescription{itemsep=0pt,partopsep=0pt,parsep=\parskip,topsep=0pt}
5    \begin{document}
6    \begin{description}[align=left,labelindent=0em,labelwidth=4.5em,labelsep=0em,
         leftmargin=4.5em]
7    \item[注意事项]
8    \begin{enumerate}[align=left,label=\arabic*.,labelwidth=1em,labelsep=0.1em,leftmargin
         =1.1em]
9    \item 答题前，考生先将自己的姓名、准考证号填写在答题卡上。用2B铅笔将试卷类型（B）填涂在答
         题卡相应的位置上。将条形码横贴在答题卡右上角"条形码粘贴处"。
10   \item 作答选择题时，选出每小题答案后，用2B铅笔在答题卡上对应题目选项的答案信息点涂黑；如需
         改动，用橡皮擦干净后，再选涂其他答案。答案不能答在试卷上。
11   \item 非选择题必须用黑色字迹的钢笔或签字笔作答，答案必须写在答题卡各题目指定区域内相应位置
         上；如需改动，先划掉原来的答案，然后再写上新答案；不准使用铅笔和涂改液。不按以上要求
         作答无效。
12   \item 考生必须保证答题卡的整洁。考试结束后，将试卷和答题卡一并交回。
13   \end{enumerate}
14   \end{description}
15   \end{document}
```

注意事项 1. 答题前,考生先将自己的姓名、准考证号填写在答题卡上。用 2B 铅笔将试卷类型（B）填涂在
      答题卡相应的位置上。将条形码横贴在答题卡右上角"条形码粘贴处"。

      2. 作答选择题时,选出每小题答案后,用 2B 铅笔在答题卡上对应题目选项的答案信息点涂黑;如
      需改动,用橡皮擦干净后,再选涂其他答案。答案不能答在试卷上。

3. 非选择题必须用黑色字迹的钢笔或签字笔作答,答案必须写在答题卡各题目指定区域内相应位置上;如需改动,先划掉原来的答案,然后再写上新答案;不准使用铅笔和涂改液。不按以上要求作答无效。

4. 考生必须保证答题卡的整洁。考试结束后,将试卷和答题卡一并交回。

▶ 本例是在解说列表里面嵌套排序列表。

▶ 嵌套列表的每一层都要设置参数,显得很烦琐,也不利于查看代码。大多数试卷是排序列表,第一层的标签是阿拉伯数字,第二层的标签是阿拉伯数字加圆括号(有些是大写的罗马数字加圆括号),第三层的标签是小写的罗马数字加圆括号。我们可以把每一层的代码进行全局设置,请看下面的例子。

例 9.3.9 排版 2019 年高考全国 II 理科数学卷第 21 题。

```latex
\documentclass{ctexart}
\usepackage{amsmath,amssymb,enumitem,zhluoma}
\setenumerate{itemsep=0pt,partopsep=0pt,parsep=\parskip,topsep=0pt}
\setenumerate[1]{align=left,label=\arabic*.,labelwidth=1.5em,labelsep=0.1em,leftmargin=1.6em}
\setenumerate[2]{align=left,label=(\RomanCn*),labelwidth=1.8em,labelsep=0.2em,leftmargin=2em}
\setenumerate[3]{align=left,label=(\romanCn*),labelwidth=1.8em,labelsep=0.2em,leftmargin=2em}
\begin{document}
\begin{enumerate}[start=21]
\item （12分） \\
已知点$A(-2,0)$, $B(2,0)$, 动点$M(x,y)$满足直线$AM$与$BM$的斜率之积为$-\dfrac{1}{2}$.记$M$的轨迹为曲线$C$.
\begin{enumerate}
\item 求$C$的方程, 并说明$C$是什么曲线.
\item 过坐标原点的直线交$C$于$P,Q$两点, 点$P$在第一象限, $PE\bot x$轴, 垂足为$E$, 连接$QE$并延长交$C$于点$G$.
\begin{enumerate}
\item 证明：$\triangle PQG$为直角三角形;
\item 求$\triangle PQG$面积的最大值.
\end{enumerate}
\end{enumerate}
\end{enumerate}
\end{document}
```

21.（12 分）

已知点 $A(-2,0), B(2,0)$,动点 $M(x,y)$ 满足直线 AM 与 BM 的斜率之积为 $-\dfrac{1}{2}$.记 M 的轨迹为曲线 C.

（Ⅰ）求 C 的方程,并说明 C 是什么曲线.

（Ⅱ）过坐标原点的直线交 C 于 P,Q 两点,点 P 在第一象限,$PE \perp x$ 轴,垂足为 E,连接 QE 并延长交 C 于点 G.

（ⅰ）证明:$\triangle PQG$ 为直角三角形;

（ⅱ）求 $\triangle PQG$ 面积的最大值.

▶ 本例第 3 行代码全局设置排序列表的垂直距离。

▶ 第 4 行代码设置排序列表第一层的参数，第 5 行代码设置排序列表第二层的参数，第 6 行代码设置排序列表第三层的参数。

▶ 除了全局设置外，还可以针对某个排序列表在具体的排版中添加参数，比如第 8 行代码添加了选项 start=21。

▶ 全局设置的优点就是便于查阅和修改。

例 9.3.10 排版 2012 年高考浙江理科数学卷第 22 题。

```
1  \documentclass{ctexart}
2  \usepackage{amsmath,amssymb,enumitem,zhluoma}
3  \setenumerate{itemsep=0pt,partopsep=0pt,parsep=\parskip,topsep=0pt}
4  \setenumerate[1]{align=left,label=\arabic*.,labelwidth=1.5em,labelsep=0.1em,leftmargin
      =1.6em}
5  \setenumerate[2]{align=left,label=(\RomanCn*),labelwidth=1.8em,labelsep=0.2em,
      leftmargin=2em}
6  \setenumerate[3]{align=left,label=(\romanCn*),labelwidth=1.8em,labelsep=0.2em,
      leftmargin=2em}
7  \begin{document}
8  \begin{enumerate}[start=22]
9  \item （本小题满分14分）已知$a>0$, $b\in\mathbb{R}$, 函数$f(x)=4ax^3-2bx-a+b$.
10 \begin{enumerate}
11 \item 证明: 当$0\leqslant x\leqslant 1$时,
12 \begin{enumerate}
13 \item 函数$f(x)$的最大值为$|2a-b|+a$;
14 \item $f(x)+|2a-b|+a\geqslant 0$.
15 \end{enumerate}
16 \item 若$-1\leqslant f(x)\leqslant 1$对$x\in[0,1]$恒成立, 求$a+b$的取值范围.
17 \end{enumerate}
18 \end{enumerate}
19 \end{document}
```

22.（本小题满分 14 分）已知 $a > 0, b \in \mathbb{R}$，函数 $f(x) = 4ax^3 - 2bx - a + b$.

　（Ⅰ）证明：当 $0 \leqslant x \leqslant 1$ 时,

　　　（ⅰ）函数 $f(x)$ 的最大值为 $|2a - b| + a$;

　　　（ⅱ）$f(x) + |2a - b| + a \geqslant 0$.

　（Ⅱ）若 $-1 \leqslant f(x) \leqslant 1$ 对 $x \in [0,1]$ 恒成立，求 $a + b$ 的取值范围.

9.4　对位排版

9.4.1　hlist 宏包

用 hlist 宏包排版对位的环境为

```
1  \usepackage{hlist}
2  \setlist{选项}
```

```
3   \begin{hlist}[选项]位标数
4   \hitem 第一个文本 \hitem 第二个文本 ...
5   \end{hlist}
```

- 第 1、2 行代码放置在导言区，第 3~5 行代码在正文使用。
- 第 2 行代码全局设置对位环境的各种参数（图 9-2）。参数选项既可以在导言区全局设置，也可以在正文具体的对位环境中设置。

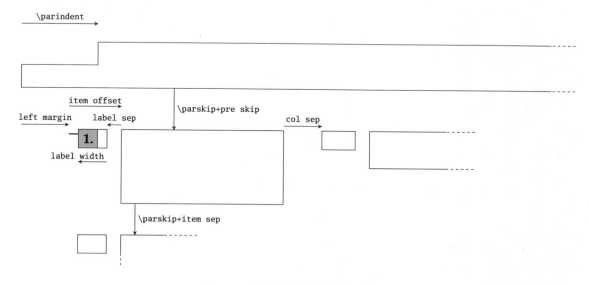

图 9-2　对位环境的尺寸命令示意图

- 位标数设置每行的项目个数。
- hlist 宏包的主要参数见表 9-3。

表 9-3　参数的含义

参数	含义
pre skip	对位环境与上文的垂直附加距离
post skip	对位环境与下文的垂直附加距离
item sep	两个对位文本之间的垂直附加距离，默认是 0pt
left margin	第一个对位标签与环境左端的距离，默认是 0pt
item offset	项目左偏移量，默认是 1.75em
label width	标签的宽度
label sep	标签与文本的距离，默认是 0.25em
col sep	两个对位之间的距离
label=	设置标签的计数形式，默认是 \arabic{hlisti}（阿拉伯数字）
label align=	标签的对齐方式，默认是 left（左齐）
pre label=	标签之前的声明，默认是 \bfseries（粗体标签）
post label	标签之后的声明，默认是空置
show label=	是否显示标签，默认是 true

- 以上众多参数主要把握三点：垂直距离、水平距离、标签格式。

- 垂直距离主要是 `pre skip`、`post skip`,这两个参数值均设为 0pt,即消除多余空白,保证对位文本的行距与文中的行距一致。
- 水平距离主要是 `item offset` 和 `col sep`,这两个参数控制标签与文本的距离。
- 标签格式主要是 `label=` 和 `pre label=`,前者控制计数形式,后者控制标签的颜色、字体等格式。
- 计数形式可以是 `\alph{hlisti}`(小写英文字母)、`\Alph{hlisti}`(大写英文字母)、`\arabic(hlisti)`(阿拉伯数字)、`\chinese(hlisti)`(中文数字,须调用ctex宏包)、`\roman(hlisti)`(小写罗马数字)、`\Roman(hlisti)`(大写罗马数字)。

9.4.2　hlist 宏包应用举例

本小节举几个典型的例子展示 hlist 宏包的应用。

例 9.4.1 排版试卷选择题参考答案。

```
1   \documentclass{ctexart}
2   \usepackage{hlist}
3   \sethlist{pre skip=0pt,post skip=0pt,item offset=1.4em,col sep=0.5em,left margin=2em}
4   \begin{document}
5   {\bf 一、选择题:本题考查基础知识和基本运算。每小题4分,满分40分。}
6   \begin{hlist}5
7   \hitem A \hitem B \hitem C \hitem B \hitem A
8   \hitem D \hitem D \hitem B \hitem C \hitem A
9   \end{hlist}
10  \end{document}
```

一、选择题:本题考查基础知识和基本运算。每小题 4 分,满分 40 分。

1. A	**2.** B	**3.** C	**4.** B	**5.** A
6. D	**7.** D	**8.** B	**9.** C	**10.** A

例 9.4.2 排版试卷选择题。

```
1   \documentclass{ctexart}
2   \usepackage{enumitem}
3   \setenumerate{itemsep=0pt,partopsep=0pt,parsep=\parskip,topsep=0pt}
4   \usepackage{hlist}
5   \sethlist{pre skip=0pt,post skip=0pt,label=\Alpha{hlisti}.,pre label=,item offset=1.2
       em,col sep=0.5em}
6   \begin{document}
7   \begin{enumerate}[align=left,labelindent=0em,labelwidth=1.4em,labelsep=0.1em,
       leftmargin=1.5em]
8   \item 通过理想斜面实验得出"力不是维持物体运动的原因"的科学家是
9   \begin{hlist}4
10  \hitem 亚里士多德 \hitem 伽利略 \hitem 笛卡儿 \hitem 牛顿
11  \end{hlist}
12  \item 某驾驶员使用定速巡航,在高速公路上以时速110公里行驶了200公里.其中"时速110公里""行
       驶200公里"分别是指
```

```
13  \begin{hlist}2
14  \hitem 速度、位移 \hitem 速度、路程 \hitem 速率、位移 \hitem 速率、路程
15  \end{hlist}
16  \end{enumerate}
17  \end{document}
```

1. 通过理想斜面实验得出"力不是维持物体运动的原因"的科学家是
   A. 亚里士多德   B. 伽利略   C. 笛卡儿   D. 牛顿
2. 某驾驶员使用定速巡航，在高速公路上以时速 110 公里行驶了 200 公里. 其中"时速 110 公里""行驶 200 公里"分别是指
   A. 速度、位移   B. 速度、路程
   C. 速率、位移   D. 速率、路程

▶ 第 5 行代码全局设置对位环境的参数，其中 pre label= 是空置的，标签字体没有任何修饰。

例 9.4.3 排版 2019 年高考全国 I 理科数学卷第 11 题。

```
1   \documentclass{ctexart}
2   \usepackage{amsmath,zhmathstyle,zhshuzi,enumitem,hlist}
3   \setenumerate{itemsep=0pt,partopsep=0pt,parsep=\parskip,topsep=0pt}
4   \sethlist{pre skip=0pt,post skip=0pt,label=\Alpha{hlisti}.,pre label=,item offset=1.2
    em,col sep=0.5em}
5   \begin{document}
6   \begin{enumerate}[start=11,align=left,labelindent=0em,labelwidth=1.4em,labelsep=0.1em,
    leftmargin=1.5em]
7   \item 关于函数$f(x)=\sin|x|+|\sin x|$有下述四个结论:
8   \begin{hlist}[show label=false]2
9   \hitem \quan{1} $f(x)$为偶函数
10  \hitem \quan{2} $f(x)$在区间$\Big(\zfrac{\uppi}{2}, \uppi\Big)$单调递增
11  \hitem \quan{3} $f(x)$在$[-\uppi,\uppi]$有4个零点
12  \hitem \quan{4} $f(x)$的最大值为2
13  \end{hlist}
14  其中所有正确结论的编号是
15  \begin{hlist}4
16  \hitem \quan{1}\quan{2}\quan{4}
17  \hitem \quan{2}\quan{4}
18  \hitem \quan{1}\quan{4}
19  \hitem \quan{1}\quan{3}
20  \end{hlist}
21  \end{enumerate}
22  \end{document}
```

11. 关于函数 $f(x) = \sin|x| + |\sin x|$ 有下述四个结论:

① $f(x)$ 为偶函数   ② $f(x)$ 在区间 $\left(\dfrac{\pi}{2}, \pi\right)$ 单调递增

③ $f(x)$ 在 $[-\pi,\pi]$ 有 4 个零点   ④ $f(x)$ 的最大值为 2

其中所有正确结论的编号是
A.①②④   B.②④   C.①④   D.①③

▶ 第 4 行代码全局设置对位环境的参数,第 8 行代码针对某个对位环境设置空标签。

例 9.4.4 排版习题。

```
1   \documentclass{ctexart}
2   \usepackage{enumitem,hlist}
3   \setenumerate{itemsep=0pt,partopsep=0pt,parsep=\parskip,topsep=0pt}
4   \setenumerate[1]{align=left,labelindent=0em,label=\bf\arabic*.,labelwidth=1.4em,
        labelsep=0.1em,leftmargin=1.5em}
5   \sethlist{pre skip=0pt,post skip=0pt,label=({\makebox[0.8em]{\arabic{hlisti}}}),pre
        label=,item offset=1.8em,col sep=0.5em}
6   \begin{document}
7   \begin{enumerate}
8   \item 因式分解:
9   \begin{hlist}3
10  \hitem $x^3-1$ \hitem $8a^3+27b^3$
11  \hitem $3a^3b+81b^4$ \hitem $a^7-ab^6$
12  \hitem $x^6-y^6$ \hitem $y^2(x^2-2x)^3+y^2$
13  \end{hlist}
14  \end{enumerate}
15  \end{document}
```

1. 因式分解:

$(1)\, x^3 - 1$ $(2)\, 8a^3 + 27b^3$ $(3)\, 3a^3b + 81b^4$

$(4)\, a^7 - ab^6$ $(5)\, x^6 - y^6$ $(6)\, y^2(x^2 - 2x)^3 + y^2$

▶ 日常排版讲义时最常见的就是多个习题均匀对齐,本例就是用 hlist 宏包实现了这一效果。

▶ 这里又看到了 \makebox 命令的妙用,把序号装进定宽的盒子里,标签十分美观。

9.5 罗列的综合应用

9.5.1 自定义列表环境

一本教辅书或者一套讲义可能要用到各种列表环境,不同列表环境的格式要求也不尽相同,所以自定义列表环境就非常重要。

例 9.5.1 创建习题环境。

```
1   \documentclass{ctexart}
2   \usepackage{amssymb,enumitem}
3   \newenvironment{lianxi}[1][]{
```

```
4   \begin{enumerate}[labelindent=0em,labelwidth=2.5em,labelsep=0.5em,leftmargin=3em,label
        ={\arabic*.},itemsep=0pt,partopsep=0pt,parsep=\parskip,topsep=0pt,series=lx,#1]
5   \kaishu
6   }{\end{enumerate}}
7   \begin{document}
8   \centering
9   A组
10  \begin{lianxi}
11  \item 已知$a+b+c=4$, $ab+bc+ac=4$, 求$a^2+b^2+c^2$的值.
12  \item 若实数$x,y,z$满足$(x-z)^2-4(x-y)(y-z)=0$, 求证: $x+z=2y$.
13  \item 已知$(a+b+c)^2=3(ab+bc+ac)$, 求证: $a=b=c$.
14  \item 已知关于$x$的方程$x^2+3x-m=0$的两个实数根的平方和等于11, 求证: 关于$x$的方程$(k-3)x
        ^2+kmx-m^2+6m-4=0$有实数根.
15  \end{lianxi}
16  \centering
17  B组
18  \begin{lianxi}[resume=lx]
19  \item 已知$a>0,b>0$, 且$3a+2b=2$, 求$ab$的最大值以及相应的$a$和$b$的值.
20  \item 在Rt$\triangle ABC$中, $\angle ACB=90^{\circ}$, 点$D$在边$CA$上, 使得$CD=1,DA=3$
        , 且$\angle BDC=3\angle BAC$, 求$BC$的长.
21  \item 设$I$是$\triangle ABC$的内心, $\angle A=40^{\circ}$, 求$\angle CIB$的大小.
22  \end{lianxi}
23  \end{document}
```

A 组

1. 已知 $a+b+c=4$, $ab+bc+ac=4$, 求 $a^2+b^2+c^2$ 的值.

2. 若实数 x,y,z 满足 $(x-z)^2-4(x-y)(y-z)=0$, 求证: $x+z=2y$.

3. 已知 $(a+b+c)^2=3(ab+bc+ac)$, 求证: $a=b=c$.

4. 已知关于 x 的方程 $x^2+3x-m=0$ 的两个实数根的平方和等于 11, 求证: 关于 x 的方程 $(k-3)x^2+kmx-m^2+6m-4=0$ 有实数根.

B 组

5. 已知 $a>0,b>0$, 且 $3a+2b=2$, 求 ab 的最大值以及相应的 a 和 b 的值.

6. 在 Rt$\triangle ABC$ 中, $\angle ACB=90°$, 点 D 在边 CA 上, 使得 $CD=1,DA=3$, 且 $\angle BDC=3\angle BAC$, 求 BC 的长.

7. 设 I 是 $\triangle ABC$ 的内心, $\angle A=40°$, 求 $\angle CIB$ 的大小.

▶ 本例创建一个名为 lianxi 的环境,这个环境实质是排序列表环境。

▶ lianxi 环境设置了一个参数,用于补充后续可能还要用到的选项。

▶ 本例设置了 series=lx,它的作用是给这个排序列表一个名称,当下一个排序列表(比如这里的 B 组习题)需要接续之前的编号时,再加上 resume=lx 选项即可。

例 **9.5.2** 创建例题环境。

```
1   \documentclass{ctexart}
2   \usepackage{enumitem}
3   \newcounter{examp}[section]
4   \renewcommand{\theexamp}{\arabic{section}.\arabic{examp}}
5   \newenvironment{EXER}[1][]{
6   \refstepcounter{examp}
7   \begin{enumerate}[itemsep=0pt,partopsep=0pt,parsep=\parskip,topsep=0pt,align=left,
        labelindent=2em,labelwidth=3em,labelsep=0.2em,leftmargin=5.2em,label={\bf 例\
        theexamp}]
8   \item{\kaishu #1}\ignorespaces
9   }{\end{enumerate}}
10  \begin{document}
11  \section{第一节}
12  \begin{EXER}[（2014全国理15）]
13  已知……
14  \end{EXER}
15  \begin{EXER}[（2015全国理8）]
16  已知……
17  \end{EXER}
18  \begin{EXER}
19  已知……
20  \end{EXER}
21  \section{第二节}
22  \begin{EXER}[（2017全国理7）]
23  已知……
24  \end{EXER}
25  \begin{EXER}[（2017全国理16）]
26  已知……
27  \end{EXER}
28  \begin{EXER}
29  已知……
30  \end{EXER}
31  \section{第三节}
32  \begin{EXER}[（2019全国理12）]
33  已知……
34  \end{EXER}
35  \begin{EXER}
36  已知……
37  \end{EXER}
38  \end{document}
```

1　第一节

例 **1.1**（2014 全国理 15）已知

例 **1.2**（2015 全国理 8）已知

例 **1.3** 已知

2　第二节

例 **2.1**（2017 全国理 7）已知

例 **2.2**（2017 全国理 16）已知

例 **2.3** 已知

3　第三节

例 **3.1**（2019 全国理 12）已知

例 **3.2** 已知

▶ 本例自定义一个例题环境,这个环境其实就是排序列表。并不是说编排习题一定要用到排序列表,只是说排序列表是习题的一个呈现方式,不用排序列表也可以编写例题环境。读懂这个例题也就能理解自定义环境的妙用。

▶ 这里给出了可选参数,用来标注试题的来源,十分适合编排习题集。

▶ 第 3 行代码新建计数器,并且每一节清零。第 4 行代码设置计数器的计数方式。

▶ 第 6~8 行代码是例题环境的开始定义,第 9 行代码是例题环境的结束定义。

9.5.2　自定义对位环境

选择题要用到大量的对位环境,除了选项外,有时还会在题干中出现带圈数字的内容对齐,所以自定义对位环境也是十分重要的。

例 **9.5.3** 自定义对位环境。

```
1  \documentclass{ctexart}
2  \usepackage{enumitem,hlist,zhshuzi}
3  \setenumerate{itemsep=0pt,partopsep=0pt,parsep=\parskip,topsep=0pt}
4  \setenumerate[1]{align=left,label=\arabic*.,labelwidth=1.5em,labelsep=0.1em,leftmargin
      =1.6em}
5  \newenvironment{xx}[5][4]{
6  \begin{hlist}[pre skip=0pt,post skip=0pt,label=\Alpha{hlisti}.,pre label=,item offset
      =1.2em,col sep=0.5em]#1
7  \hitem #2 \hitem #3 \hitem #4 \hitem #5
8  }{\end{hlist}}
9  \newenvironment{tg}[5][4]{
10 \begin{hlist}[pre skip=0pt,post skip=0pt,show label= false,pre label=,item offset=1.2
      em,col sep=0.5em]#1
11 \hitem #2 \hitem #3 \hitem #4 \hitem #5
12 }{\end{hlist}}
```

```
13  \begin{document}
14  \begin{enumerate}
15  \item 面对城市外来人口对临时租房需求增加带来的商机，住房租赁企业加大了对"蓝领公寓"的投
        资。这表明企业
16  \begin{tg}[2]
17  {\quan{1}勇于承担社会责任}{\quan{2}自觉遵循价值规律}
18  {\quan{3}面向市场组织生产经营}{\quan{4}规避市场经营风险}
19  \end{tg}
20  \begin{xx}
21  {\quan{1}\quan{2}}{\quan{2}\quan{3}}{\quan{3}\quan{4}}{\quan{1}\quan{4}}
22  \end{xx}
23  \end{enumerate}
24  \end{document}
```

> 1. 面对城市外来人口对临时租房需求增加带来的商机，住房租赁企业加大
>   了对"蓝领公寓"的投资。这表明企业
>   ①勇于承担社会责任   ②自觉遵循价值规律
>   ③面向市场组织生产经营   ④规避市场经营风险
>   A.①②   B.②③   C.③④   D.①④

▶ 本例设置了两个对位环境，它们都有 5 个参数，其中第 1 个参数（位标数）是可选参数，默认值是 4。

▶ tg 环境的对位内容没有标签，用于放置带圈数字的题干。

9.5.3 罗列环境的修饰

例 **9.5.4** 用彩框装饰罗列环境。

```
1   \documentclass{ctexart}
2   \usepackage{amsmath,amssymb,enumitem,hlist}
3   \usepackage[most]{tcolorbox}
4   \newenvironment{bianshi}{
5   \begin{enumerate}[itemsep=0pt,partopsep=0pt,parsep=\parskip,topsep=0pt,align=left,
        labelindent=0em,labelwidth=1.3em,labelsep=0em,leftmargin=1.3em,label={\bf\arabic
        *.}]
6   }{\end{enumerate}}
7   \tcolorboxenvironment{bianshi}{enhanced,parbox=false,breakable,colback=gray!10,
        colframe=black,fonttitle=\bf\large,coltitle=black,top=5mm,right=0mm,arc=3mm,attach
        boxed title to top left={xshift=3mm,yshift=-\tcboxedtitleheight/2},title={变\quad
        式},boxed title style={sharp corners=uphill,colback=white,arc=3mm}}
8   \newenvironment{luolie}[1][]{
9   \begin{hlist}[pre skip=0pt,post skip=0pt,label=({\makebox[0.8em]{\arabic{hlisti}}}),
        pre label=,item offset=1.8em,col sep=0.5em]#1
10  }{\end{hlist}}
11  \begin{document}
12  \begin{bianshi}
```

```
13   \item 曲线$y=x^2$上的某点的切线平行于连接横坐标为$a,b$两点的弦，求出此点.
14   \item 证明下列不等式：
15   \begin{luolie}[1]
16   \hitem $|\sin x-\sin y|\leqslant|x-y|$;
17   \hitem 若$h>-1$, $h\neq 0$, $n>1$, 则\[(1+h)^{1/n}<1+\dfrac{h}{n}.\]
18   \end{luolie}
19   \end{bianshi}
20   \end{document}
```

> **变　式**
>
> 1. 曲线 $y = x^2$ 上的某点的切线平行于连接横坐标为 a,b 两点的弦，求出此点.
> 2. 证明下列不等式：
> $(1)\,|\sin x - \sin y| \leqslant |x - y|$;
> (2) 若 $h > -1$，$h \neq 0$，$n > 1$，则
> $$(1 + h)^{1/n} < 1 + \frac{h}{n}.$$

▶ 本例第 5 行代码创建一个名为 bianshi 的列表环境，第 7 行代码把 bianshi 环境放入彩框之中。

▶ LaTeX 的一大优势是内容与格式分离，通过设置不同的环境、不同的命令，实现排版的高效化。

9.5.4 师生两版

comment 宏包提供了一条把环境隐藏的命令：

```
1   \excludecomment{环境名}
```

● 利用这条命令就可以把相应的环境隐藏，从而实现教师版和学生版的区分。

例 9.5.5 教师用书显示答案。

```
1    \documentclass{ctexart}
2    \usepackage{comment}
3    \newenvironment{jiexi}{\par{\bf 解析}\quad }{\par}
4    %\excludecomment{jiexi}
5    \begin{document}
6    1.已知$a>b$, $c<d$, 证明$a-c>b-d$.
7    \begin{jiexi}
8       由题意$a>b$, $-c>-d$, 所以$a-c>b-d$.
9    \end{jiexi}
10   2.求证$a^2-a+1>0$.
11   \end{document}
```

---

1. 已知 $a>b$，$c<d$，证明 $a-c>b-d$.

解析　由题意 $a>b$，$-c>-d$，所以 $a-c>b-d$.

2. 求证 $a^2-a+1>0$.

▶ 本例创建一个名为 `jiexi` 的环境。当注释 `\excludecomment{jiexi}` 时显示解析答案，若去掉 `%`，则隐藏答案，读者不妨一试。

　　实践中有时希望隐藏答案的同时留下一些空白区域给学生答题，利用 comment 宏包提供的 `\specialcomment` 命令可以实现这个效果。它的命令格式为

```
1   \specialcomment{环境名}{开始定义}{结束定义}
```

例 **9.5.6** 设置学生用书的答题区域。

```
1   \documentclass{ctexart}
2   \usepackage{comment,xcolor}
3   \usepackage[most]{tcolorbox}
4   \tcbset{jx/.style={invisible,enhanced,colback=white,colframe=white,height=1.7cm,
5   overlay={\foreach \a in{-1.2,-2.8,-4.4}
6   \draw[dashed]([shift={(3.2em,\a em)}]frame.north west)--([shift={(0,\a em)}]frame.
        north east);
7   \node at([shift={(3.8em,-0.7em)}]frame.north west){\bf 解: };}}}
8   \newenvironment{jiexi}{\par{\bf 解析}\quad }{\par}
9   \specialcomment{jiexi}{\begin{tcolorbox}[jx]}{\end{tcolorbox}}
10  \begin{document}
11  1.已知$a>b$, $c<d$, 证明$a-c>b-d$.
12  \begin{jiexi}
13  由题意$a>b$, $-c>-d$, \color{red}所以$a-c>b-d$.
14  \end{jiexi}
15  2.求证$a^2-a+1>0$.
16  \end{document}
```

---

1. 已知 $a>b$，$c<d$，证明 $a-c>b-d$.

　解: --

　　 --

　　 --

2. 求证 $a^2-a+1>0$.

▶ 本例第 8 行代码不起作用，`jiexi` 环境按照第 9 行代码的设置进行排版，当注释第 9 行代码时才会出现例 9.5.5 的效果。

▶ 学生答题区域是用彩框做成的。这里有三个关键点：一是 `invisible`，它使得彩框内容不可见；二是利用 `overaly` 选项画虚线；三是设置彩框的高度 `height=1.7cm`，它影响答题区域的高度。

第 10 章

玩 转 插 图

10.1 插图概述

10.1.1 插图宏包

把各种图片插入源文件中，主要调用 graphicx 宏包，它提供了插图命令：

```
1  \includegraphics[scale=数值]{图片名}
```

- scale=数值是缩放系数，它是可选参数，通常不需要给出。笔者强烈建议用户提前设置好图片的尺寸，再插入文档中，否则临时缩放图片会影响图片中文本尺寸，导致插图不美观。
- 图片名的后缀一般是 .pdf、.png、.jpg。

10.1.2 插图搜索

通常把图片放在与源文件相同的文件夹下，但有时可能要从其他文件夹中调用图片，故 graphicx 提供了一条插图路径命令：

```
1  \graphicspath{{路径1}{路径2}{路径3}...}
```

其中每个路径都由花括号括起来，即使只有一个路径也不例外。

- \graphicspath{{chatu/}}，它告知插图命令在当前文件夹下的 chatu 子文件夹中搜索图片。
- \graphicspath{{pdf/}{png/}}，它告知插图命令在当前文件夹下的 pdf 子文件夹和 png 子文件夹中搜索图片。
- \graphicspath{{d:/chatu/jpg/}}，它告知插图命令在 D 盘 chatu 根文件夹下的 jpg 子文件夹中搜索图片。

10.2 试卷插图

试卷插图的核心要领是表格的应用，本节就是用无线表格实现试卷插图的排版。为了节约篇幅，这里只给出插图的相关代码。

10.2.1 图像判断型选择题

① 插图在上方，选项在下方。

如图 10-1 所示，每个选项的图形单独存为一个文件，插图代码如下：

```
1  \begin{center}
2  \begin{tabular}{cccc}
3  \includegraphics{6a.png} & \includegraphics{6b.png}
```

```
4    & \includegraphics{6c.png} & \includegraphics{6d.png}\\
5    A.&B.& C.& D.\\
6    \end{tabular}
```

6. 在同一直角坐标系中,函数 $y = \frac{1}{a^x}$,$y = \log_2\left(x + \frac{1}{2}\right)(a > 0,$且 $a \neq 0)$的图像可能是

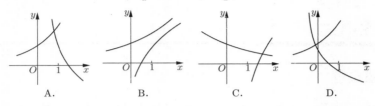

A.   B.   C.   D.

图 10-1   2019 年高考浙江理科数学卷第 6 题

②插图与选项并排。

如图 10-2 所示,把每个图形放入表格中,选项与表格垂直居中对齐,插图代码(**xx** 环境参看例 9.5.3)如下:

```
1    \begin{xx}[2]
2    {\begin{tabular}[c]{c}\includegraphics{5a.pdf}\end{tabular}}
3    {\begin{tabular}[c]{c}\includegraphics{5b.pdf}\end{tabular}}
4    {\begin{tabular}[c]{c}\includegraphics{5c.pdf}\end{tabular}}
5    {\begin{tabular}[c]{c}\includegraphics{5d.pdf}\end{tabular}}
6    \end{xx}
```

5. 函数 $f(x) = \frac{\sin x + x}{\cos x + x^2}$ 在 $[-\pi, \pi]$ 的图像大致为

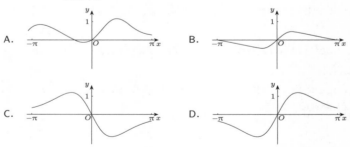

A.   B.

C.   D.

图 10-2   2019 年高考全国Ⅰ理科数学卷第 5 题

10.2.2 手动输入图注

试卷插图往往是少量的、固定的,也不会经常修改试题,所以不需要把图注搞得很自动化,更不需要给图编号。

①单个图片居中排版。

如图 10-3 所示,插图和图注一同放入 center 环境中,其代码如下:

```
1    \begin{center}
2    \includegraphics{16.pdf}\\
3    (第16题图)
```

```
4    \end{center}
```

16. 学生到工厂劳动实践, 利用 3D 打印技术制作模型. 如图, 该模型为长方体 $ABCD-A_1B_1C_1D_1$ 挖去四棱锥 $O-EFGH$ 后所得的几何体, 其中 O 为长方体的中心, E, F, G, H 分别为所在棱的中点, $AB=BC=6\,\mathrm{cm}$, $AA_1=4\,\mathrm{cm}$. 3D 打印所用的材料密度为 $0.9\,\mathrm{g/cm^3}$. 不考虑打印损耗, 制作该模型所需原料的质量为_____g.

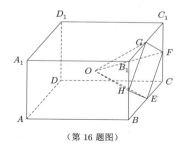

（第 16 题图）

图 10-3　2019 年高考全国 Ⅲ 理科数学卷第 16 题

② 图片居右排版。

如图 10-4 所示, 通常解答题试题下方的空白比较多, 故图片可以单独成段落, 放置在段落右侧, 其代码如下:

```
1    \begin{flushright}
2    \begin{tabular}{c}
3    \includegraphics{22.png}\\
4    （第22题图）\\
5    \end{tabular}
6    \end{flushright}
```

22. [选修 4-4:坐标系与参数方程]（10 分）

如图, 在极坐标系 Ox 中, $A(2,0)$, $B\left(\sqrt{2},\dfrac{\pi}{4}\right)$, $C\left(\sqrt{2},\dfrac{3\pi}{4}\right)$, $D(2,\pi)$, $\overparen{AB}$, $\overparen{BC}$, $\overparen{CD}$

所在圆的圆心分别是 $(1,0)$, $\left(1,\dfrac{\pi}{2}\right)$, $(1,\pi)$. 曲线 M_1 是 $\overparen{AB}$, M_2 是 $\overparen{BC}$, M_3 是 $\overparen{CD}$.

（1）分别写出 M_1, M_2, M_3 的极坐标方程;

（2）曲线 M 由 M_1, M_2, M_3 构成, 若点 P 在 M 上, 且 $|OP|=\sqrt{3}$, 求点 P 的极坐标.

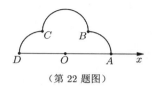

（第 22 题图）

图 10-4　2019 年高考全国 Ⅲ 理科数学卷第 22 题

③ 多图并列居中排版。

如图 10-5 所示, 采用无线表格的方式, 把就近的两道试题的插图排版在一起, 其代码如下:

```
1    \begin{center}
2    \begin{tabular}{c@{\hspace{3em}}c}
```

```
3  \includegraphics{014.pdf} & \includegraphics{016.pdf}\\
4  （第14题图）&（第16题图）
5  \end{tabular}
6  \end{center}
```

14. 如图，A,B 分别是椭圆 C：$\dfrac{x^2}{a^2}+\dfrac{y^2}{b^2}=1(a>b>0)$ 的右顶点和上顶点，O 为坐标原点，E 为线段 AB 的中点，H 为 O 在 AB 上的射影．若 OE 平分 $\angle HOA$，则该椭圆的离心率为

     A. $\dfrac{1}{3}$ B. $\dfrac{\sqrt{3}}{3}$ C. $\dfrac{2}{3}$ D. $\dfrac{\sqrt{6}}{3}$

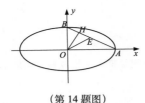 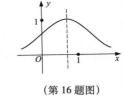

    （第 14 题图）   （第 16 题图）

15. 三棱柱各面所在平面将空间分成

     A. 14 部分   B. 18 部分   C. 21 部分   D. 24 部分

16. 函数 $f(x)=\mathrm{e}^{\frac{(x-n)^2}{m}}$（其中 e 为自然对数的底数）的图像如图所示，则

     A. $m>0,0<n<1$ B. $m>0,-1<n<0$

     C. $m<0,0<n<1$ D. $m<0,-1<n<0$

图 10-5　2019 年高考全国 Ⅲ 理科数学卷第 16 题

④ 多图共用一个图注。

如图 10-6 所示，无线表格和图注一同放入 center 环境中，其代码如下：

```
1  \begin{center}
2  \begin{tabular}{cc}
3  \includegraphics{201jiexi.pdf} & \includegraphics{202jiexi.pdf}\\
4  \end{tabular}\\
5  （第20题解析图）
6  \end{center}
```

⑤ 多图底部对齐。

如图 10-7 所示，两张图片的高度相差很大，把两张图片放在一个无线表格的两个单元格里，单元格的格式是底部对齐水平居中，其代码如下：

```
1  \begin{center}
2  \begin{tabular}{b{5cm}<{\centering}b{5cm}<{\centering}}
3  \includegraphics{8.pdf} & \includegraphics{9.pdf}\\
4  （第8题图） & （第9题图）\\
5  \end{tabular}
6  \end{center}
```

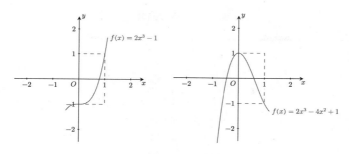

（第 20 题解析图）

图 10-6 多图共用一个图注

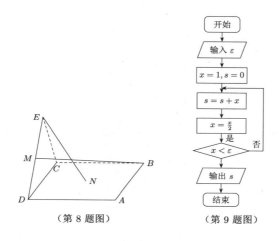

（第 8 题图）　　　（第 9 题图）

图 10-7 多图底部对齐

10.3 讲义插图

10.3.1 图表标题命令

图表标题命令为

```
1  \caption{内容}
```

- 该命令只能在浮动环境中使用，它可以为浮动环境中的图表生成标题。

\caption 命令生成的图表标题的格式为

```
1  标题标志 分隔符 标题内容
```

例如"图 1.1: 韦恩图"。修改图表标题格式需要 caption 宏包。

10.3.2 图表标题宏包 caption

caption 宏包提供了设置图表标题格式的命令：

```
1  \captionsetup{参数1=选项,参数2=选项,…}
```

- 主要参数见表 10-1。

表 10-1 参数的含义

参数	含义
labelsep=	设置分隔符的样式,通常设为 quad ,即相当于 1 em 宽的空白
font=	字体参数,通常设为 rm 和 small,即标题字体与正文字体相同,标题字体尺寸小于正文字体尺寸。若想要标题字体为粗体,则设为 bf
aboveskip=	设置标题与图表之间的垂直距离,该参数的默认值是 10 pt
belowskip=	设置标题与下文之间的附加距离,该参数的默认值是 0 pt
figurewithin=	设置图标题的排序单位, 默认是 chapter。可以用下列选项修改:
	section 图标题以节为排序单位
	none 图标题以全文为排序单位
tablewithin=	修改表标题的排序单位,其选项与 figurewithin 相同

不带标题标志的图表标题命令为

```
1  \caption*{内容}
```

例 **10.3.1** 设置中国化的图表标题格式。

```
1  \captionsetup{labelsep=quad,font=rm,font=small,figurewithin=section}
2  \renewcommand{\thefigure}{\thesection{}-\arabic{figure}}
```

- 第 2 行代码把冒号改成连字符,符合国内排版的习惯。
- 这两段代码的效果为 "图 1.1-1 韦恩图",它以节为排序单位,每到新一节序号自动清零。

10.3.3 浮动环境

插图或表格一般不能拆分,当遇到页面剩余空间排不下时,系统只能将整个插图或表格移至下一页的顶部,这会造成当前页留下大片空白。为了解决这个问题,系统提供了图表浮动环境。

插图浮动环境如下:

```
1  \begin{figure}[htbp]
2  \centering
3  插图命令
4  \caption{标题内容}
5  \end{figure}
```

表格浮动环境如下:

```
1  \begin{table}[htbp]
2  \centering
3  \caption{标题内容}
4  表格环境
5  \end{table}
```

- \centering 命令将图表居中排版。
- [htbp] 设置浮动体的位置,依次为当前位置(h)、页面顶部(t)、页面底部(b),以及将图形放置在一个允许有浮动对象的页面上（p）。系统在处理浮动体位置时，就按照 h—t—b—p 的顺序展开，让排版效果尽量好。

例 10.3.2 排版讲义插图。

```
1   \documentclass{ctexbook}
2   \usepackage{graphicx}
3   \usepackage{caption}
4   \captionsetup{labelsep=quad,font=rm,font=small,aboveskip=3pt}
5   \renewcommand{\thefigure}{\thechapter{}-\arabic{figure}}
6   \begin{document}
7   \chapter{函数}
8   \section{函数的表示法}
9   分段函数的图像如图\ref{aa} 所示.
10  \begin{figure}[htbp]
11  \centering
12  \includegraphics{223.png}
13  \caption{}\label{aa}
14  \end{figure}
15  \end{document}
```

第一章　函数

1.1　函数的表示法

分段函数的图像如图 1-1 所示.

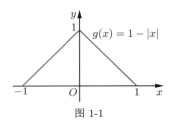

图 1-1

▶ 本例给出了一个完整的插图及其交叉引用的排版。

▶ \ref{aa} 与"所示"之间有一个空格。

▶ 本例的插图标题内容空置，一般中学教辅讲义不需要插图标题（只保留序号，方便交叉引用），除非特别要强调或者学术性非常强的内容。

例 10.3.3 排版讲义表格。

```
1   \documentclass{ctexbook}
2   \usepackage{graphicx}
3   \usepackage{caption}
```

```
4   \captionsetup{labelsep=quad,font=rm,font=small,aboveskip=1pt}
5   \renewcommand{\thetable}{\thechapter{}-\arabic{table}}
6   \begin{document}
7   \chapter{函数}
8   \section{函数的表示法}
9   函数$f(x)$如表\ref{ab} 所示.
10  \begin{table}[htbp]
11  \centering
12  \caption{}\label{ab}
13  \begin{tabular}{cccc}\hline
14  $x$ & 1 & 2 & 3 \\\hline
15  $f(x)$ & 2 & 3 & 4\\\hline
16  \end{tabular}
17  \end{table}
18  \end{document}
```

1.1 函数的表示法

函数 $f(x)$ 如表 1-1 所示.

表 1-1

x	1	2	3
$f(x)$	2	3	4

▶ 本例给出了一个完整的表格及其交叉引用的排版。

▶ 本节讨论的图表带序号且能够交叉引用,这与试卷的图表有所不同。

10.3.4 多个浮动体并排

为了节省版面,通常把多个插图并排放在一起,而把单个插图绕排在段落右侧。下面借助 `floatrow` 宏包把多图并排放置。

多个插图的环境命令结构如下:

```
1   \begin{figure}
2   \begin{floatrow}[数量]
3   \ffigbox[宽度]{\caption{标题1}}{图形1}
4   \ffigbox[宽度]{\caption{标题2}}{图形2}
5   ...
6   \end{floatrow}
7   \end{figure}
```

多个表格的环境命令结构如下:

```
1   \begin{table}
2   \begin{floatrow}[数量]
3   \ttabbox[宽度]{\caption{标题1}}{表格1}
4   \ttabbox[宽度]{\caption{标题2}}{表格2}
5   ...
```

```
6    \end{floatrow}
7    \end{table}
```

▶ 宽度是可选参数,用于设定图表标题的宽度,通常可以省略。

▶ 各种距离参数见表 10-2。

表 10-2　参数的含义

参数	含义
captionskip=	设置标题与图表的垂直距离,默认值是 10 pt。修改该参数的格式为 \floatsetup={captionskip=数值}
floatrowsep=	浮动体之间的距离,该参数的通常设置为 \floatsetup={floatrowsep=none}
\FBaskip	设置浮动体与上文之间的垂直距离,修改格式为 \renewcommand\FBaskip{数值}
\FBbskip	设置浮动体与下文之间的垂直距离,修改格式为 \renewcommand\FBbskip{数值}

例 **10.3.4** 并排放置两张插图。

```
1    \documentclass{ctexbook}
2    \usepackage{graphicx}
3    \usepackage{floatrow}
4    \floatsetup{captionskip=3pt,floatrowsep=none}
5    \renewcommand\FBbskip{-10pt}
6    \usepackage{caption}
7    \captionsetup{labelsep=quad,font=rm,font=small,figurewithin=section,aboveskip=3pt}
8    \renewcommand{\thefigure}{\thesection{}-\arabic{figure}}
9    \begin{document}
10   \chapter{函数}
11   \section{函数极值}
12   本定理的几何意义如图\ref{tb},曲线$y=f(x)$在$a,b$处有相同高度,如果在点$c$处,曲线达到最
        大高度,并有切线存在,那么,曲线在该处的切线与$x$轴平行。同样,在曲线的最低点处的切线
        也与$x$轴平行。
13   \begin{figure}[!h]
14   \begin{floatrow}
15   \ffigbox{\caption{}\label{tb}}{\includegraphics{222.png}}
16   \ffigbox{\caption{}\label{tc}}{\includegraphics{223.png}}
17   \end{floatrow}
18   \end{figure}
19   \par
20   {\heiti 注意}\quad 如果罗尔定理中的条件不被满足,结论就不成立。例如$g(x)=1-|x|$在$[-1,1]$
        上连续,且$g(-1)=g(1)=0$,但在$x=0$处,$g'(x)$不存在,对于这个$g$,在$(-1,1)$中就没
        有$c$能使$g'(c)=0$。它的图像如图\ref{tc} 所示。
21   \end{document}
```

1.1　函数极值

　　本定理的几何意义如图 1.1-1，曲线 $y = f(x)$ 在 a, b 处有相同高度，如果在点 c 处，曲线达到最大高度，并有切线存在，那么，曲线在该处的切线与 x 轴平行。同样，在曲线的最低点处的切线也与 x 轴平行。

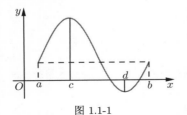

图 1.1-1

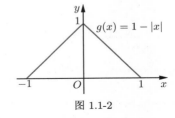

图 1.1-2

　　注意　如果罗尔定理中的条件不被满足，结论就不成立。例如 $g(x) = 1 - |x|$ 在 $[-1, 1]$ 上连续，且 $g(-1) = g(1) = 0$，但在 $x = 0$ 处，$g'(x)$ 不存在，对于这个 g，在 $(-1, 1)$ 中就没有 c 能使 $g'(c) = 0$。它的图像如图 1.1-2 所示。

▶ 本例给出了一个多个插图并排的实例，其中包含了各种距离的调整，读者可以仿照本例设置插图格式。

▶ 使用 `floatrow` 宏包会导致表格标题放在表格下方，此时可在导言区加上命令：

```
1  \captionsetup[table]{position=above}
```

使得表格标题的位置仍在表格上方。

10.3.5　非浮动环境的图表

　　`caption` 宏包提供了在非浮动环境下给图表加标题的命令：

```
1  \captionof{类型}{标题}
2  \captionof*{类型}{标题}
```

- 类型可填 `figure`（图）或者 `table`（表）。
- 带 `*` 的形式没有编号，只显示标题。

例 10.3.5　排版边注中的插图。为了节约篇幅，这里只给出关键代码。

```
1  容易看出，这个函数当$x=0$时取到最大值1，当自变量$x$的绝对值逐渐变大时，函数值逐渐变小并趋
   向于1，但永远不会等于0。于是可知这个函数的值域为集合
2  \[\Set*{y\given y=\dfrac{1}{x^2+1},x\in\textbf{R}}=(0,1].\]
3  借助信息技术可以画出$f(x)$的图像（如图 \ref{ca} 所示）。
4  \marginnote{\centering\includegraphics{315.png}\captionof{figure}{}\label{ca}}[-7em]
```

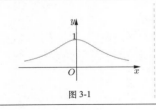

图 3-1

　　容易看出，这个函数当 $x = 0$ 时取到最大值 1，当自变量 x 的绝对值逐渐变大时，函数值逐渐变小并趋向于 1，但永远不会等于 0. 于是可知这个函数的值域为集合

$$\left\{ y \,\middle|\, y = \frac{1}{x^2 + 1}, x \in \mathbf{R} \right\} = (0, 1].$$

借助信息技术可以画出 $f(x)$ 的图像（如图 3-1 所示）.

- 第 4 行代码把插图放入边注区域，\centering 指定插图居中。
- 第 4 行代码的 \captionof{figure}{} 告诉系统这是图片，则标题放在图片下方，这里只显示编号，不显示标题，故标题空置。
- \captionof 仍然可以实现编号的交叉引用。

10.4　图文混排

10.4.1　绕排宏包 wrapfig

wrapfig 宏包实现图文混排的命令环境结构如下：

```
1  \begin{wrapfigure}[行数]{位置}{宽度}
2  插图
3  \caption{标题}
4  \end{wrapfigure}
```

- 参数说明见表 10-3。

表 10-3　参数的含义

参数	含义
位置	必选参数，指定插图在文字的左侧 l 或右侧 r
宽度	必选参数，指定插图所占的宽度
行数	可选参数，指定插图占用的行数，如果空置则会按内容高度自动计算，但自动计算的结果有时偏大，故实际微调时还是会用到该参数

10.4.2　讲义中的图文混排

例 10.4.1　设置讲义图文混排。本例只给出图文混排部分的代码。

```
1  以后，极大值与极小值统称为{\bf 极值}，极大点与极小点统称为{\bf 极值点}.\par
2  \begin{wrapfigure}[5]{r}{3.5cm}
3  \includegraphics{228.png}
4  \caption{}\label{ag}
5  \end{wrapfigure}
6  下面我们来讨论如何确定一个函数的极值.\par
7  (1)若$x_0$是$f(x)$的极值点，且$f(x)$在点$x_0$可微，那么总存在$x_0$的一个邻域，使$f(x)$在
     点$x_0$的邻域中满足费马条件，因而必有$f'(x_0)=0$.例如1.中的例4，$f'(1)=f'(2)=0$.\par
8  (2)若$f(x)$在$x_0$不可微，这时$x_0$也可能是极值点.例如，$f(x)=|x|$，它在$x_0$这一点不可
     微，但从图\ref{ag} 即可看出$x_0=0$是它的极小点.\par
9  这就告诉我们连续函数的极值点应该从它的导函数$f'(x)$的零点和$f(x)$的不可微点中
```

以后,极大值与极小值统称为**极值**,极大点与极小点统称为**极值点**.

下面我们来讨论如何确定一个函数的极值.

(1) 若 x_0 是 $f(x)$ 的极值点,且 $f(x)$ 在点 x_0 可微,那么总存在 x_0 的一个邻域,使 $f(x)$ 在点 x_0 的邻域中满足费马条件,因而必有 $f'(x_0) = 0$. 例如 1. 中的例 4,$f'(1) = f'(2) = 0$.

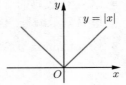

图 2.3-6

(2) 若 $f(x)$ 在 x_0 不可微,这时 x_0 也可能是极值点. 例如,$f(x) = |x|$,它在 x_0 这一点不可微,但从图 2.3-6 即可看出 $x_0 = 0$ 是它的极小点.

这就告诉我们连续函数的极值点应该从它的导函数 $f'(x)$ 的零点和 $f(x)$ 的不可微点中

▶ 从效果看,图片(包含标题)实际占用了 6 行,但这里给的参数是 5,所以可选参数行数不一定是图片实际占的行数。当图片下方出现过多空白时,往往要用行数进行微调,但也不能保证效果一定是最好的。

10.4.3 试卷中的图文混排

试卷中有大量的排序列表环境,这使得图文混排举步维艰。这里给出一个相对较好的处理方法,其命令环境的结构如下:

```
1  \begin{enumerate}
2  \item ...
3  \end{enumerate}
4  \WFclear
5  \begin{wrapfigure}[行数]{位置}{宽度}
6  插图...
7  \caption*{标题}
8  \end{wrapfigure}
9  \mbox{}
10 \begin{enumerate}[resume,before=\vspace*{数值}]
11 \item ...
12 \end{enumerate}
13 \WFclear
14 \begin{enumerate}[resume]
15 \item ...
16 \end{enumerate}
```

- 第 1~3 行代码称为"上文",第 4~13 行代码为图文混排部分,第 14~16 行代码称为"下文"。
- 第 4、9、13 行代码是正确绕排的关键!
- 实施图文混排的试题不能与上一组试题在同一个排序列表环境里,必须单独放在一个排序列表环境里,故第 10 行代码的 resume 选项非常重要,它可以接续上一个列表环境的序号。
- 第 10 行代码的可选参数 before=\vspace*{数值},用来调节试题与上文的距离,一般在 −12 pt 和 −15 pt 之间。
- 如果一张插图与一道试题的高度差不多,那么第 10~12 行代码的排序列表环境就写一道试题;如果一张插图的高度大约是两道试题的高度,那么第 10~12 行代码的排序列表环境就写两道试题;依次类推。注意,要参与图文混排的排序列表环境不能写过多的条目。

- 上下文之间要写 \WFclear 命令，以消除绕排环境的影响。
- 绕排环境与排序列表环境之间必须加 \mbox{} 命令，少了这条命令就不能正确绕排。

例 10.4.2 设置解答题图文混排。本例只给出图文混排部分的关键代码。

```
1  \WFclear
2  \begin{wrapfigure}{r}{4.3cm}
3  \includegraphics{21.png}
4  \caption*{（第21题图）}
5  \end{wrapfigure}
6  \mbox{}
7  \begin{enumerate}[before=\vspace{-15pt}]
8  \item （本题满分15分）已知抛物线C：$x^2=4y$，过点$P(t,0)(t>0)$作互相垂直的两条直线$l_1$，$l_2$，直线$l_1$与抛物线C相切于点$Q$（$Q$在第一象限内），直线$l_2$与抛物线C交于$A$，$B$两点.
9  \begin{enumerate}
10 \item
11 \begin{enumerate}
12 \item 求切点$Q$的坐标（用$t$表示）；
13 \item 求证：直线$l_2$恒过定点.
14 \end{enumerate}
15 \item 记直线$AQ$，$BQ$的斜率分别为$k_1$，$k_2$，当$k_1^2+k_2^2$取到最小值时，求点$P$的坐标.
16 \end{enumerate}
17 \end{enumerate}
18 \WFclear
```

21.(本题满分 15 分) 已知抛物线 $C: x^2 = 4y$，过点 $P(t, 0)(t > 0)$ 作互相垂直的两条直线 l_1, l_2，直线 l_1 与抛物线 C 相切于点 Q(Q 在第一象限内)，直线 l_2 与抛物线 C 交于 A, B 两点.

（Ⅰ）（ⅰ）求切点 Q 的坐标(用 t 表示)；

（ⅱ）求证：直线 l_2 恒过定点.

（Ⅱ）记直线 AQ, BQ 的斜率分别为 k_1, k_2，当 $k_1^2 + k_2^2$ 取到最小值时，求点 P 的坐标.

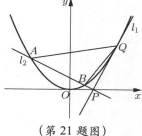

（第 21 题图）

▶ 为了节约篇幅，本例没有呈现第 22 题的插图。

▶ wrapfig 宏包对嵌套列表环境也适用，这是某些绕排宏包所不具备的。

例 10.4.3 排版 2018 年 6 月浙江学考第 20 题。本例只给出图文混排部分的关键代码。

```
1  \begin{enumerate}
2  \item 已知$x,y$是正实数，则下列式子中能使$x>y$恒成立的是
3  \xx{$x+\zgfrac{2}{y}>y+\zgfrac{1}{x}$}{$x+\zgfrac{1}{2y}>y+\zgfrac{1}{x}$}
4  {$x-\zgfrac{2}{y}>y-\zgfrac{1}{x}$}{$x-\zgfrac{1}{2y}>y-\zgfrac{1}{x}$}
```

```
5   \end{enumerate}
6   \begin{description}
7   \item[二、] 填空题（{\kaishu 本大题共4小题，每空3分，共15分. }）
8   \end{description}
9   \WFclear
10  \begin{wrapfigure}[5]{r}{2.22cm}
11  \includegraphics[]{020.pdf}
12  \caption*{（第20题图）}
13  \end{wrapfigure}
14  \mbox{}
15  \begin{enumerate}[resume,before=\vspace*{-12pt}]
16  \item 圆$(x-3)^2+y^2=1$的圆心坐标是\undsp，半径长为\undsp.
17  \item 如图,设边长为4的正方形为第1个正方形,将其各边相邻的中点相连,得到第2个
        正方形各边相邻的中点相连,得到第3个正方形,依次类推,则第6个正方形的面积为\undsp.
18  \item 已知$\lg a-\lg b=\lg(a-b)$，则实数$a$的取值范围是\undsp.
19  \end{enumerate}
20  \WFclear
21  \begin{enumerate}
22  \item 已知动点$P$在直线$l: 2x+y=2$上，过点$P$作互相垂直的直线$PA,PB$分别交$x$轴，$y$轴于
        $A,B$两点，$M$为线段$AB$的中点，$O$为坐标原点，则$\vv{OM}\cdot\vv{OP}$的最小值是\
        undsp.
23  \end{enumerate}
```

18.已知 x,y 是正实数,则下列式子中能使 $x>y$ 恒成立的是

   A. $x+\dfrac{2}{y}>y+\dfrac{1}{x}$ B. $x+\dfrac{1}{2y}>y+\dfrac{1}{x}$

   C. $x-\dfrac{2}{y}>y-\dfrac{1}{x}$ D. $x-\dfrac{1}{2y}>y-\dfrac{1}{x}$

二、填空题(本大题共 4 小题,每空 3 分,共 15 分.)

19.圆 $(x-3)^2+y^2=1$ 的圆心坐标是_____,半径长为_____.

20.如图,设边长为 4 的正方形为第 1 个正方形,将其各边相邻的中点相连,得到第 2 个正方形,再将第 2 个正方形各边相邻的中点相连,得到第 3 个正方形,依次类推,则第 6 个正方形的面积为_____.

（第 20 题图）

21.已知 $\lg a-\lg b=\lg(a-b)$,则实数 a 的取值范围是_____.

22.已知动点 P 在直线 l：$2x+y=2$ 上,过点 P 作互相垂直的直线 PA,PB 分别交 x 轴,y 轴于 A,B 两点,M 为线段 AB 的中点,O 为坐标原点,则 $\overrightarrow{OM}\cdot\overrightarrow{OP}$ 的最小值是_____.

▶ 试卷的插图不需要序号,故第 12 行代码是带 * 的命令.

10.4.4   表格中的插图

    中学教辅书排版过程中经常会遇到把图片插入单元格内的情况,有时会导致单元格文本的位置不再垂直居中,下面给出解决方法.

例 **10.4.4** 排版表格中的图片。

```
1  \documentclass{ctexart}
2  \usepackage{amsmath,graphicx,array,makecell,colortbl}
3  \newcolumntype{M}[1]{>{\centering\arraybackslash}m{#1}}
4  \begin{document}
5  \begin{tabular}{M{12em}M{10em}}\hline
6  图像 & 解集\\\hline
7  \makecell{\Gape[4pt]{\includegraphics{814.png}}} & $\{x \mid 0<x<4\}$\\\hline
8  \end{tabular}\\\vspace{2em}
9  \end{document}
```

图像	解集
	$\{x \mid 0 < x < 4\}$

▶ \Gape 命令增加了单元格的高度。使用 \Gape 命令后，在其外面再加上 \makecell，即可实现图片垂直居中。

10.5　8 开试卷拼页

本节讲解 8 开试卷拼页，核心要领是分栏与插图。

例 **10.5.1** 排版 2019 年高考浙江理科数学卷 8 开拼页。

实现拼页的步骤是：

第一步，正常编译得到 PDF 格式的 16 开大小的 4 页试卷。

第二步，用 WPS 软件打开第一步得到的试卷，依次单击【页面】、【PDF 拆分】、【开始拆分】，把 4 页试卷拆分成 4 个 PDF 文档。

第三步，在 DOS 窗口下，用 pafcrop 命令分别裁剪上述 4 个 PDF 文档的多余空白，这里假设裁剪后的第 1 页文档命名为 1.pdf，依次类推。

第四步，新建源文件（保存在与第三步得到的 PDF 文档相同的文件夹下），设置如下：

```
1  \documentclass{ctexbook}
2  \usepackage{geometry}
3  \geometry{paperheight=26cm,paperwidth=36.8cm,left=2.5cm,right=2cm ,bottom=1cm,top=1cm}
4  \usepackage{graphicx}
5  \usepackage{multicol}
6  \setlength\columnseprule{1pt}
7  \pagestyle{empty}
8  \begin{document}
```

```
 9  \begin{multicols}{2}
10  \centering
11  \includegraphics{1.pdf}
12  \includegraphics{2.pdf}
13  \end{multicols}
14  \begin{multicols}{2}
15  \centering
16  \includegraphics{3.pdf}
17  \includegraphics{4.pdf}
18  \end{multicols}
19  \end{document}
```

第五步，编译得到结果。

► 本例的基本思路是把 4 页的试卷先单独拆分成 4 个 PDF 文档,再用插图的形式把 4 个 PDF 文档放入每一栏,得到 8 开试卷。这样做的好处是页脚容易控制,且分栏线延伸到页脚区域。

► 第 3 行代码设置 8 开版心,第 7 行代码清空页脚,因为页脚已经包含在 PDF 图片中了。

例 10.5.2 排版 8 开答题纸拼页 。

```
1   \documentclass{ctexbook}
2   \usepackage{geometry}
3   \geometry{paperheight=26cm,paperwidth=36.8cm,left=3cm,right=0cm,bottom=1cm,top=1cm}
4   \usepackage{tikz,tikzpagenodes}
5   \usetikzlibrary{decorations.markings,decorations.text}
6   \usepackage[pagestyles]{titlesec}
7   \newpagestyle{mifeng} {
8   \sethead[
9   \begin{tikzpicture}[remember picture,overlay]
10  \draw[line width=2.7pt,line cap=round, dash pattern=on 0pt off 9pt]([xshift=-2.8cm]
        current page.north east)--([xshift=-2.8cm]current page.south east);
11  \fill[decorate,decoration={
12  markings,
13  mark = between positions 0.04 and 0.98 step 4cm with{
14  \node[circle,draw=black,fill=white]{};}
15  }]([xshift=-2.8cm]current page.north east)--([xshift=-2.8cm]current page.south east);
16  \path[decorate,decoration={
17  text along path,
18  text align=fit to path,
19  text={密封线内不得答题}}]([xshift=-2.4cm,yshift=-5cm]current page.north east)--([xshift
        =-2.4cm,yshift=5cm]current page.south east);
20  \end{tikzpicture}
21  ][][]
22  {\begin{tikzpicture}[remember picture,overlay,every node/.style={fill=white},transform
        shape]
23  \draw[line width=2.7pt,line cap=round, dash pattern=on 0pt off 9pt]([xshift=2.8cm]
        current page.north west)--([xshift=2.8cm]current page.south west);
24  \fill[decorate,decoration={
25  markings,
26  mark = between positions 0.04 and 0.98 step 4cm with{
27  \node[circle,draw=black,fill=white]{};}
28  }]([xshift=2.8cm]current page.north west)--([xshift=2.8cm]current page.south west);
29  \path[decorate,decoration={
30  text along path,
31  text align=fit to path,
32  reverse path,
33  text={密封线内不得答题}}]([xshift=2.4cm,yshift=-5cm]current page.north west)--([xshift
        =2.4cm,yshift=5cm]current page.south west);
34  \draw[line width=0.5pt]([xshift=1.4cm,yshift=-2.5cm]current page.north west)--([xshift
```

```
35    =1.4cm,yshift=3.2cm]current page.south west);
      \node[rotate=90]at(-1.8,-22){学校};
36    \node[rotate=90]at(-1.8,-18){\quad 班级};
37    \node[rotate=90]at(-1.8,-14){\quad 姓名};
38    \node[rotate=90]at(-1.8,-10){\quad 学号};
39    \node[rotate=90]at(-1.8,-6){\quad 准考证号};
40    \end{tikzpicture}
41    }{}{}
42    }
43    \pagestyle{mifeng}
44    \usepackage{graphicx}
45    \usepackage{multicol}
46    \setlength{\columnseprule}{1pt}
47    \begin{document}
48    \begin{multicols}{2}
49    \centering
50    \includegraphics{1.pdf}
51    \includegraphics{2.pdf}
52    \end{multicols}
53    \begin{multicols}{2}
54    \centering
55    \includegraphics{3.pdf}
56    \includegraphics{4.pdf}
57    \end{multicols}
58    \end{document}
```

兰溪市游埠中学 2019 学年度第二学期第一次阶段性考试

高二数学答题卷

题　号	一	二	三						总分
			18	19	20	21	22		
得　分									
评卷人									

一、选择题：每小题 4 分，共 40 分。

题号	1	2	3	4	5	6	7	8	9	10
答案										

二、填空题：多空题每题 6 分，单空题每题 4 分，共 36 分。

11.＿＿＿＿＿，＿＿＿＿＿　　　12.＿＿＿＿＿

13.＿＿＿＿＿，＿＿＿＿＿　　　14.＿＿＿＿＿，＿＿＿＿＿

15.＿＿＿＿＿　　　16.＿＿＿＿＿　　　17.＿＿＿＿＿

三、解答题：本大题共 74 分。

18. （本题满分 14 分）

19. （本题满分 15 分）

20. （本题满分 15 分）

学校　　班级　　姓名　　学号　　准考证号

密　封　线　内　不　得　答　题

数学答题卷第 1 页（共 4 页）　　　　数学答题卷第 2 页（共 4 页）

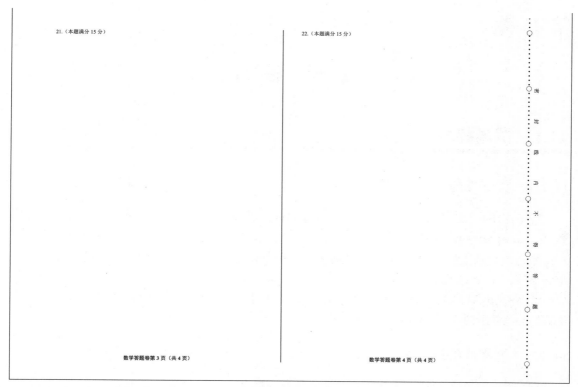

▶ 本例用 tikz 实现了密封线,可参考第 3 章的相关内容,关键是使用了沿路径装饰的功能。

▶ 使用代码绘制密封线是十分精确的,它能保证正反面的密封线重合,且圆圈也重合。

▶ 这里把密封线放到页眉处绘制,主要是考虑有可能遇到直接在试卷上作答的两张 8 开的那种试卷,那就可能有 4 条密封线,页眉就可以奇偶页重复出现。

第 11 章

玩 转 模 板

11.1 试卷模板

11.1.1 类文件与宏包

LaTeX 的类文件以 .cls 为后缀,在 documentclss 命令中使用;宏包文件以 .sty 为后缀,在 \usepackage 命令中使用。

编写宏包或者类文件简单来说就是把导言区的内容集中放在一个文件里,这个文件名以 .sty 或者 .cls 结尾。

本节介绍简单试卷模板(类文件)的编写,考虑到多数省份回归使用全国卷,故笔者以最新版的高考题型为蓝本,编写高考试卷模板。

11.1.2 类文件的编写

```
1   %设定所需系统的版本
2   \NeedsTeXFormat{LaTeX2e}
3   %设定类文件的名称
4   \ProvidesClass{GKSJ}
5   %加载ctexart文类
6   \LoadClass{ctexart}
7   %空心句号自动转化为实心点号
8   \defaultfontfeatures{Mapping=fullwidth-stop}
9   %开明标点制，全文宋体标点，数学模式直接输入中文，避免孤字成行
10  \xeCJKsetup{PunctStyle=kaiming,PunctFamily=zhsong,CJKmath,CheckSingle}
11  %设置英文字体
12  \setmainfont[BoldFont=Times New Roman-Bold,BoldItalicFont=Times New Roman-Bold Italic]{
       CMU Serif}
13  \setsansfont{Arial}
14  \setmonofont{CMU Typewriter Text}
15  %数学宏包
16  \RequirePackage{mathtools,amssymb,mathrsfs,empheq,scalerel,esvect,zhmathstyle,
       mathsymbolzhcn}
17  %数学字体尺寸
18  \DeclareMathSizes{10.5bp}{10.5bp}{6.8pt}{6pt}
19  %设置16K页面
20  \RequirePackage[paperheight=26cm,paperwidth=18.4cm,left=2cm,right=2cm,top=1.5cm,bottom
       =2cm,headsep=10pt]{geometry}
21  %显示页数
22  \RequirePackage{lastpage}
23  %页脚
```

```
24  \RequirePackage[pagestyles]{titlesec}
25  \newpagestyle{shijuan}{
26  \setfoot{}{\bf 数学试题 第{\thepage} 页 （共~{\pageref{LastPage}}~页）}{}
27  }
28  \pagestyle{shijuan}
29  %带圈数字宏包
30  \RequirePackage{zhshuzi}
31  %列表环境
32  \RequirePackage{enumitem}
33  \setenumerate{itemsep=0pt,partopsep=0pt,parsep=\parskip,topsep=0pt}
34  \setenumerate[1]{align=left,label=\bf\arabic*.,labelwidth=1.5em,labelsep=0.1em,
        leftmargin=1.6em,resume}
35  \setenumerate[2]{align=left,label= (\RomanCn*) ,labelwidth=2.2em,labelsep=0.2em,
        leftmargin=2.4em}
36  \setenumerate[3]{align=left,label= (\romanCn*) ,labelwidth=2.2em,labelsep=0.2em,
        leftmargin=2.4em}
37  \setdescription[1]{itemsep=0pt,partopsep=0pt,parsep=\parskip,topsep=0pt,align=left,
        labelindent=0em,labelwidth=2em,labelsep=0em,leftmargin=2em}
38  %对位环境
39  \RequirePackage{hlist}
40  \newenvironment{xx}[5][4]{
41  \begin{hlist}[pre skip=0pt,post skip=0pt,label=\Alpha{hlisti}.,pre label=,item offset
        =1.2em,col sep=0.5em]#1
42  \hitem #2 \hitem #3 \hitem #4 \hitem #5
43  }{\end{hlist}}
44  \newenvironment{tg}[5][4]{
45  \begin{hlist}[pre skip=0pt,post skip=0pt,show label= false,pre label=,col sep=0.5em,
        item offset=1.2em]#1
46  \hitem #2 \hitem #3 \hitem #4 \hitem #5
47  }{\end{hlist}}
48  %中文罗马数字宏包
49  \RequirePackage{zhluoma}
50  %图片宏包
51  \RequirePackage{graphicx}
52  %图表标题格式
53  \RequirePackage[labelfont=rm,labelsep=quad]{caption}
54  \setlength\intextsep{0pt}
55  \setlength\abovecaptionskip{3pt}
56  %图文混排宏包
57  \RequirePackage{wrapfig}
58  %自定义填空题横线
59  \newcommand{\tk}{\CJKunderline{\hspace*{1.6em}$\blacktriangle$\hspace*{1.6em}}}
60  %%%表格宏包及其设置
61  \RequirePackage{array,multirow,makecell,booktabs,hhline,colortbl}
62  \setlength{\abovetopsep}{0ex} \setlength{\belowrulesep}{0ex}
63  \setlength{\aboverulesep}{0ex} \setlength{\belowbottomsep}{0ex}
64  \newcolumntype{P}[1]{>{\centering\arraybackslash}p{#1}}
65  \newcolumntype{Y}{!{\vrule width 0.08em}}
```

```
66  %行距调整
67  \lineskiplimit=5pt
68  \lineskip=6pt
69  %定界符高度调整
70  \delimiterfactor=800
71  %卷头环境
72  \newenvironment{juantou}{{\bf 绝密$\bigstar$启用前}
73  \begin{center}\zihao{3}}{\\\zihao{-2}{\bf 数\quad 学}\end{center}}
74  %注意事项
75  \newcommand{\zysx}[1]{
76  {\bf 注意事项: }\par
77  1. 答卷前，考生务必将自己的姓名、准考证号等填写在答题卡和试卷指定位置上.\par
78  2. 回答选择题时，选出每个小题答案后，用铅笔把答题卡上对应题目的答案标号涂黑.如需改动，用橡皮
        擦干净后，再选涂其他答案标号，回答非选择题时，将答案写在答题卡上.写在本试卷上无效.\par
79  3. 考试结束后，将本试卷和答题卡一并交回.\par
80  \vspace{#1}}
81  %第一大题
82  \newcommand{\danxuan}{
83  \begin{description}
84  \item[一、]{\bf 选择题：本题共8小题，每小题5分，共40分.在每小题给出的四个选项中，只有一项是
        符合题目要求的.}
85  \end{description}}
86  %第二大题
87  \newcommand{\duoxuan}{
88  \begin{description}
89  \item[二、]{\bf 多项选择题：本题共4小题，每小题5分，共20分.在每小题给出的选项中，有多项符合
        题目要求.全部选对的得5分，部分选对的得3分，有选错的得0分.}
90  \end{description}}
91  %第三大题
92  \newcommand{\tiankong}{
93  \begin{description}
94  \item[三、]{\bf 填空题：本题共4小题，每小题5分，共20分.}
95  \end{description}}
96  %第四大题
97  \newcommand{\jieda}{
98  \begin{description}
99  \item[四、]{\bf 解答题：本题共6小题，共70分.解答应写出文字说明、证明过程或演算步骤.}
100 \end{description}}
101 %数学环境下使用中文冒号
102 \AtBeginDocument{
103 \begingroup
104 \catcode `\:=\active
105 \scantokens{\gdef:{\mathpunct{\mbox{: \hspace{-0.18em}}}}}
106 \endgroup
107 \mathcode`\:="8000}
108 %数学环境下使用中文逗号
109 \makeatletter
110 \begingroup
```

```
111  \catcode`\,=\active
112  \def\@x@{\def,{\mathpunct{\mbox{, \hspace{-0.18em}}}}}
113  \expandafter\endgroup\@x@
114  \mathcode`\,="8000
115  \makeatother
116  \endinput
```

11.1.3 保存模板

将模板命名为 GKSJ.cls,保存在 E:\texlive\2021\texmf-dist\tex\latex 目录下,在 DOS 窗口输入 texhash,刷新数据,即可使用。

11.1.4 使用试卷模板

```
1   \documentclass{GKSJ}
2   \begin{document}
3   \abovedisplayshortskip=5pt \belowdisplayshortskip=5pt
4   \abovedisplayskip=5pt \belowdisplayskip=5pt
5   \begin{juantou}
6   2020年普通高等学校招生全国统一考试模拟试卷
7   \end{juantou}
8   \zysx{2em}
9   \danxuan
10  \begin{enumerate}
11  \item 设集合$A=\Set{x\given 1\leqslant x\leqslant 3}$, $B=\Set{x\given 2<x<4}$, 则$A\cup
        B=$
12  \begin{xx}
13  {$\Set{x\given 2<x\leqslant 3}$}{$\Set{x\given 2\leqslant x\leqslant 3}$}{$\Set{x\given
        1\leqslant x<4}$}{$\Set{x\given 1<x<4}$}
14  \end{xx}
15  \item $\zfrac{2-\mathrm{i}}{1+2\mathrm{i}}=$
16  \begin{xx}
17  {$1$}{$-1$}{$i$}{$-\mathrm{i}$}
18  \end{xx}
19  \item 6名同学到甲、乙、丙3个场馆做志愿者, 每名同学只去1个场馆, 甲场馆安排1名, 乙场馆安排2
        名, 丙场馆安排3名, 则不同的安排方法共有
20  \begin{xx}
21  {120种}{90种}{60种}{30种}
22  \end{xx}
23  \item 函数$y=2^{|x|}\sin 2x$的图像可能是
24  \vspace{-1em}
25  \begin{center}
26  \begin{tabular}{cccc}
27  \includegraphics{185a.png}&\includegraphics{185b.png}
28  &\includegraphics{185c.png}&\includegraphics{185d.png}\\
29  A.&B.& C.& D.\\
30  \end{tabular}
```

```
31  \end{center}
32  \item 已知平面$\alpha$，直线$m,n$满足$m\not\subset\alpha,n\subset\alpha$，
33  则"$m\zhparallel n$"是"$m\zhparallel\alpha$"的
34  \begin{xx}[2]
35  {充分不必要条件}{必要不充分条件}{充分必要条件}{既不充分也不必要条件}
36  \end{xx}
37  \item 已知$\boldsymbol{a},\boldsymbol{b},\boldsymbol{e}$是平面向量，$\boldsymbol{e}$是单
        位向量.若非零向量$\boldsymbol{a}$与$\boldsymbol{e}$的夹角为$\zfrac{\uppi}{3}$，向量$\
        boldsymbol{b}$满足$\boldsymbol{b}^2-4\boldsymbol{e}\cdot\boldsymbol{b}+3=0$，
38  则$|\boldsymbol{a}-\boldsymbol{b}|$的最小值是
39  \begin{xx}
40  {$\sqrt{3}-1$}{$\sqrt{3}+1$}{$2$}{$2-\sqrt{3}$}
41  \end{xx}
42  \item 已知$a_1,a_2,a_3,a_4$成等比数列，且$a_1+a_2+a_3+a_4=\ln(a_1+a_2+a_3)$.
43  若$a_1>1$，则
44  \begin{xx}[2]
45  {$a_1<a_3,a_2<a_4$}{$a_1>a_3,a_2<a_4$}
46  {$a_1<a_3,a_2>a_4$}{$a_1>a_3,a_2>a_4$}
47  \end{xx}
48  \item 设函数的集合
49  \[P=\Set*{f(x)=\log_2(x+a)+b\given a=-\zfrac{1}{2},0,\zfrac{1}{2},1;b=-1,0,1},\]
50  平面上点的集合
51  \[Q=\Set*{(x,y)\given x=-\zfrac{1}{2},0,\zfrac{1}{2},1;y=-1,0,1},\]
52  则在同一直角坐标系中，$P$中函数$f(x)$的图像\CJKunderdot[format=\Large]{恰好}经过$Q$中两个
        点的函数的个数是
53  \begin{xx}
54  {4}{6}{8}{10}
55  \end{xx}
56  \end{enumerate}
57  \duoxuan
58  \begin{enumerate}
59  \item 已知双曲线$C$过点$(3,\sqrt{2})$且渐近线为$y=\pm\zfrac{\sqrt{3}}{3}x$，则下
60  列结论正确的是
61  \begin{xx}[1]
62  {$C$的方程为$\zfrac{x^2}{3}-y^2=1$}
63  {$C$的离心率为$\sqrt{3}$}
64  {曲线$y=\mathrm{e}^{x-2}-1$经过$C$的一个焦点}
65  {直线$x-\sqrt{2}y-1=0$与$C$有两个焦点}
66  \end{xx}
67  \item 设$0<p<1$，随机变量$\xi$的分布列是
68  \begin{center}
69  \begin{tabular}{YP{3em}|P{3em}|P{3em}|P{3em}Y}\toprule
70  $\xi$ &\makecell{\Gape[8pt]{0}} & 1 & 2\\\hline
71  $P$ &$\zfrac{1-p}{2}$& \makecell{\Gape[4pt]{$\zfrac{1}{2}$}} & $\zfrac{p}{2}$\\
72  \bottomrule
73  \end{tabular}
74  \end{center}
75  则当$p$在$(0,1)$内增大时
```

```
76  \begin{xx}[2]
77  {$D(\xi)$减小}{$D(\xi)$增大}{$D(\xi)$先减小后增大}{$D(\xi)$先增大后减小}
78  \end{xx}
79  \item 已知四棱锥$S-ABCD$的底面是正方形，侧棱长均相等，$E$是线段$AB$上的点（不含端点）.设
        $SE$与$BC$所成的角为$\theta_1$，$SE$与平面$ABCD$所成的角为$\theta_2$，二面角$S-AB-C$
        的平面角为$\theta_3$，则
80  \begin{xx}[2]
81  {$\theta_1\leqslant\theta_2\leqslant\theta_3$}
82  {$\theta_3\leqslant\theta_2\leqslant\theta_1$}
83  {$\theta_1\leqslant\theta_3\leqslant\theta_2$}
84  {$\theta_2\leqslant\theta_3\leqslant\theta_1$}
85  \end{xx}
86  \item 函数$f(x)$的定义域为$\mathbb{R}$，且$f(x+1)$与$f(x+2)$都为奇函数，则
87  \begin{xx}[2]
88  {$f(x)$为奇函数}{$f(x)$为周期函数}{$f(x+3)$为奇函数}{$f(x+4)$为偶函数}
89  \end{xx}
90  \end{enumerate}
91  \newpage
92  \tiankong
93  \begin{enumerate}
94  \item 函数$f(x)=\sin\left(2x-\zfrac{\uppi}{4}\right)-2\sqrt{2}\sin^2x$的最小正周期是\tk.
95  \item 设抛物线$y^2=2px(p>0)$的焦点为$F$，点$A(0,2)$.若线段$FA$的中点$B$在抛物线上，则$B$到
        该抛物线准线的距离为\tk.
96  \item 设二项式$\Big(x-\zfrac{a}{\sqrt{x}}\Big)^6(a>0)$的展开式中$x^3$的系数为$A$，常数项
        为$B$，若$B=4A$，则$a$的值为\tk.
97  \item 设$n\geqslant 2,n\in\mathbb{N}$，
98  \[\Big(2x+\zfrac{1}{2}\Big)^n-\Big(3x+\zfrac{1}{3}\Big)^n
99  =a_0+a_1x+a_2x^3+\cdots+a_nx^n,\]
100 将$|a_k|(0\leqslant k\leqslant n)$的最小值记为$T_n$，则
101 \[T_2=0,T_3=\zfrac{1}{2^3}-\zfrac{1}{3^3},T_4=0,
102 T_5=\zfrac{1}{2^5}-\zfrac{1}{3^5},\cdots,T_n,\cdots, \]
103 其中$T_n=$\tk.
104 \end{enumerate}
105 \jieda
106 \begin{enumerate}
107 \item {\bf（本题满分10分）}已知角$\alpha$的顶点与原点$O$重合，始边与$x$轴的非负半轴重合，
        它的终边过点$P\left(-\zfrac{3}{5},-\zfrac{4}{5}\right)$.
108 \begin{enumerate}
109 \item 求$\sin(\alpha+\uppi)$;
110 \item 若角$\beta$满足$\sin(\alpha+\beta)=\zfrac{5}{13}$，求$\cos\beta$的值.
111 \end{enumerate}
112 \vfill
113 \item {\bf（本题满分10分）}如图，已知多面体$ABC\gang A_1 B_1C_1$，$A_1A,B_1B,C_1C$均垂直
        于平面$ABC$，$\angle ABC=120^\circ$，$A_1A=4,C_1C=1,AB=BC=B_1B=2$.
114 \begin{enumerate}
115 \item 证明：$AB_1\perp$平面$A_1B_1C_1$;
116 \item 求直线$AC_1$与平面$ABB_1$所成的角的正弦值.
117 \end{enumerate}
```

```
118  \begin{flushright}
119  \begin{tabular}{c}
120  \includegraphics{1819.png}\\（第18题图）
121  \end{tabular}
122  \end{flushright}
123  \newpage
124  \item（{\bf 本题满分12分}）一个袋中装有大小相同的黑球、白球和红球．已知从袋中任意摸出1个
         球，得到黑球的概率是$\zfrac{2}{5}$；从袋中任意摸出2个球，至少得到1个白球的概率是$\
         zfrac{7}{9}$.
125  \begin{enumerate}
126  \item 若袋中共有10个球，
127  \begin{enumerate}
128  \item 求白球的个数；
129  \item 从袋中任意摸出3个球，记得到的白球个数为$\xi$，求随机变量$\xi$的数学期望$E(\xi)$.
130  \end{enumerate}
131  \item 求证：从袋中任意摸出2个球，至少得到1个黑球的概率不大于$\zfrac{7}{10}$.并指出袋中哪种
         颜色的球的个数最少.
132  \end{enumerate}
133  \vfill
134  \item {\bf （本题满分12分）}已知等比数列$\{a_n\}$的公比$q>1$，且$a_3+a_4+a_5=28$，$a_4+2$
         是$a_3,a_5$的等差中项.数列$\{b_n\}$满足$b_1=1$，数列$\{(b_{n+1}-b_n)a_n\}$的前$n$项和
         为$2n^2+n$.
135  \begin{enumerate}
136  \item 求$q$的值；
137  \item 求数列$\{a_n\}$的通项公式.
138  \end{enumerate}
139  \vfill
140  \item {\bf （本题满分13分）}已知$m>1$，直线$l:x-my-\zfrac{m^2}{2}=0$，椭圆$C:\zfrac{x^2}{
         m^2}+y^2=1$，$F_1,F_2$分别为椭圆$C$的左、右焦点.
141  \begin{enumerate}
142  \item 当直线$l$过右焦点$F_2$时，求直线$l$的方程；
143  \item 设直线$l$与椭圆$C$交于$A,B$两点，$\bigtriangleup AF_1F_2$，$\bigtriangleup BF_1F_2$
         的重心分别为$G,H$.若原点$O$在以线段$GH$为直径的圆内，求实数$m$的取值范围.
144  \end{enumerate}
145  \begin{flushright}
146  \begin{tabular}{c}
147  \includegraphics{1021.png}\\（第21题图）
148  \end{tabular}
149  \end{flushright}
150  \vfill
151  \item {\bf （本题满分13分）}已知函数$f(x)=\sqrt{x}-\ln x$.
152  \begin{enumerate}
153  \item 若$f(x)$在$x=x_1,x_2(x_1\neq x_2)$处导数相等，证明：$f(x_1)+f(x_2)>8-\ln 2$；
154  \item 若$a\leqslant 3-4\ln 2$，证明：对任意$k>0$，直线$y=kx+a$与曲线$y=f(x)$有唯一公共点.
155  \end{enumerate}
156  \end{enumerate}
157  \end{document}
```

11.1.5　编译结果展示

绝密 ★ 启用前

2020 年普通高等学校招生全国统一考试模拟试卷

数　学

注意事项：

1. 答卷前，考生务必将自己的姓名、准考证号等填写在答题卡和试卷指定位置上．

2. 回答选择题时，选出每个小题答案后，用铅笔把答题卡上对应题目的答案标号涂黑．如需改动，用橡皮擦干净后，再选涂其他答案标号，回答非选择题时，将答案写在答题卡上．写在本试卷上无效．

3. 考试结束后，将本试卷和答题卡一并交回．

一、选择题：本题共 8 小题，每小题 5 分，共 40 分．在每小题给出的四个选项中，只有一项是符合题目要求的．

1. 设集合 $A = \{x \mid 1 \leqslant x \leqslant 3\}, B = \{x \mid 2 < x < 4\}$，则 $A \cup B =$

A. $\{x \mid 2 < x \leqslant 3\}$　　　B. $\{x \mid 2 \leqslant x \leqslant 3\}$　　　C. $\{x \mid 1 \leqslant x < 4\}$　　　D. $\{x \mid 1 < x < 4\}$

2. $\dfrac{2 - \mathrm{i}}{1 + 2\mathrm{i}} =$

A. 1　　　　　　　　B. -1　　　　　　　　C. i　　　　　　　　D. $-\mathrm{i}$

3. 6 名同学到甲、乙、丙 3 个场馆做志愿者，每名同学只去 1 个场馆，甲场馆安排 1 名，乙场馆安排 2 名，丙场馆安排 3 名，则不同的安排方法共有

A. 120 种　　　　　　B. 90 种　　　　　　C. 60 种　　　　　　D. 30 种

4. 函数 $y = 2^{|x|} \sin 2x$ 的图像可能是

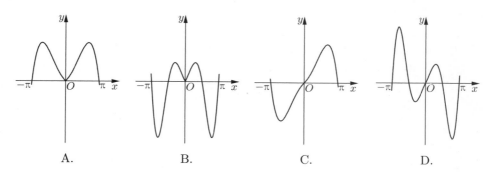

A.　　　　　　　　B.　　　　　　　　C.　　　　　　　　D.

5. 已知平面 α，直线 m, n 满足 $m \not\subset \alpha, n \subset \alpha$，则"$m \parallel n$"是"$m \parallel \alpha$"的

A. 充分不必要条件　　　　　　　　　B. 必要不充分条件

C. 充分必要条件　　　　　　　　　　D. 既不充分也不必要条件

6. 已知 $\boldsymbol{a}, \boldsymbol{b}, \boldsymbol{e}$ 是平面向量，$\boldsymbol{e}$ 是单位向量．若非零向量 $\boldsymbol{a}$ 与 $\boldsymbol{e}$ 的夹角为 $\dfrac{\pi}{3}$，向量 $\boldsymbol{b}$ 满足 $\boldsymbol{b}^2 - 4\boldsymbol{e} \cdot \boldsymbol{b} + 3 = 0$，则 $|\boldsymbol{a} - \boldsymbol{b}|$ 的最小值是

A. $\sqrt{3} - 1$　　　　　B. $\sqrt{3} + 1$　　　　　C. 2　　　　　D. $2 - \sqrt{3}$

7. 已知 a_1, a_2, a_3, a_4 成等比数列，且 $a_1 + a_2 + a_3 + a_4 = \ln(a_1 + a_2 + a_3)$. 若 $a_1 > 1$，则

    A. $a_1 < a_3, a_2 < a_4$ B. $a_1 > a_3, a_2 < a_4$

    C. $a_1 < a_3, a_2 > a_4$ D. $a_1 > a_3, a_2 > a_4$

8. 设函数的集合

$$P = \left\{ f(x) = \log_2(x + a) + b \,\middle|\, a = -\frac{1}{2}, 0, \frac{1}{2}, 1; b = -1, 0, 1 \right\},$$

平面上点的集合

$$Q = \left\{ (x, y) \,\middle|\, x = -\frac{1}{2}, 0, \frac{1}{2}, 1; y = -1, 0, 1 \right\},$$

则在同一直角坐标系中，P 中函数 $f(x)$ 的图像恰好经过 Q 中两个点的函数的个数是

    A. 4   B. 6   C. 8   D. 10

二、多项选择题：本题共 4 小题，每小题 5 分，共 20 分. 在每小题给出的选项中，有多项符合题目要求. 全部选对的得 5 分，部分选对的得 3 分，有选错的得 0 分.

9. 已知双曲线 C 过点 $(3, \sqrt{2})$ 且渐近线为 $y = \pm\frac{\sqrt{3}}{3}x$，则下列结论正确的是

    A. C 的方程为 $\dfrac{x^2}{3} - y^2 = 1$

    B. C 的离心率为 $\sqrt{3}$

    C. 曲线 $y = \mathrm{e}^{x-2} - 1$ 经过 C 的一个焦点

    D. 直线 $x - \sqrt{2}y - 1 = 0$ 与 C 有两个焦点

10. 设 $0 < p < 1$，随机变量 ξ 的分布列是

ξ	0	1	2
P	$\dfrac{1-p}{2}$	$\dfrac{1}{2}$	$\dfrac{p}{2}$

则当 p 在 $(0, 1)$ 内增大时

    A. $D(\xi)$ 减小   B. $D(\xi)$ 增大

    C. $D(\xi)$ 先减小后增大   D. $D(\xi)$ 先增大后减小

11. 已知四棱锥 $S-ABCD$ 的底面是正方形，侧棱长均相等，E 是线段 AB 上的点（不含端点）. 设 SE 与 BC 所成的角为 θ_1，SE 与平面 $ABCD$ 所成的角为 θ_2，二面角 $S-AB-C$ 的平面角为 θ_3，则

    A. $\theta_1 \leqslant \theta_2 \leqslant \theta_3$ B. $\theta_3 \leqslant \theta_2 \leqslant \theta_1$

    C. $\theta_1 \leqslant \theta_3 \leqslant \theta_2$ D. $\theta_2 \leqslant \theta_3 \leqslant \theta_1$

12. 函数 $f(x)$ 的定义域为 $\mathbb{R}$，且 $f(x+1)$ 与 $f(x+2)$ 都为奇函数，则

    A. $f(x)$ 为奇函数   B. $f(x)$ 为周期函数

    C. $f(x+3)$ 为奇函数   D. $f(x+4)$ 为偶函数

三、填空题：本题共 4 小题，每小题 5 分，共 20 分.

13. 函数 $f(x) = \sin\left(2x - \dfrac{\pi}{4}\right) - 2\sqrt{2}\sin^2 x$ 的最小正周期是_____▲_____.

14. 设抛物线 $y^2 = 2px(p > 0)$ 的焦点为 F，点 $A(0,2)$. 若线段 FA 的中点 B 在抛物线上，则 B 到该抛物线准线的距离为_____▲_____.

15. 设二项式 $\left(x - \dfrac{a}{\sqrt{x}}\right)^6 (a > 0)$ 的展开式中 x^3 的系数为 A，常数项为 B，若 $B = 4A$，则 a 的值为_____▲_____.

16. 设 $n \geqslant 2, n \in \mathbb{N}$，

$$\left(2x + \frac{1}{2}\right)^n - \left(3x + \frac{1}{3}\right)^n = a_0 + a_1 x + a_2 x^3 + \cdots + a_n x^n,$$

将 $|a_k|(0 \leqslant k \leqslant n)$ 的最小值记为 T_n，则

$$T_2 = 0, T_3 = \frac{1}{2^3} - \frac{1}{3^3}, T_4 = 0, T_5 = \frac{1}{2^5} - \frac{1}{3^5}, \cdots, T_n, \cdots,$$

其中 $T_n = $_____▲_____.

四、解答题：本题共 6 小题，共 70 分. 解答应写出文字说明、证明过程或演算步骤.

17.（本题满分 10 分） 已知角 α 的顶点与原点 O 重合，始边与 x 轴的非负半轴重合，它的终边过点 $P\left(-\dfrac{3}{5}, -\dfrac{4}{5}\right)$.

（Ⅰ）求 $\sin(\alpha + \pi)$；

（Ⅱ）若角 β 满足 $\sin(\alpha + \beta) = \dfrac{5}{13}$，求 $\cos\beta$ 的值.

18.（本题满分 10 分） 如图，已知多面体 $ABC\text{-}A_1B_1C_1$，A_1A, B_1B, C_1C 均垂直于平面 ABC，$\angle ABC = 120°$，$A_1A = 4$，$C_1C = 1$，$AB = BC = B_1B = 2$.

（Ⅰ）证明：$AB_1 \perp$ 平面 $A_1B_1C_1$；

（Ⅱ）求直线 AC_1 与平面 ABB_1 所成的角的正弦值.

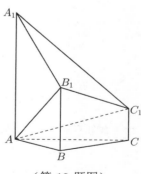

（第 18 题图）

19.（**本题满分 12 分**）一个袋中装有大小相同的黑球、白球和红球. 已知从袋中任意摸出 1 个球, 得到黑球的概率是 $\frac{2}{5}$; 从袋中任意摸出 2 个球, 至少得到 1 个白球的概率是 $\frac{7}{9}$.

（Ⅰ）若袋中共有 10 个球,

    （ⅰ）求白球的个数;

    （ⅱ）从袋中任意摸出 3 个球, 记得到的白球个数为 ξ, 求随机变量 ξ 的数学期望 $E(\xi)$.

（Ⅱ）求证: 从袋中任意摸出 2 个球, 至少得到 1 个黑球的概率不大于 $\frac{7}{10}$. 并指出袋中哪种颜色的球的个数最少.

20.（**本题满分 12 分**）已知等比数列 $\{a_n\}$ 的公比 $q > 1$, 且 $a_3 + a_4 + a_5 = 28$, $a_4 + 2$ 是 a_3, a_5 的等差中项. 数列 $\{b_n\}$ 满足 $b_1 = 1$, 数列 $\{(b_{n+1} - b_n)a_n\}$ 的前 n 项为 $2n^2 + n$.

（Ⅰ）求 q 的值;

（Ⅱ）求数列 $\{a_n\}$ 的通项公式.

21.（**本题满分 13 分**）已知 $m > 1$, 直线 $l: x - my - \frac{m^2}{2} = 0$, 椭圆 $C: \frac{x^2}{m^2} + y^2 = 1$, F_1, F_2 分别为椭圆 C 的左、右焦点.

（Ⅰ）当直线 l 过右焦点 F_2 时, 求直线 l 的方程;

（Ⅱ）设直线 l 与椭圆 C 交于 A, B 两点, $\triangle AF_1F_2$, $\triangle BF_1F_2$ 的重心分别为 G, H. 若原点 O 在以线段 GH 为直径的圆内, 求实数 m 的取值范围.

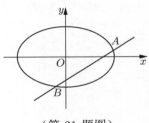

（第 21 题图）

22.（**本题满分 13 分**）已知函数 $f(x) = \sqrt{x} - \ln x$.

（Ⅰ）若 $f(x)$ 在 $x = x_1, x_2(x_1 \neq x_2)$ 处导数相等, 证明: $f(x_1) + f(x_2) > 8 - \ln 2$;

（Ⅱ）若 $a \leqslant 3 - 4\ln 2$, 证明: 对于任意 $k > 0$, 直线 $y = kx + a$ 与曲线 $y = f(x)$ 有唯一公共点.

11.2　讲义模板

11.2.1　编写讲义模板

```
1   %设定所需系统的版本
2   \NeedsTeXFormat{LaTeX2e}
3   %设定类文件的名称
4   \ProvidesClass{jiangyi}
5   %加载ctexbook文类
6   \LoadClass{ctexbook}
7   %空心句号自动转化为实心点号
8   \defaultfontfeatures{Mapping=fullwidth-stop}
9   %思源字体标宋
10  \setCJKfamilyfont{zhbs}{Source Han Serif CN Bold}% 标宋
11  \def\bs{\CJKfamily{zhbs}}
12  %开明标点制，全文宋体标点，数学模式直接输入中文，避免孤字成行
13  \xeCJKsetup{PunctStyle=kaiming,PunctFamily=zhsong,CJKmath,CheckSingle}
14  %设置英文字体
15  \setmainfont[BoldFont=Times New Roman-Bold,BoldItalicFont=Times New Roman-Bold Italic]{
        CMU Serif}
16  \setsansfont{Arial}
17  \setmonofont{CMU Typewriter Text}
18  %数学宏包
19  \RequirePackage{mathtools,amssymb,mathrsfs,empheq,scalerel,esvect,zhmathstyle,
        mathsymbolzhcn}
20  %数学字体尺寸
21  \DeclareMathSizes{10.5bp}{10.5bp}{6.8pt}{6pt}
22  %页面设置
23  \RequirePackage{geometry}
24  \geometry{paperheight=29.7cm,paperwidth=21cm,width=17cm,height=25.7cm,
25  left=1.8cm,right=1.6cm,top=1.5cm,bottom=2.5cm,headsep=3.2em,
26  marginparsep=-13.5em,marginparwidth=13em,reversemarginpar}
27  %边注设置
28  \usepackage[noadjust]{marginnote}
29  \usepackage{zhbianzhu}
30  \renewcommand*{\raggedleftmarginnote}{}
31  \renewcommand*{\raggedrightmarginnote}{}
32  \renewcommand*{\marginfont}{\CTEXindent\kaishu}
33  %不对称分栏设置
34  \RequirePackage{paracol}
35  \columnratio{0.3}
36  \setlength{\columnsep}{0.5em}
37  \setlength{\columnseprule}{0em}
38  \footnotelayout{m}
39  %插图设置
40  \RequirePackage{graphicx}
```

```
41  %带圈数字宏包
42  \RequirePackage{zhshuzi}
43  %颜色宏包
44  \RequirePackage{xcolor}
45  %绘图宏包
46  \RequirePackage{tikz,tikzpagenodes}
47  %彩框宏包
48  \RequirePackage[most]{tcolorbox}
49  %批注框
50  \newtcolorbox{pizhu}{parbox=false,before upper=\indent,drop fuzzy shadow,enhanced,
        boxrule=0.4pt,left=5mm,right=2mm,top=1mm,bottom=1mm,colback=gray!5,colframe=black,
        sharp corners,rounded corners=southeast,arc is angular,arc=3mm,
51  overlay={
52  \path[fill=gray!20] ([yshift=3mm]interior.south east)--++(-0.4,-0.1)--++(0.1,-0.2);
53  \path[draw=black,shorten <=-0.05mm,shorten >=-0.05mm] ([yshift=3mm]interior.south east)
        --++(-0.4,-0.1)--++(0.1,-0.2);
54  \path[fill=gray,draw=none] (interior.south west) rectangle node[white]{\Huge\bfseries
        !} ([xshift=4mm]interior.north west);
55  }}
56  %习题框
57  \usetikzlibrary{decorations.markings}
58  \newtcolorbox{XiTi}{enhanced,breakable,sharp corners=all,left=1mm,width=\textwidth-7mm,
        before skip=1.5em,colframe=black,colback=gray!5,
59  attach boxed title to top left={xshift=0mm,yshift=0mm},
60  boxed title style={skin=enhancedfirst jigsaw,arc=5mm,bottom=0mm,
61  left=8mm,right=18mm,top=1mm,colback=black,colframe=black},
62  borderline north={4pt}{-4pt}{black},
63  title={习题 \thesection},fonttitle=\bf\Large,parbox=false,before upper=\indent,
64  overlay={\fill[decorate,decoration={
65  markings,
66  mark = between positions 0.05 and 0.98 step 6mm with{
67  \node[circle,draw=black]{};}}]
68  ([xshift=3mm,yshift=-6mm]frame.north east)--([xshift=3mm,yshift=5mm]frame.south east);
69  \draw[thick,rounded corners]([yshift=-2mm]frame.north east)--++(0:6mm)--([xshift=6mm,
        yshift=2mm]frame.south east)--++(180:6mm);
70  \begin{tcbclipinterior}
71  \fill[gray!60](frame.north west) rectangle ([xshift=1cm]frame.south west);
72  \end{tcbclipinterior}},}
73  %列表环境
74  \RequirePackage{enumitem}
75  \setenumerate{itemsep=0pt,partopsep=0pt,parsep=\parskip,topsep=0pt}
76  %对位环境
77  \RequirePackage{hlist}
78  \newenvironment{xx}[5][4]{
79  \begin{hlist}[pre skip=0pt,post skip=0pt,label=\Alpha{hlisti}.,pre label=,item offset
        =1.2em,col sep=0.5em]#1
80  \hitem #2 \hitem #3 \hitem #4 \hitem #5
81  }{\end{hlist}}
```

```
82   \newenvironment{tg}[5][4]{
83   \begin{hlist}[pre skip=0pt,post skip=0pt,show label= false,pre label=,item offset=1.2em
         ,col sep=0.5em]#1
84   \hitem #2 \hitem #3 \hitem #4 \hitem #5
85   }{\end{hlist}}
86   %习题环境
87   \tcbset{biaoqian/.style={on line,top=0mm,bottom=0mm,arc=0mm,boxrule=0mm,
88   colback=gray!5,fontupper=\bf,left=0mm,right=0mm}}
89   \newenvironment{xiti}{\begin{enumerate}[label={\tcbox[biaoqian]{\makebox[2em]{\arabic
         *}}},labelindent=0em,labelwidth=2em,labelsep=0.2em,leftmargin=2.2em]}{\end{
         enumerate}}
90   %例题环境
91   \RequirePackage{fontawesome}
92   \newcounter{lt}[section]
93   \newenvironment{liti}{\refstepcounter{lt}
94   \begin{enumerate}[align=left,labelindent=0mm,label={\bf\faCogs 例\hfquan{\thelt}},
         labelwidth=3.8em,labelsep=0mm,leftmargin=3.8em]
95   \item
96   }{\end{enumerate}}
97   %解析环境
98   \newenvironment{jiexi}[1][解析]{\faWifi{\bf #1}\hspace{0.5em}}{\par}
99   %章节标题设计
100  \RequirePackage[explicit,indentafter,pagestyles]{titlesec}
101  \titleformat{\chapter}
102  [display]
103  {\bs\LARGE\filleft}
104  {\CTEXthechapter}{0.2em}
105  {\titlerule[2pt]\centering\vspace{0.4em} #1}
106  []
107  \titleformat{name=\chapter,numberless}
108  {\LARGE}
109  {}
110  {0em}
111  {\bs\filleft #1}
112  [{\titlerule[2pt]}]
113  \titleformat{\section}
114  {\bf\Large}
115  {}
116  {0em}
117  {\begin{tcolorbox}[nobeforeafter,enhanced,sidebyside,bicolor,colback=black,colbacklower
         =gray!30,colupper=white,collower=black,halign upper=center,halign lower=left,
         lefthand width=2cm,arc=0mm,boxrule=0mm,top=1mm,bottom=1mm]
118  \thesection  \tcblower #1
119  \end{tcolorbox}}
120  []
121  \titlespacing*{\section}{0em}{0em}{-2em}
122  \titlespacing*{\subsection}{-3.5em}{0em}{0.5em}
123  %页脚设计
```

```
124  \newpagestyle{yejiao}{
125  \setfoot
126  [初高中衔接教材~\rule[-0.4mm]{0.2em}{1em}~\thepage]
127  []
128  []
129  {}
130  {}
131  {\ifthechapter{\thepage~\rule[-0.4mm]{0.2em}{1em}~\CTEXthechapter\quad\chaptertitle}
132  {\thepage~\rule[-0.4mm]{0.2em}{1em}~\chaptertitle}}
133  }
134  \pagestyle{yejiao}
135  \renewpagestyle{plain}{
136  \setfoot[][][]
137  {}
138  {}
139  {\ifthechapter{\thepage~\rule[-0.4mm]{0.2em}{1em}~\CTEXthechapter\quad\chaptertitle}
140  {\thepage~\rule[-0.4mm]{0.2em}{1em}~\chaptertitle}}
141  }
142  %填空题横线
143  \newcommand{\tk}{\CJKunderline{\hspace*{1.6em}$\blacktriangle$\hspace*{1.6em}}}
144  %表格宏包
145  \RequirePackage{array,multirow,makecell,booktabs,hhline,colortbl}
146  \setlength{\abovetopsep}{0ex} \setlength{\belowrulesep}{0ex}
147  \setlength{\aboverulesep}{0ex} \setlength{\belowbottomsep}{0ex}
148  \newcolumntype{P}[1]{>{\centering\arraybackslash}p{#1}}
149  \newcolumntype{Y}{!{\vrule width 0.08em}}
150  %数学行距
151  \lineskiplimit=5pt
152  \lineskip=6pt
153  %定界符高度调整
154  \delimiterfactor=800
155  %数学公式框
156  \newtcbox{\eqmybox}{on line,colback=white,colframe=black,top=1mm,bottom=0mm,left=0mm,
157  right=0mm,arc=3mm,boxrule=0pt,colback=gray!30}
158  %目录宏包
159  \RequirePackage[titles]{tocloft}
160  %目录导引点设置
161  \renewcommand{\cftdot}{\LARGE$\cdot$}
162  \renewcommand{\cftdotsep}{0.7}
163  \renewcommand{\cftchapdotsep}{\cftdotsep}
164  %分栏目录
165  \RequirePackage{multicol}
166  \renewcommand\cfttocprehook{\begin{multicols}{2}}
167  \renewcommand\cfttocposthook{\end{multicols}}
168  %行距
169  \usepackage[bodytextleadingratio=1.5,restoremathleading=true]{zhlineskip}
170  \SetMathEnvironmentSinglespace{1.1}
171  %数学环境下使用中文冒号
```

```
172  \AtBeginDocument{
173  \begingroup
174  \catcode `\:=\active
175  \scantokens{\gdef:{\mathpunct{\mbox{: \hspace{-0.18em}}}}}
176  \endgroup
177  \mathcode`\:="8000
178  }
179  %数学环境下使用中文逗号
180  \makeatletter
181  \begingroup
182  \catcode`\,=\active
183  \def\@x@{\def,{\mathpunct{\mbox{, \hspace{-0.18em}}}}}
184  %\def\@x@{\def,{{\mbox{, }}}}
185  \expandafter\endgroup\@x@
186  \mathcode`\,="8000
187  \makeatother
188  %数学环境下使用中文分号
189  \AtBeginDocument{
190  \begingroup
191  \catcode `\;=\active
192  \scantokens{\gdef;{\mathpunct{\mbox{; \hspace{-0.18em}}}}}
193  \endgroup
194  \mathcode`\;="8000
195  }
196  \endinput
```

11.2.2 保存模板

将模板命名为 jiangyi.cls，保存在 E:\texlive\2021\texmf-dist\tex\latex 目录下，在 DOS 窗口输入 texhash，刷新数据，即可使用。

11.2.3 使用模板

```
1   \documentclass[no-math]{jiangyi}
2   \begin{document}
3   \raggedbottom
4   \abovedisplayshortskip=5pt
5   \belowdisplayshortskip=5pt
6   \abovedisplayskip=5pt
7   \belowdisplayskip=5pt
8   \frontmatter
9   \tableofcontents
10  \mainmatter
11  \chapter{因式分解}
12  \section{完全平方公式}
13  \begin{paracol}{2}
14  \switchcolumn
```

```
15  \subsection{知识回顾}
16  我们在初中阶段已经学习了两数和（差）的完全平方公式：
17  \begin{empheq}[box=\eqmybox]{align}
18  (a+b)^2=a^2+2ab+b^2\\
19  (a-b)^2=a^2-2ab+b^2
20  \end{empheq}
21  上述两式分别相加、相减就可得到\marginnote{\begin{pizhu}公式\eqref{aa}、\eqref{ab}将以向量
        的形式出现在平面向量的应用中.\end{pizhu}}[4em]
22  \begin{empheq}[box=\eqmybox]{align}
23  &(a+b)^2+(a-b)^2=2(a^2+b^2)\label{aa}\\
24  &(a+b)^2-(a-b)^2=4ab\label{ab}
25  \end{empheq}
26  \begin{liti}
27  计算：$(1+\sqrt{2})^4-(1-\sqrt{2})^4$.
28  \end{liti}
29  \begin{jiexi} \marginnote{\begin{pizhu}先直接用平方差公式，然后再结合两数和与差的完全平方
        公式的变形.\end{pizhu}}[3cm]
30  \begin{align*}
31  \text{原式}& =[(1+\sqrt{2})^2]^2-[(1-\sqrt{2})^2]^2\\
32  & =[(1+\sqrt{2})^2+(1-\sqrt{2})^2]\times [(1+\sqrt{2})^2-(1-\sqrt{2})^2]\\
33  & =2[(\sqrt{2})^2+1^2](4\times\sqrt{2}\times 1)\\
34  & =24\sqrt{2}.
35  \end{align*}
36  \end{jiexi}
37  \subsection{三数和的完全平方公式}
38  {\heiti 三数和的完全平方公式：}\marginnote{\begin{pizhu}用乘法公式展开即可证明公式\eqref{
        ac}.\end{pizhu}}[1cm]
39  \begin{empheq}[box=\eqmybox]{align}
40  (a+b+c)^2=a^2+b^2+c^2+2(ab+bc+ac)\label{ac}
41  \end{empheq}
42  \begin{liti}
43  若$a,b,c>0$，且$a^2+2ab+2ac+4bc=12$，则$a+b+c$的最小值是
44  \begin{xx}
45  {$2\sqrt{3}$}{3}{2}{$\sqrt{3}$}
46  \end{xx}
47  \end{liti}
48  \begin{jiexi}
49  由题意可得\marginnote{\begin{pizhu}本例的解答利用了$(b-c)^2$的非负性.\end{pizhu}}[2cm]
50  \begin{align*}
51  (a+b+c)^2&=a^2+b^2+c^2+2ab+2bc+2ac\\
52  &=b^2+c^2+2bc+12-4bc\\
53  &=12+(b-c)^2\geqslant 12
54  \end{align*}
55  \par
56  又因为$a,b,c>0$，所以$a+b+c\geqslant2\sqrt{3}$，此时$c=b<\sqrt{3}$，$a=2\sqrt{3}-2b$.故正
        确答案为A.
57  \end{jiexi}
58  \end{paracol}
```

59　`\begin{XiTi}`

60　`\begin{xiti}`

61　`\item` 已知$a+b+c=4$, $ab+bc+ac=4$, 求$a^2+b^2+c^2$的值.

62　`\item` 若$x^2+\zfrac{1}{2}mx+k$是一个完全平方式, 求k的值.

63　`\item` 若实数x,y,z满足$(x-z)^2-4(x-y)(y-z)=0$, 求证: $x+z=2y$.

64　`\item` 已知$(a+b+c)^2=3(ab+bc+ac)$, 求证: $a=b=c$.

65　`\item` 已知a,b,c均为正数, 若$(a+2b+3c)^2=14(a^2+b^2+c^2)$, 试判断以$a,b,c$为边能否构成三
　　　角形, 并说明理由.

66　`\item` 已知$x-\zfrac{1}{x}=3$, 求$x^4+\zfrac{1}{x^4}$的值.

67　`\item` 长方体的三条棱长为a,b,c, 满足$2b=a+c$, 它的对角线长为$\sqrt{14}$~cm, 表面积为22~
　　　cm^2, 求此长方体的体积.

68　`\item` 求证: $a^2+b^2+c^2-ab-bc-ac\geqslant0$.

69　`\end{xiti}`

70　`\end{XiTi}`

71　`\section{立方和与立方差公式}`

72　`\begin{paracol}{2}`

73　`\switchcolumn`

74　`\subsection{完全立方公式}`

75　我们把两数和或差的完全平方拓展至两数和或差的完全立方, 即

76　`\begin{empheq}[box=\eqmybox]{align}`

77　`(a+b)^3=a^3+3a^2b+3ab^2+b^3\label{ad}\\`

78　`(a-b)^3=a^3-3a^2b+3ab^2-b^3\label{af}`

79　`\end{empheq}`

80　`\par`

81　`\marginnote{\begin{pizhu}`应用乘法公式即可证明公式`\eqref{ad}`、`\eqref{af}`.`\end{pizhu}}`下面
　　　的数阵可被看成$(a+b)^n$展开式的系数

82　`\begin{gather*}`

83　`1\\`

84　`1\quad 1\\`

85　`1\quad 2 \quad 1\\`

86　`1\quad 3\quad 3\quad 1\\`

87　`1\quad 4\quad 6 \quad 4 \quad 1\\`

88　`\cdots\cdots`

89　`\end{gather*}`

90　这就是著名的`{\bf 杨辉三角}`. `\marginnote{\begin{pizhu}`杨辉, 字谦光, 汉族, 钱塘（今浙江杭
　　　州）人, 南宋杰出的数学家、数学教育家.主要数学著作有《详解九章算法》《日用算法》《杨辉算
　　　法》等.`\end{pizhu}}`

91　`\par`

92　由此我们可以轻松得出

93　`\[(a+b)^4=a^4+4a^3b+6a^2b^2+4ab^3+b^4.\]`

94　`\begin{liti}`

95　求$(a+b)^5$的展开式.

96　`\end{liti}`

97　`\begin{jiexi}`

98　杨辉三角第6行为

99　`\[1\quad 5 \quad 10 \quad 10 \quad 5 \quad 1\]`

100　所以

101　`\[(a+b)^5=a^5+5a^4b+10a^3b^3+10a^2b^3+5ab^4+b^5.\]`

```
102  \end{jiexi}
103  \end{paracol}
104  \end{document}
```

▶ 为了消除 fontspec 宏包对数学字体的影响，第 1 行代码加了 no-math 影响。

▶ 本套模板统一采用左边注右正文的格式。

11.2.4 效果展示

为了节约篇幅，下面仅展示两页效果。

第一章

因式分解

1.1	**完全平方公式**

1.1.1 知识回顾

我们在初中阶段已经学习了两数和（差）的完全平方公式：

$$(a+b)^2 = a^2 + 2ab + b^2 \tag{1.1}$$
$$(a-b)^2 = a^2 - 2ab + b^2 \tag{1.2}$$

公式(1.3)、(1.4)将以向量的形式出现在平面向量的应用中．

上述两式分别相加、相减就可得到

$$(a+b)^2 + (a-b)^2 = 2(a^2+b^2) \tag{1.3}$$
$$(a+b)^2 - (a-b)^2 = 4ab \tag{1.4}$$

例1 计算：$(1+\sqrt{2})^4 - (1-\sqrt{2})^4$．

解析

先直接用平方差公式，然后再结合两数和与差的完全平方公式的变形．

$$\text{原式} = [(1+\sqrt{2})^2]^2 - [(1-\sqrt{2})^2]^2$$
$$= [(1+\sqrt{2})^2 + (1-\sqrt{2})^2] \times [(1+\sqrt{2})^2 - (1-\sqrt{2})^2]$$
$$= 2[(\sqrt{2})^2 + 1^2](4 \times \sqrt{2} \times 1)$$
$$= 24\sqrt{2}.$$

1.1.2 三数和的完全平方公式

用乘法公式展开即可证明公式(1.5)．

三数和的完全平方公式：

$$(a+b+c)^2 = a^2 + b^2 + c^2 + 2(ab+bc+ac) \tag{1.5}$$

例2 若 $a,b,c>0$，且 $a^2+2ab+2ac+4bc=12$，则 $a+b+c$ 的最小值是

A. $2\sqrt{3}$　　　　B. 3　　　　C. 2　　　　D. $\sqrt{3}$

解析 由题意可得

$$(a+b+c)^2 = a^2 + b^2 + c^2 + 2ab + 2bc + 2ac$$
$$= b^2 + c^2 + 2bc + 12 - 4bc$$
$$= 12 + (b-c)^2 \geqslant 12$$

本例的解答利用了 $(b-c)^2$ 的非负性．

又因为 $a,b,c > 0$，所以 $a+b+c \geqslant 2\sqrt{3}$，此时 $c = b < \sqrt{3}, a = 2\sqrt{3} - 2b$.

故正确答案为 A.

习题 1.1

1 已知 $a+b+c = 4, ab+bc+ac = 4$，求 $a^2+b^2+c^2$ 的值.

2 若 $x^2 + \dfrac{1}{2}mx + k$ 是一个完全平方式，求 k 的值.

3 若实数 x, y, z 满足 $(x-z)^2 - 4(x-y)(y-z) = 0$，求证：$x+z = 2y$.

4 已知 $(a+b+c)^2 = 3(ab+bc+ac)$，求证：$a = b = c$.

5 已知 a, b, c 均为正数，若 $(a+2b+3c)^2 = 14(a^2+b^2+c^2)$，试判断以 a, b, c 为边能否构成三角形，并说明理由.

6 已知 $x - \dfrac{1}{x} = 3$，求 $x^4 + \dfrac{1}{x^4}$ 的值.

7 长方体的三条棱长为 a，b，c，满足 $2b = a+c$，它的对角线长为 $\sqrt{14}$ cm，表面积为 22 cm²，求此长方体的体积.

8 求证：$a^2+b^2+c^2 - ab - bc - ac \geqslant 0$.

1.2　立方和与立方差公式

1.2.3　完全立方公式

我们把两数和或差的完全平方拓展至两数和或差的完全立方，即

> 应用乘法公式即可证明公式(1.6)、(1.7).

$$(a+b)^3 = a^3 + 3a^2b + 3ab^2 + b^3 \tag{1.6}$$
$$(a-b)^3 = a^3 - 3a^2b + 3ab^2 - b^3 \tag{1.7}$$

下面的数阵可被看成 $(a+b)^n$ 展开式的系数

$$1$$
$$1 \quad 1$$
$$1 \quad 2 \quad 1$$
$$1 \quad 3 \quad 3 \quad 1$$
$$1 \quad 4 \quad 6 \quad 4 \quad 1$$
$$\cdots\cdots$$

> 杨辉，字谦光，汉族，钱塘（今浙江杭州）人，南宋杰出的数学家、数学教育家. 主要数学著作有《详解九章算法》《日用算法》《杨辉算法》等.

这就是著名的**杨辉三角**.

由此我们可以轻松得出

$$(a+b)^4 = a^4 + 4a^3b + 6a^2b^2 + 4ab^3 + b^4.$$

⚙ 例3 求 $(a+b)^5$ 的展开式.

📶 解析 杨辉三角第 6 行为

$$1 \quad 5 \quad 10 \quad 10 \quad 5 \quad 1$$

11.3 学案模板

11.3.1 编写学案模板

```
1   %设定所需系统的版本
2   \NeedsTeXFormat{LaTeX2e}
3   %设定类文件的名称
4   \ProvidesClass{xuean}
5   %加载ctexbook文类
6   \LoadClass{ctexbook}
7   %空心句号自动转化为实心点号
8   \defaultfontfeatures{Mapping=fullwidth-stop}
9   %思源字体标宋
10  \setCJKfamilyfont{zhbs}{Source Han Serif CN Bold}% 标宋
11  \def\bs{\CJKfamily{zhbs}}
12  %开明标点制，全文宋体标点，数学模式直接输入中文，避免孤字成行
13  \xeCJKsetup{PunctStyle=kaiming,PunctFamily=zhsong,CJKmath,CheckSingle}
14  %设置英文字体
15  \setmainfont[BoldFont=Times New Roman-Bold,BoldItalicFont=Times New Roman-Bold Italic]{
        CMU Serif}
16  \setsansfont{Arial}
17  \setmonofont{CMU Typewriter Text}
18  %数学宏包
19  \RequirePackage{mathtools,amssymb,mathrsfs,empheq,scalerel,esvect,zhmathstyle,
        mathsymbolzhcn}
20  \let\leq\leqslant
21  \let\geq\geqslant
22  %数学字体尺寸
23  \DeclareMathSizes{10.5bp}{10.5bp}{6.8pt}{6pt}
24  %带圈数字宏包
25  \RequirePackage{zhshuzi}
26  %页面设置
27  \RequirePackage{geometry}
28  \geometry{paperheight=29.7cm,paperwidth=21cm,width=17cm, height=24.7cm,left=1.8cm,right
        =1.6cm,top=2.5cm,bottom=2.5cm,headsep=3.2em}
29  %作图宏包
30  \RequirePackage{tikz,tikzpagenodes}
31  \usetikzlibrary{shapes.callouts,shapes.geometric,positioning}
32  %栏目设置
33  \newcommand{\lanmu}[1]{
34  \begin{center}
35  \begin{tikzpicture}
36  \node[cloud callout, cloud puffs=15, aspect=4.5, cloud puff arc=120,
37  draw,text=black,font=\bs\Large,shading=ball,ball color=gray!20] at(0,0){#1};
38  \end{tikzpicture}
39  \end{center}}
```

```
40  %彩框宏包
41  \RequirePackage[most]{tcolorbox}
42  %学习目标框
43  \RequirePackage{varwidth}
44  \newtcolorbox{xxmb}[1][]{nobeforeafter,valign=center,enhanced,width=0.495\textwidth,
45  colback=white,colframe=gray!70!black,sharp corners=east,arc is angular,arc=2mm,leftrule
       =0mm,,bottom=0mm,
46  attach boxed title to top center={xshift=0.29cm,yshift*=1mm-\tcboxedtitleheight},
47  varwidth boxed title*=-3cm,
48  boxed title style={frame code={
49  \path[fill=gray!70!black]([yshift=-1mm,xshift=-1mm]frame.north west)
50  arc[start angle=0,end angle=180,radius=1mm]
51  ([yshift=-1mm,xshift=1mm]frame.north east)arc[start angle =180,end angle=0,radius=1mm];
52  \path[fill,gray!70!black]([xshift=-2mm]frame.north west) -- ([xshift=2mm]frame.north
       east)
53  [rounded corners=1mm]-- ([xshift=1mm,yshift=-1mm]frame.north east)
54  -- (frame.south east) -- (frame.south west)-- ([xshift=-1mm,yshift=-1mm]frame.north
       west)[sharp corners]-- cycle;
55  },interior engine=empty},fonttitle=\zihao{4}\bfseries,title={学习目标},height=#1 cm}
56  %重点难点框
57  \newtcolorbox{zdnd}[1][]{left skip=-1mm,nobeforeafter,valign=center,enhanced,width
       =0.495\textwidth,colback=white,colframe=gray!70!black,sharp corners=west,arc is
       angular,arc=2mm,rightrule=0mm,bottom=0mm,
58  attach boxed title to top center={xshift=0.29cm,yshift*=1mm-\tcboxedtitleheight},
59  varwidth boxed title*=-3cm,
60  boxed title style={frame code={
61  \path[fill=gray!70!black]([yshift=-1mm,xshift=-1mm]frame.north west)
62  arc[start angle=0,end angle=180,radius=1mm]([yshift=-1mm,xshift=1mm]frame.north east)
63  arc[start angle =180,end angle=0,radius=1mm];
64  \path[fill,gray!70!black]([xshift=-2mm]frame.north west) -- ([xshift=2mm]frame.north
       east)
65  [rounded corners=1mm]-- ([xshift=1mm,yshift=-1mm]frame.north east)
66  -- (frame.south east) -- (frame.south west)-- ([xshift=-1mm,yshift=-1mm]frame.north
       west)[sharp corners]-- cycle;
67  },interior engine=empty,},fonttitle=\zihao{4}\bfseries,title={重点难点},height=#1 cm}
68  %列表环境
69  \RequirePackage{enumitem}
70  \setenumerate{itemsep=0pt,partopsep=0pt,parsep=\parskip,topsep=0pt}
71  \setenumerate[2]{align=left,label=({\makebox[0.8em]{\arabic*}}),labelwidth=1.7em,
       labelsep=0em,leftmargin=1.7em}
72  %学习目标列表
73  \newenvironment{mubiao}{
74  \begin{enumerate}[label=\arabic*.,align=left,labelindent=0em,
75  labelwidth=1em,labelsep=0em,leftmargin=1em]\fangsong}{\end{enumerate}}
76  \setdescription{itemsep=0pt,partopsep=0pt,parsep=\parskip,topsep=0pt}
77  %重点难点列表
78  \newenvironment{zndian}{
79  \begin{description}[align=left,labelindent=0em,
```

```
80  labelwidth=3em,labelsep=0em,leftmargin=3em,font=\bf]
81  \fangsong}{\end{description}}
82  %对位环境
83  \RequirePackage{hlist}
84  \newenvironment{xx}[5][4]{
85  \begin{hlist}[[pre skip=0pt,post skip=0pt,label=\Alpha{hlisti}.,pre label=,item offset
        =1.2em,col sep=0.5em]#1
86  \hitem #2 \hitem #3 \hitem #4 \hitem #5
87  }{\end{hlist}}
88  \newenvironment{tg}[5][4]{
89  \begin{hlist}[[pre skip=0pt,post skip=0pt,show label= false,pre label=,item offset=1.2em
        ,col sep=0.5em]#1
90  \hitem #2 \hitem #3 \hitem #4 \hitem #5
91  }{\end{hlist}}
92  %变式练习环境
93  \RequirePackage{bbding}
94  \newcounter{bianshi}
95  \newenvironment{bslx}{\HandPencilLeft\fbox{\bf\thesubsubsection 对接练习}\begin{
        enumerate}[labelindent=0mm,align=left,labelwidth=1em,labelsep=0em,leftmargin=1em,
        label={\bf\arabic*.}]
96  }{\end{enumerate}}
97  %方法归纳环境
98  \newtcolorbox{ffgn}{enhanced,breakable,boxrule=0.5mm,title={\bf 方法归纳},left=0pt,top=2
        mm,bottom=0mm,colframe=black,parbox=false,fontupper=\indent\kaishu,arc is angular,
        arc=1mm,
99  colback=gray!10,colbacktitle=gray,coltitle=white,attach boxed title to top center=
100 {yshift=-0.25mm-\tcboxedtitleheight/2,yshifttext=2mm-\tcboxedtitleheight/2},
101 boxed title style={boxrule=0.5mm,frame code={
102 \path[fill=black] ([xshift=-4mm]frame.west)
103 -- (frame.north west) -- (frame.north east) -- ([xshift=4mm]frame.east)
104 -- (frame.south east) -- (frame.south west) -- cycle; },
105 interior code={ \path[tcb fill interior] ([xshift=-2mm]interior.west)
106 -- (interior.north west) -- (interior.north east)
107 -- ([xshift=2mm]interior.east) -- (interior.south east) -- (interior.south west)
108 -- cycle;}}}
109 %校本作业环境
110 \newenvironment{zuoye}{\begin{enumerate}[labelindent=0mm,align=left,labelwidth=1.5em,
        labelsep=0em,leftmargin=1.5em,label={\hquan{\arabic*}},series=zuoye,resume=zuoye]
111 }{\end{enumerate}}
112 %分栏宏包
113 \RequirePackage{multicol}
114 %分栏线设置
115 \RequirePackage[tikz]{multicolrule}
116 \usetikzlibrary{decorations.pathmorphing}
117 \setlength{\columnsep}{2em}
118 \SetMCRule{width=0.5pt,
119 custom-line={
120 \draw[decorate,decoration={coil,aspect=0}] (TOP)--(BOT);
```

```
121  }}
122  \RequirePackage{float}
123  %插图宏包
124  \RequirePackage{graphicx}
125  %图表标题设置
126  \RequirePackage{caption}
127  \captionsetup{labelsep=quad,font=rm,font=small,aboveskip=6pt}
128  \renewcommand{\thefigure}{\thechapter{}-\arabic{figure}}
129  \renewcommand{\thetable}{\thechapter{}-\arabic{table}}
130  %\captionsetup[table]{position=above}
131  %数学间距
132  \lineskiplimit=5pt
133  \lineskip=6pt
134  \thinmuskip=2mu
135  \medmuskip=3mu plus 1mu minus 2mu
136  \thickmuskip=3mu plus 2mu
137  %定界符高度
138  \delimiterfactor=800
139  %正文行距
140  \RequirePackage[bodytextleadingratio=1.5,restoremathleading=true]{zhlineskip}
141  \SetMathEnvironmentSinglespace{1.1}
142  %章节标题
143  \RequirePackage{fontawesome,etoolbox}
144  \setcounter{secnumdepth}{3}
145  \RequirePackage[explicit,indentafter,pagestyles]{titlesec}
146  \newcounter{countchapters}
147  \newif\ifmulticolsused
148  \pretocmd{\multicols}{\global\multicolsusedtrue}{}{}
149  \apptocmd{\endmulticols}{\global\multicolsusedfalse}{}{}
150  \titleformat{\chapter}
151  {\Huge\bfseries}
152  {}
153  {0em}{\begin{tikzpicture}[remember picture,overlay]
154  \fill[gray!30](current page.north west)[rounded corners=3cm]--++(1cm,-4cm)[rounded
       corners=0cm]--([yshift=-4cm]current page.north east)--(current page.north east)--
       cycle;
155  \node[circular sector,circular sector angle=110,shape border rotate=90,fill=black!70,
       right,text=white,font=\bf\huge,inner sep=20pt]at([shift={(2cm,-2cm)}]current page.
       north west){\CTEXthechapter};
156  \node[inner sep=0mm,font=\bf\huge,anchor= west]at([shift={(10cm,-2.5cm)}]current page.
       north west){#1};
157  \end{tikzpicture}
158  }
159  [\ifnum\value{chapter}>0
160  \addtocontents{toc}{\protect\begin{multicols}{2}\protect\multicolsusedtrue}
161  \fi
162  \stepcounter{countchapters}]
163  \titleformat{name=\chapter,numberless}
```

```
164  {\Huge\bfseries}
165  {}
166  {0em}{
167  \begin{tikzpicture}[remember picture,overlay]
168  \draw[line width=1.2pt]([yshift=-3cm]current page.north east)--++(-6cm,0);
169  \node at([shift={(-4.5cm,-2.5cm)}]current page.north east){#1};
170  \node at([shift={(-4.5cm,-3.5cm)}]current page.north east){Contents};
171  \end{tikzpicture}}
172  []
173  \titlespacing*{\chapter}{0em}{0em}{1em}
174  \pretocmd{\chapter}{
175  \addtocontents{toc}{\protect\ifmulticolsused\protect\end{multicols}\protect\fi}}{}{}
176  \AtEndDocument{
177  \addtocontents{toc}{\protect\ifmulticolsused\protect\end{multicols}\protect\fi}}
178  \titleformat{\section}
179  {\bf\LARGE\centering}
180  {\faBook~\thesection}
181  {1em}
182  {#1}
183  []
184  \renewcommand{\thesubsubsection}{题型\arabic{subsubsection}}
185  \titleformat{\subsubsection}
186  {\bf\large}
187  {}
188  {0em}
189  {\begin{tcolorbox}[nobeforeafter,width=0.5\textwidth-1em,arc=0mm,enhanced,bicolor,
        colback=gray!70!black,colbacklower=gray!20,sidebyside,lefthand ratio=0.17,
        sidebyside gap=1mm,left=0.5mm,halign=left,fontupper=\color{white},boxrule=0mm,top=1
        mm,bottom=1mm]\thesubsubsection\tcblower#1\end{tcolorbox}}
190  []
191  \titlespacing*{\subsubsection}{0pt}{0em}{0em}
192  %目录设置
193  \setcounter{tocdepth}{3}
194  \renewcommand{\contentsname}{目\quad 录}
195  \RequirePackage[titles]{tocloft}
196  \renewcommand{\cftdot}{\Large$\cdot$}
197  \renewcommand{\cftdotsep}{0.9}
198  \renewcommand{\cftsecpagefont}{\large}
199  \renewcommand{\cftsecfont}{\large}
200  \renewcommand{\cftsecindent}{0em}
201  \renewcommand{\cftbeforesecskip}{0.3em}
202  \renewcommand{\cftsubsecfont}{\large}
203  \renewcommand{\cftsubsecindent}{2.5em}
204  \renewcommand*{\cftbeforesubsecskip}{0.3em}
205  \renewcommand{\cftsubsecpagefont}{\large}
206  \renewcommand{\cftsubsubsecfont}{\fangsong}
207  \renewcommand{\cftsubsubsecindent}{2.3em}
208  \renewcommand{\cftsubsubsecnumwidth}{3em}
```

```
209  \RequirePackage{titletoc}
210  \titlecontents{chapter}[1em]
211  {\large\filcenter}
212  {\bf\thecontentslabel}{}
213  {}
214  [{\titlerule[1pt]\addvspace{1em}}]
215  %页眉页脚设置
216  \RequirePackage{zhlipsum,calc}
217  \newzhlipsum{mingyan}
218  {
219  {阅读使人充实，会谈使人敏捷，写作使人精确．——培根},
220  {知人者智，自知者明．胜人者有力，自胜者强．——老子},
221  {阅读使人充实，会谈使人敏捷，写作使人精确．——培根},
222  {业精于勤，荒于嬉；行成于思，毁于随．——韩愈},
223  {敏而好学，不耻下问．——孔子},
224  {海纳百川，有容乃大；壁立千仞，无欲则刚．——林则徐},
225  {穷则独善其身，达则兼济天下．——孟子},
226  {读书破万卷，下笔如有神．——杜甫},
227  {君子之交淡若水，小人之交甘若醴．君子淡以亲，小人甘以绝．——庄子},
228  {三更灯火五更鸡，正是男儿读书时．黑发不知勤学早，白首方悔读书迟．——颜真卿},
229  }
230  \newpagestyle{math}
231  {
232  \sethead[
233  \begin{tikzpicture}[remember picture,overlay]
234  \draw([xshift=1.5cm,yshift=1cm]current page header area.south west)--([xshift=1.5cm]
         current page header area.south west)--++(7cm,0);
235  \node[anchor=south west,rectangle callout,callout relative pointer={(-25:0.5)},inner
         sep=1em,fill=gray,text=white,font=\sf\large] at(current page header area.south west
         ){\thepage};
236  \node[anchor=west]at([xshift=1.6cm,yshift=0.3cm]current page header area.south west){导
         学案第一册};
237  \end{tikzpicture}
238  ][][]
239  {\begin{tikzpicture}[remember picture,overlay]
240  \draw([xshift=-1.5cm,yshift=1cm]current page header area.south east)--([xshift=-1.5cm]
         current page header area.south east)--++(-7cm,0);
241  \node[anchor=south east,inner sep=1em,,rectangle callout,callout relative pointer
         ={(-155:0.5)},fill=gray,text=white,font=\sf\large] at(current page header area.
         south east){\thepage};
242  \node[anchor=east]at([xshift=-1.6cm,yshift=0.3cm]current page header area.south east){\
         ifthechapter{\CTEXthechapter~\chaptertitle}{\chaptertitle}};
243  \end{tikzpicture}}{}{}
244  \setfoot[\ifthechapter{
245  \begin{tikzpicture}[remember picture,overlay]
246  \fill[gray!20]([yshift=-1.5cm]current page footer area.south west) rectangle (current
         page footer area.north east);
247  \node[anchor=west,font=\kaishu]at([yshift=-2em]current page footer area.west)
```

```
248  {\parbox{\textwidth-5mm}{\CTEXindent\zhlipsum[\thepage][name=mingyan]
249  }};
250  \end{tikzpicture}}{}
251  ][][]
252  {\begin{tikzpicture}[remember picture,overlay]
253  \fill[gray!20]([yshift=-1.5cm]current page footer area.south west) rectangle (current
         page footer area.north east);
254  \node[anchor=west,font=\kaishu]at([yshift=-2em]current page footer area.west)
255  {\parbox{\textwidth-5mm}{\CTEXindent\zhlipsum[\thepage][name=mingyan]}};
256  \end{tikzpicture}
257  }{}{}
258  }
259  \pagestyle{math}
260  \assignpagestyle{\chapter}{empty}
261
262  %例题环境
263  \newcounter{lt}[section]
264  \newenvironment{liti}{\refstepcounter{lt}
265  \begin{enumerate}[align=left,labelindent=0mm,label={\bf\faCogs 例\fquan{\thelt}},
         labelwidth=3.8em,labelsep=0mm,leftmargin=3.8em]
266  \item
267  }{\end{enumerate}}
268  %解析环境
269  \tcbset{jx/.style={breakable,enhanced,colback=white,colframe=white,height=1.7cm,
270  overlay={\foreach \a in{-1.2,-2.8,-4.4}
271  \draw[dashed]([shift={(3.2em,\a em)}]frame.north west)--([shift={(0,\a em)}]frame.north
         east);
272  \node at([shift={(3.8em,-0.7em)}]frame.north west){\bf 解: };}}}
273  \RequirePackage{xparse}
274  \NewDocumentEnvironment{jiexi}{ +b }{
275  \ifjiexi
276  \faWifi{\bf 解析}\, #1
277  \else
278  {\begin{tcolorbox}[jx]\end{tcolorbox}}
279  \fi
280  }
281  {\par}
282  \newif\ifjiexi
283  \jiexitrue %添加此句将输出答案，否则输出答案所需的空白
284  %证明环境
285  \tcbset{zm/.style={breakable,enhanced,colback=white,colframe=white,height=1.7cm,
286  overlay={\foreach \a in{-1.2,-2.8,-4.4}
287  \draw[dashed]([shift={(3.2em,\a em)}]frame.north west)--([shift={(0,\a em)}]frame.north
         east);
288  \node at([shift={(3.8em,-0.7em)}]frame.north west){\bf 证: };}
289  }}
290  \NewDocumentEnvironment{zhengming}{ +b }{
291  \ifzhengming
```

```
292  \faWifi{\bf 证明}\, #1
293  \else
294  {\begin{tcolorbox}[zm]\end{tcolorbox}}
295  \fi
296  }
297  {\par}
298  \newif\ifzhengming
299  \zhengmingtrue %添加此句将输出答案，否则输出答案所需的空白
300  %预习部分的填空
301  \newcounter{tiankong}[subsection]
302  \newif\ifprint
303  \printtrue %添加此句将输出答案，否则输出答案所需的空白
304  \newcommand{\tk}[1]{\CJKunderline{
305  \ifprint
306    #1
307  \else
308  \refstepcounter{tiankong}\hfquan{\thetiankong}\hspace*{3em}
309  \fi}}
310  %点评环境
311  \newenvironment{dianping}{\begin{tcolorbox}[parbox=false,before upper=\indent,fontupper
          =\fangsong,breakable,colback=white,colframe=black,leftrule=1.5pt,rightrule=0mm,
          bottomrule=0mm,toprule=0mm,arc=0mm,top=0mm,bottom=0mm,left=0mm,right=0mm]
312  {\bf 点评}~
313  }{\end{tcolorbox}}
314  %作业填空题横线、选择题括号
315  \newcommand{\tkt}{\CJKunderline{\hspace*{3.5em}}}
316  \newcommand{\kuohao}{\hfill(\qquad)}
317  %数学环境下使用中文冒号
318  \AtBeginDocument{
319  \begingroup
320  \catcode `\:=\active
321  \scantokens{\gdef:{\mathpunct{\mbox{: \hspace{-0.18em}}}}}
322  \endgroup
323  \mathcode`\:="8000}
324  %数学环境下使用中文逗号
325  \makeatletter
326  \begingroup
327  \catcode`\,=\active
328  \def\@x@{\def,{\mathpunct{\mbox{, }}}}
329  %\def\@x@{\def,{{\mbox{, }}}}
330  \expandafter\endgroup\@x@
331  \mathcode`\,="8000
332  \makeatother
```

▶ 第 146~177 行代码设置章标题格式，且同时设置章目录条目不分栏。

▶ 如果把第 282、297、301 行代码注释掉，则相应的答案会被隐藏。

11.3.2　保存模板

　　将模板命名为 xuean.cls, 保存在 E:\texlive\2021\texmf-dist\tex\latex 目录下, 在 DOS 窗口输入 texhash, 刷新数据, 即可使用。

11.3.3　使用模板

```
1   \documentclass[no-math,10pt]{xuean}
2   \begin{document}
3   \raggedbottom
4   \abovedisplayshortskip=4pt
5   \belowdisplayshortskip=4pt
6   \abovedisplayskip=4pt
7   \belowdisplayskip=4pt
8   \frontmatter
9   \tableofcontents
10  \mainmatter
11  \chapter{等式与不等式}
12  \begin{center}
13  \includegraphics[]{siwei.pdf}
14  \end{center}
15  \newpage
16  \input{sec1}
17  \newpage
18  \section{基本不等式}
19  \section{不等式的解法}
20  \chapter{函数的概念与性质}
21  \section{函数的概念及其表示}
22  \subsection{函数的概念}
23  \subsection{函数的表示法}
24  \section{函数的基本性质}
25  \subsection{单调性与最大（小）值}
26  \subsection{奇偶性}
27  \section{幂函数}
28  \section{函数的应用（一）}
29  \chapter{指数函数与对数函数}
30  \section{指数}
31  \section{指数函数}
32  \section{对数}
33  \section{对数函数}
34  \section{函数的应用（二）}
35  \subsection{函数的零点与方程的解}
36  \subsection{用二分法求方程的近似解}
37  \subsection{函数模型的应用}
38  \chapter{三角函数}
39  \section{任意角和弧度制}
40  \subsection{任意角}
```

```
41   \subsection{弧度制}
42   \section{三角函数的概念}
43   \subsection{三角函数的概念}
44   \subsection{同角三角函数的基本关系}
45   \section{三角函数}
46   \section{三角函数的图像与性质}
47   \subsection{正弦函数、余弦函数的图像}
48   \subsection{正弦函数、余弦函数的性质}
49   \subsection{正切函数的性质与图像}
50   \end{document}
```

▶ 第 1~50 行的内容称为主源文件，一般可把子源文件与主源文件放在同一个文件夹下。

▶ 子源文件 sec1 的内容如下文所示。

```
1    \section{基本不等式}
2    \begin{xxmb}[3]
3    \begin{mubiao}
4    \item 探索基本不等式的证明过程.
5    \item 会用基本不等式解决简单最大（小）值问题.
6    \end{mubiao}
7    \end{xxmb}
8    \begin{zdnd}[3]
9    \begin{zndian}
10   \item[重点：]应用数形结合的思想理解基本不等式，并从不同角度探索基本不等式的证明过程.
11   \item[难点：]用基本不等式求最值.
12   \end{zndian}
13   \end{zdnd}
14   \lanmu{自主预习}
15   \begin{multicols}{2}
16   利用完全平方公式可知，$\forall a,b\in\mathbb{R}$，有
17   \[a^2+b^2\geqslant2ab,\]
18   当且仅当 $a=b$ 时，等号成立.
19   \par
20   特别地，如果$a>0,b>0$，我们用$\sqrt{a},\sqrt{b}$分别代替上式中的$a,b$，可得
21   \begin{equation*}
22   \tk{\sqrt{ab}\leq\zfrac{a+b}{2}},\tag*{(1)}
23   \end{equation*}
24   当且仅当 $a=b$ 时，等号成立.
25   \par
26   通常称不等式(1)为基本不等式. 其中，$\zfrac{a+b}{2}$叫作正数 $a,b$的\tk{算术平均数}，$\sqrt
        {ab}$叫作正数 $a,b$的\tk{几何平均数}.\par
27   基本不等式表明：两个正数的算术平均数不小于它们的几何平均数.\par
28   下面用分析法证明基本不等式.\par
29   要证
30   \begin{equation*}
31   \sqrt{ab}\leq\zfrac{a+b}{2},\tag*{\quan{1}}
32   \end{equation*}
33   只要证
34   \begin{equation*}
```

```
35   \tk{2\sqrt{ab}\leq a+b}.\tag*{\quan{2}}
36   \end{equation*}
37   要证\quan{2}，只要证
38   \begin{equation*}
39   \tk{2\sqrt{ab} -a-b\leq 0}.\tag*{\quan{3}}
40   \end{equation*}
41   要证\quan{3}，只要证
42   \begin{equation*}
43   \tk{-(\sqrt{a}-\sqrt{b})^2\leq 0}.\tag*{\quan{4}}
44   \end{equation*}
45   要证\quan{4}，只要证
46   \begin{equation*}
47   \tk{(\sqrt{a}-\sqrt{b})^2\geq 0}.\tag*{\quan{5}}
48   \end{equation*}\par
49   显然，\quan{5}成立，当且仅当$a=b$时，\quan{5}中的等号成立.\par
50   只要把上述过程倒过来，就能直接推出基本不等式了.
51   \begin{figure}[H]
52   \centering
53   \includegraphics{221.png}
54   \caption{}\label{aa}
55   \end{figure}
56   如图\ref{aa}，$AB$是圆的直径，点$C$是$AB$上一点，$AC=a$，$BC=b$.过点$C$作垂直于$AB$的弦
     $DE$，连接$AD$，$BD$.容易证得$\bigtriangleup ACD \zhsimilar\bigtriangleup DCB$，因而
     $CD=\sqrt{ab}$.由于$CD$小于或等于圆的半径，因此用不等式表示为$\sqrt{ab}\leq\zfrac{a+b
     }{2}$.
57   \par
58   显然，当且仅当点$C$与圆心重合，即当$a=b$时，上述不等式的等号成立.\par
59   基本不等式的几何意义即为\tk{半弦长不大于半径长}.\par
60   基本不等式的常见变形式有
61   \begin{gather*}
62   a+b\geq 2\sqrt{ab},
63   ab\leq\Big(\zfrac{a+b}{2}\Big)^2.
64   \end{gather*}
65   \end{multicols}
66   \lanmu{常考题型}
67   \begin{multicols}{2}
68   \subsubsection{利用基本不等式求最值}
69   \begin{liti}
70   已知$x>0$，求$x+\zfrac{1}{x}$的最小值.
71   \end{liti}
72   \begin{jiexi}
73   因为$x>0$，
74   \[x+\zfrac{1}{x}\geq 2\sqrt{x\cdot\zfrac{1}{x}}=2,\]
75   当且仅当$x=\zfrac{1}{x}$，即$x^2=1,x=1$时，等号成立，所以所求的最小值为2.
76   \end{jiexi}
77   \begin{dianping}
78   本例我们不仅明确了$\forall x>0$，有$x+\zfrac{1}{x}\geq 2$，而且给出了"当且仅当$x=\zfrac
     {1}{x}$，即$x^2=1,x=1$时，等号成立"，这是为了说明2是$x+\zfrac{1}{x}(x>0)$的一个取值.
```

79　\end{dianping}

80　\begin{liti}

81　已知x,y都是正数，求证：

82　\begin{enumerate}

83　\item 如果积xy等于定值P，那么当$x=y$时，和$x+y$有最小值$2\sqrt{P}$；

84　\item 如果和$x+y$等于定值S，那么当$x=y$时，积xy有最大值$\zfrac{1}{4}S^2$.

85　\end{enumerate}

86　\end{liti}

87　\begin{zhengming}

88　因为x,y都是正数，所以$\zfrac{x+y}{2}\geq\sqrt{xy}$.\par

89　(1)当积xy等于定值P时，$\zfrac{x+y}{2}\geq\sqrt{P}$，所以

90　\[x+y\geq 2\sqrt{P},\]

91　当且仅当$x=y$时，上式等号成立.于是，当$x=y$时，和$x+y$有最小值$2\sqrt{P}$.

92　\par

93　(2)当和$x+y$等于定值S时，$\sqrt{xy}\leq\zfrac{S}{2}$，所以

94　\[xy\leq\zfrac{1}{4}S^2,\]

95　当且仅当$x=y$时，上式等号成立.于是，当$x=y$时，积xy有最大值$\zfrac{1}{4}S^2$.

96　\end{zhengming}

97　\begin{dianping}

98　本例的内容称为最值定理，简记为：\bf{和定积最大，积定和最小.}

99　\end{dianping}

100　\begin{bslx}

101　\item 当 x取什么值时，$x^2+\zfrac{1}{x^2}$取得最小值？最小值是多少？

102　\item 函数$y=2x(2-x)(0<x<2)$的最大值是

103　\begin{xx}{$\zfrac{1}{4}$}{$\zfrac{1}{2}$}{1}{2}\end{xx}

104　\item 设$a>1$，求$\zfrac{a^2}{a-1}$的最小值.

105　\item 已知$a>b>0$，求$a^2+\zfrac{1}{b(a-b)}$的最小值.

106　\end{bslx}

107　\begin{ffgn}

108　利用基本不等式求最值要牢记：{\bf 一正、二定、三相等}.\par

109　\quan{1}一正：各项必须为正.\par

110　\quan{2}二定：各项之和或各项之积为定值.\par

111　\quan{3}三相等：必须验证取等号时条件是否具备.

112　\end{ffgn}

113　\subsubsection{利用基本不等式证明不等式}

114　\begin{liti}

115　设$a>0,b>0$，求证：$\zfrac{a+b}{2}\leq\sqrt{\zfrac{a^2+b^2}{2}}$.

116　\end{liti}

117　\begin{zhengming}

118　因为$a^2+b^2\geq 2ab$，所以\[2(a^2+b^2)\geq a^2+b^2+2ab=(a+b)^2,\]

119　\begin{flalign*}

120　&即&&\zfrac{a+b}{2}\leq\sqrt{\zfrac{a^2+b^2}{2}}, &&

121　\end{flalign*}

122　当且仅当$a=b$时，上式等号成立.

123　\end{zhengming}

124　\begin{dianping}

125　我们把$\sqrt{\zfrac{a^2+b^2}{2}}$称为平方平均数.

126　\end{dianping}

```
127  \begin{liti}
128  已知$a,b,c>0$，求证$\zfrac{a^2}{b}+\zfrac{b^2}{c}+\zfrac{c^2}{a}\geq a+b+c$.
129  \end{liti}
130  \begin{zhengming}
131  因为$a,b,c>0$，所以由基本不等式得
132  \begin{align*}
133  &\zfrac{a^2}{b}+b\geq 2a,\tag*{\quan{1}}\\
134  &\zfrac{b^2}{c}+c\geq 2b,\tag*{\quan{2}}\\
135  &\zfrac{c^2}{a}+a\geq 2c.\tag*{\quan{3}}
136  \end{align*}
137  $\quan{1}+\quan{2}+\quan{3}$得
138  \[\zfrac{a^2}{b}+\zfrac{b^2}{c}+\zfrac{c^2}{a}+a+b+c\geq 2a+2b+2c.\]
139  故$\zfrac{a^2}{b}+\zfrac{b^2}{c}+\zfrac{c^2}{a}\geq a+b+c$，当且仅当$a=b=c$时，等号成立.
140  \end{zhengming}
141  \begin{dianping}
142  本例$a,b,c$的地位一样，这样的式子叫作轮换对称式，合理地构造并正确选用基本不等式及其变形是证
          明轮换对称结构的不等式的常用思路.
143  \end{dianping}
144  \begin{bslx}
145  \item 设$a>0,b>0$，求证：\[\zfrac{2}{\zfrac{1}{a}+\zfrac{1}{b}}\leq \sqrt{ab}.\]
146  \item 已知$a>0,b>0$，求证：\[a+b+1\geq\sqrt{ab}+\sqrt{a}+\sqrt{b}.\]
147  \end{bslx}
148  \begin{ffgn}
149  利用基本不等式证明不等式时，先观察题中要证明的不等式的结构特征，若不能直接使用基本不等式证
          明，则考虑对代数式进行拆项、变形、配凑等，使之转化为能使用基本不等式的形式.
150  \end{ffgn}
151  \subsubsection{二元条件最值}
152  \begin{liti}
153  设$x,y>0$，若$\zfrac{1}{x}+\zfrac{9}{y}=1$，则$x+y$的最小值是\tkt.
154  \end{liti}
155  \begin{jiexi}
156  由题意\columnbreak
157  \begin{align*}
158  x+y&=(x+y)\left(\zfrac{1}{x}+\zfrac{9}{y}\right)\\
159  &=10+\zfrac{y}{x}+\zfrac{9x}{y}\\
160  &\geq10+2\sqrt{\zfrac{y}{x}\cdot\zfrac{9x}{y}}=16,
161  \end{align*}
162  当且仅当
163  \begin{equation*}
164  \begin{dcases}
165  \zfrac{y}{x}=\zfrac{9x}{y}\\
166  \zfrac{1}{x}+\zfrac{9}{y}=1
167  \end{dcases}
168  \end{equation*}
169  即$x=4,y=12$时取等号，所以$x+y$的最小值是16.
170  \end{jiexi}
171  \begin{dianping}
172  本例解答过程中利用了"1"的代换.
```

```
173    \end{dianping}
174    \begin{bslx}
175    \item 设$x,y>0$且$2x+3y=3$，则$\zfrac{3}{x}+\zfrac{2}{y}$的最小值是\tkt.
176    \item 已知$a,b$是正实数，且$a+b=2$，求证：
177    \begin{enumerate}
178    \item $\sqrt{a}+\sqrt{b}\leq 2$;
179    \item $(a+b^3)(a^3+b)\geq 4$.
180    \end{enumerate}
181    \end{bslx}
182    \begin{ffgn}
183    解题时为了挖掘出"积"或"和"为定值，常常需要根据题设条件采取合理配式、配系数的方法，创造正
       确使用基本不等式的条件.
184    \end{ffgn}
185    \end{multicols}
186    \lanmu{校本作业}
187    \begin{multicols}{2}
188    \begin{zuoye}
189    \item 已知实数$a>0,b>0$，且$2a+b=2ab$，则$a+2b$的最小值为\kuohao
190    \begin{xx}{$\zfrac{5}{2}+\sqrt{2}$}{$\zfrac{9}{2}$}{$\zfrac{5}{2}$}{$4\sqrt{2}$}
191    \end{xx}
192    \item 若正实数$x,y$满足$x+y=1$，则$\zfrac{4}{x+1}+\zfrac{1}{y}$的最小值为\kuohao
193    \begin{xx}{$\zfrac{44}{7}$}{$\zfrac{27}{5}$}{$\zfrac{14}{3}$}{$\zfrac{9}{2}$}
194    \end{xx}
195    \item 已知$x>0,y>0$，且$\zfrac{1}{x+1}+\zfrac{1}{y}=\zfrac{1}{2}$，则$x+y$的最小值为
196    \kuohao
197    \begin{xx}{3}{5}{7}{9}\end{xx}
198    \item 已知正数$x,y,z$满足$x+y+z=1$，则$\zfrac{1}{x}+\zfrac{4}{y}+\zfrac{9}{z}$的最小值是
199    \tkt.
200    \item 一批救灾物资随51辆汽车从某市以$v \mathrm{km/h}$的速度匀速直达灾区，已知两地公路线长
       400km，为了安全起见，两辆汽车的间距不得小于$\zfrac{v^2}{800}$km，那么这批物资全部到达
       灾区，最少需要\tkt h.
201    \item 已知$a,b\in\mathbb{R}$，且$a>b>0$，$a+b=1$，则$a^2+2b^2$的最小值为\tkt，$\zfrac{4}{
       a-b}+\zfrac{1}{2b}$的最小值为\tkt.
202    \item 已知实数$a,b,c,d$满足$a+b=1,c+d=1$，则$\zfrac{1}{abc}+\zfrac{1}{c+d}$的最小值是\
       kuohao
203    \begin{xx}{10}{9}{$4\sqrt{2}$}{$3\sqrt{3}$}\end{xx}
204    \item 已知$a>0,b>0$，且$\zfrac{1}{a}+\zfrac{1}{b}=1$，则$4a+2b+\zfrac{b}{a}$的最小值等于
205    \tkt.
206    \item 已知实数$a>b>0$，且$a+b=2$，则$\zfrac{3a-b}{a^2+2ab-3b^2}$的最小值为\tkt.
207    \item 在实数集$\mathbb{R}$中定义一种运算$*$，具有性质：
208    \begin{enumerate}
209    \item 对任意$a,b\in\mathbb{R}$，$a*b=b*a$;
210    \item 对任意$a\in\mathbb{R}$，$a*0=a$;
211    \item 对任意$a,b\in\mathbb{R}$，$(a*b)*c=c*(ab)+(a*c)+(b*c)-5c$.
212    \end{enumerate}
213    则函数$f(x)=x*\zfrac{1}{x}(x>0)$的最小值等于\tkt.
214    \item 设$a,b,c$为三角形的三边，则三角形的面积$S$可由公式
215    \[S=\sqrt{p(p-a)(p-b)(p-c)}\]
```

216 求得，其中p为三角形周长的一半，这个公式被称为海伦-秦九韶公式.现有一个三角形的边长满足$a+b$ =12,c=8$，则此三角形面积的最大值为\kuohao

217 \begin{xx}{$4\sqrt{5}$}{$4\sqrt{15}$}{$8\sqrt{5}$}{$8\sqrt{15}$}\end{xx}

218 \end{zuoye}

219 \end{multicols}

11.3.4 教师用书展示

为了节约篇幅,这里仅展示其中的一节内容。

目 录
Contents

▣ 1.1 基本不等式

学习目标

1. 探索基本不等式的证明过程.
2. 会用基本不等式解决简单最大(小)值问题.

重点难点

重点： 应用数形结合的思想理解基本不等式，并从不同角度探索基本不等式的证明过程.

难点： 用基本不等式求最值.

自主预习

利用完全平方公式可知，$\forall a, b \in \mathbb{R}$，有

$$a^2 + b^2 \geqslant 2ab,$$

当且仅当 $a = b$ 时，等号成立.

特别地，如果 $a > 0, b > 0$，我们用 $\sqrt{a}, \sqrt{b}$ 分别代替上式中的 a, b，可得

$$\sqrt{ab} \leqslant \frac{a+b}{2}, \tag{1}$$

当且仅当 $a = b$ 时，等号成立.

通常称不等式 (1) 为基本不等式. 其中，$\frac{a+b}{2}$ 叫作正数 a, b 的<u>算术平均数</u>，$\sqrt{ab}$ 叫作正数 a, b 的<u>几何平均数</u>.

基本不等式表明：两个正数的算术平均数不小于它们的几何平均数.

下面用分析法证明基本不等式.
要证

$$\sqrt{ab} \leqslant \frac{a+b}{2}, \tag{①}$$

只要证

$$2\sqrt{ab} \leqslant a + b. \tag{②}$$

要证②，只要证

$$2\sqrt{ab} - a - b \leqslant 0. \tag{③}$$

要证③，只要证

$$-(\sqrt{a} - \sqrt{b})^2 \leqslant 0. \tag{④}$$

要证④，只要证

$$(\sqrt{a} - \sqrt{b})^2 \geqslant 0. \tag{⑤}$$

显然，⑤成立，当且仅当 $a = b$ 时，⑤中的等号成立.

只要把上述过程倒过来，就能直接推出基本不等式了.

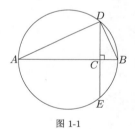

图 1-1

如图 1-1，AB 是圆的直径，点 C 是 AB 上一点，$AC = a$，$BC = b$. 过点 C 作垂直于 AB 的弦 DE，连接 AD，BD. 容易证得 $\triangle ACD \backsim \triangle DCB$，因而 $CD = \sqrt{ab}$. 由于 CD 小于或等于圆的半径，因此用不等式表示为 $\sqrt{ab} \leqslant \dfrac{a+b}{2}$.

显然，当且仅当点 C 与圆心重合，即 $a = b$ 时，上述不等式的等号成立.

基本不等式的几何意义即为<u>半弦长不大于半径长</u>.

基本不等式的常见变形式有

$$a + b \geqslant 2\sqrt{ab}, \quad ab \leqslant \left(\frac{a+b}{2}\right)^2.$$

常考题型

题型 1 利用基本不等式求最值

例1 已知 $x>0$，求 $x+\dfrac{1}{x}$ 的最小值.

解析 因为 $x>0$，

$$x+\frac{1}{x} \geqslant 2\sqrt{x \cdot \frac{1}{x}}=2,$$

当且仅当 $x=\dfrac{1}{x}$，即 $x^2=1,x=1$ 时，等号成立，所以所求的最小值为 2.

点评 本例我们不仅明确了 $\forall x>0$，有 $x+\dfrac{1}{x} \geqslant 2$，而且给出了"当且仅当 $x=\dfrac{1}{x}$，即 $x^2=1,x=1$ 时，等号成立"，这是为了说明 2 是 $x+\dfrac{1}{x}(x>0)$ 的一个取值.

例2 已知 x,y 都是正数，求证：

（1）如果积 xy 等于定值 P，那么当 $x=y$ 时，和 $x+y$ 有最小值 $2\sqrt{P}$；

（2）如果和 $x+y$ 等于定值 S，那么当 $x=y$ 时，积 xy 有最大值 $\dfrac{1}{4}S^2$.

证明 因为 x,y 都是正数，所以 $\dfrac{x+y}{2} \geqslant \sqrt{xy}$.

(1) 当积 xy 等于定值 P 时，$\dfrac{x+y}{2} \geqslant \sqrt{P}$，所以

$$x+y \geqslant 2\sqrt{P},$$

当且仅当 $x=y$ 时，上式等号成立. 于是，当 $x=y$ 时，和 $x+y$ 有最小值 $2\sqrt{P}$.

(2) 当和 $x+y$ 等于定值 S 时，$\sqrt{xy} \leqslant \dfrac{S}{2}$，所以

$$xy \leqslant \frac{1}{4}S^2,$$

当且仅当 $x=y$ 时，上式等号成立. 于是，当 $x=y$ 时，积 xy 有最大值 $\dfrac{1}{4}S^2$.

点评 本例的内容称为最值定理，简记为：**和定积最大，积定和最小**.

题型 1 对接练习

1. 当 x 取什么值时，$x^2+\dfrac{1}{x^2}$ 取得最小值？最小值是多少？

2. 函数 $y=2x(2-x)(0<x<2)$ 的最大值是

A. $\dfrac{1}{4}$ B. $\dfrac{1}{2}$ C. 1   D. 2

3. 设 $a>1$，求 $\dfrac{a^2}{a-1}$ 的最小值.

4. 已知 $a>b>0$，求 $a^2+\dfrac{1}{b(a-b)}$ 的最小值.

方法归纳

利用基本不等式求最值要牢记：一正、二定、三相等.

①一正：各项必须为正.

②二定：各项之和或各项之积为定值.

③三相等：必须验证取等号时条件是否具备.

题型 2 利用基本不等式证明不等式

例3 设 $a>0,b>0$，求证：$\dfrac{a+b}{2} \leqslant \sqrt{\dfrac{a^2+b^2}{2}}$.

证明 因为 $a^2+b^2 \geqslant 2ab$，所以

$$2(a^2+b^2) \geqslant a^2+b^2+2ab=(a+b)^2,$$

即

$$\frac{a+b}{2} \leqslant \sqrt{\frac{a^2+b^2}{2}},$$

当且仅当 $a=b$ 时，上式等号成立.

点评 我们把 $\sqrt{\dfrac{a^2+b^2}{2}}$ 称为平方平均数.

例4 已知 $a,b,c>0$，求证：$\dfrac{a^2}{b}+\dfrac{b^2}{c}+\dfrac{c^2}{a} \geqslant a+b+c$.

证明 因为 $a,b,c>0$，所以由基本不等式得

$$\frac{a^2}{b}+b \geqslant 2a, \qquad\qquad ①$$

$$\frac{b^2}{c}+c \geqslant 2b, \qquad\qquad ②$$

$$\frac{c^2}{a}+a \geqslant 2c. \qquad\qquad ③$$

①＋②＋③ 得

$$\frac{a^2}{b}+\frac{b^2}{c}+\frac{c^2}{a}+a+b+c \geqslant 2a+2b+2c.$$

故 $\dfrac{a^2}{b}+\dfrac{b^2}{c}+\dfrac{c^2}{a} \geqslant a+b+c$，当且仅当 $a=b=c$ 时，等号成立.

点评　本例 a,b,c 的地位一样,这样的式子叫作轮换对称式,合理地构造并正确选用基本不等式及其变形是证明轮换对称结构的不等式的常用思路.

✏ **题型 2 对接练习**

1. 设 $a>0,b>0$,求证:

$$\frac{2}{\frac{1}{a}+\frac{1}{b}} \leqslant \sqrt{ab}.$$

2. 已知 $a>0,b>0$,求证:

$$a+b+1 \geqslant \sqrt{ab}+\sqrt{a}+\sqrt{b}.$$

┌─────方法归纳─────┐

利用基本不等式证明不等式时,先观察题中要证明的不等式的结构特征,若不能直接使用基本等式证明,则考虑对代数式进行拆项、变形、配凑等,使之转化为能使用基本不等式的形式.

题型 3　二元条件最值

⚙ **例 5**　设 $x,y>0$,若 $\frac{1}{x}+\frac{9}{y}=1$,则 $x+y$ 的最小值是_____.

📶 **解析**　由题意

$$x+y=(x+y)\left(\frac{1}{x}+\frac{9}{y}\right)$$

$$=10+\frac{y}{x}+\frac{9x}{y}$$

$$\geqslant 10+2\sqrt{\frac{y}{x}\cdot\frac{9x}{y}}=16,$$

当且仅当

$$\begin{cases} \dfrac{y}{x}=\dfrac{9x}{y} \\ \dfrac{1}{x}+\dfrac{9}{y}=1 \end{cases}$$

即 $x=4,y=12$ 时取等号,所以 $x+y$ 的最小值是 16.

点评　本例解答过程中利用了"1"的代换.

✏ **题型 3 对接练习**

1. 设 $x,y>0$ 且 $2x+3y=3$,则 $\frac{3}{x}+\frac{2}{y}$ 的最小值是_____.

2. 已知 a,b 是正实数,且 $a+b=2$,求证:
   (1) $\sqrt{a}+\sqrt{b}\leqslant 2$;
   (2) $(a+b^3)(a^3+b)\geqslant 4$.

┌─────方法归纳─────┐

解题时为了挖掘出"积"或"和"为定值,常常需要根据题设条件采取合理配式、配系数的方法,创造正确使用基本不等式的条件.

校本作业

❶ 已知实数 $a>0,b>0$,且 $2a+b=2ab$,则 $a+2b$ 的最小值为 (　　)
A. $\frac{5}{2}+\sqrt{2}$　B. $\frac{9}{2}$　　C. $\frac{5}{2}$　　D. $4\sqrt{2}$

❷ 若正实数 x,y 满足 $x+y=1$,则 $\frac{4}{x+1}+\frac{1}{y}$ 的最小值为 (　　)
A. $\frac{44}{7}$　　B. $\frac{27}{5}$　　C. $\frac{14}{3}$　　D. $\frac{9}{2}$

❸ 已知 $x>0,y>0$,且 $\frac{1}{x+1}+\frac{1}{y}=\frac{1}{2}$,则 $x+y$ 的最小值为 (　　)
A. 3　　B. 5　　C. 7　　D. 9

❹ 已知正数 x,y,z 满足 $x+y+z=1$,则 $\frac{1}{x}+\frac{4}{y}+\frac{9}{z}$

的最小值是_____.

❺ 一批救灾物资随 51 辆汽车从某市以 v km/h 的速度匀速直达灾区,已知两地公路线长 400km,为了安全起见,两辆汽车的间距不得小于 $\frac{v^2}{800}$ km,那么这批物资全部到达灾区,最少需要_____h.

❻ 已知 $a,b\in\mathbb{R}$,且 $a>b>0$,$a+b=1$,则 a^2+2b^2 的最小值为_____,$\frac{4}{a-b}+\frac{1}{2b}$ 的最小值为_____.

❼ 已知实数 a,b,c,d 满足 $a+b=1,c+d=1$,则 $\frac{1}{abc}+\frac{1}{c+d}$ 的最小值是 (　　)
A. 10　　B. 9　　C. $4\sqrt{2}$　　D. $3\sqrt{3}$

业精于勤,荒于嬉;行成于思,毁于随. ——韩愈

11.3.5 学生用书展示

下面展示学生用书与教师用书不同之处。

2 导学案第一册

1.1 基本不等式

学习目标	重点难点
1. 探索基本不等式的证明过程. 2. 会用基本不等式解决简单最大(小)值问题.	**重点:** 应用数形结合的思想理解基本不等式,并从不同角度探索基本不等式的证明过程. **难点:** 用基本不等式求最值.

自主预习

利用完全平方公式可知,$\forall a, b \in \mathbb{R}$,有

$$a^2 + b^2 \geqslant 2ab,$$

当且仅当 $a=b$ 时,等号成立.

特别地,如果 $a>0, b>0$,我们用 $\sqrt{a}$,$\sqrt{b}$ 分别代替上式中的 a, b,可得

1 _____. (1)

当且仅当 $a=b$ 时,等号成立.

通常称不等式 (1) 为基本不等式. 其中,$\dfrac{a+b}{2}$ 叫作正数 a, b 的 **2** _____,$\sqrt{ab}$ 叫作正数 a, b 的 **3** _____.

基本不等式表明:两个正数的算术平均数不小于它们的几何平均数.

下面用分析法证明基本不等式.

要证

$$\sqrt{ab} \leqslant \dfrac{a+b}{2}, \qquad ①$$

只要证

4 _____. ②

要证②,只要证

5 _____. ③

要证③,只要证

6 _____. ④

要证④,只要证

7 _____. ⑤

显然,⑤成立,当且仅当 $a=b$ 时,⑤中的等号成立. 只要把上述过程倒过来,就能直接推出基本不等式了.

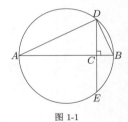

图 1-1

如图 1-1,AB 是圆的直径,点 C 是 AB 上一点,$AC = a$,$BC = b$. 过点 C 作垂直于 AB 的弦 DE,连接 AD,BD. 容易证得 $\triangle ACD \backsim \triangle DCB$,因而 $CD = \sqrt{ab}$. 由于 CD 小于或等于圆的半径,因此用不等式表示为 $\sqrt{ab} \leqslant \dfrac{a+b}{2}$.

显然,当且仅当点 C 与圆心重合,即 $a=b$ 时,上述不等式的等号成立.

基本不等式的几何意义即为 **8** _____.

基本不等式的常见变形式有

$$a+b \geqslant 2\sqrt{ab}, \quad ab \leqslant \left(\dfrac{a+b}{2}\right)^2.$$

题型 1 利用基本不等式求最值

例1 已知 $x>0$，求 $x+\dfrac{1}{x}$ 的最小值．

解：_____

_____

_____

点评　本例我们不仅明确了 $\forall x>0$，有 $x+\dfrac{1}{x}\geqslant 2$，而且给出了"当且仅当 $x=\dfrac{1}{x}$，即 $x^2=1$，$x=1$ 时，等号成立"，这是为了说明 2 是 $x+\dfrac{1}{x}(x>0)$ 的一个取值．

例2 已知 x,y 都是正数，求证：

(1) 如果积 xy 等于定值 P，那么当 $x=y$ 时，和 $x+y$ 有最小值 $2\sqrt{P}$；

(2) 如果和 $x+y$ 等于定值 S，那么当 $x=y$ 时，积 xy 有最大值 $\dfrac{1}{4}S^2$．

证：_____

_____

_____

点评　本例的内容称为最值定理，简记为：**和定积最大，积定和小**．

✏ **题型 1 对接练习**

1. 当 x 取什么值时，$x^2+\dfrac{1}{x^2}$ 取得最小值？最小值是多少？

2. 函数 $y=2x(2-x)(0<x<2)$ 的最大值是

  A. $\dfrac{1}{4}$ B. $\dfrac{1}{2}$ C. 1   D. 2

3. 设 $a>1$，求 $\dfrac{a^2}{a-1}$ 的最小值．

4. 已知 $a>b>0$，求 $a^2+\dfrac{1}{b(a-b)}$ 的最小值．

▸ **方法归纳**

利用基本不等式求最值要牢记：**一正、二定、三相等**．

① 一正：各项必须为正．

② 二定：各项之和或各项之积为定值．

③ 三相等：必须验证取等号时条件是否具备．

题型 2 利用基本不等式证明不等式

例3 设 $a>0,b>0$，求证：$\dfrac{a+b}{2}\leqslant\sqrt{\dfrac{a^2+b^2}{2}}$．

证：_____

_____

_____

点评　我们把 $\sqrt{\dfrac{a^2+b^2}{2}}$ 称为平方平均数．

例4 已知 $a,b,c>0$，求证：$\dfrac{a^2}{b}+\dfrac{b^2}{c}+\dfrac{c^2}{a}\geqslant a+b+c$．

证：_____

_____

_____

点评　本例 a,b,c 的地位一样，这样的式子叫作轮换对称式，合理地构造并正确选用基本不等式及其变形是证明轮换对称结构的不等式的常用思路．

✏ **题型 2 对接练习**

1. 设 $a>0,b>0$，求证：

$$\dfrac{2}{\dfrac{1}{a}+\dfrac{1}{b}}\leqslant\sqrt{ab}.$$

2. 已知 $a>0,b>0$，求证：

$$a+b+1\geqslant\sqrt{ab}+\sqrt{a}+\sqrt{b}.$$

▸ **方法归纳**

利用基本不等式证明不等式时，先观察题中要证明的不等式的结构特征，若不能直接使用基本不等式证明，则考虑对代数式进行拆项、变形、配凑等，使之转化为能使用基本不等式的形式．

阅读使人充实，会谈使人敏捷，写作使人精确．——培根

题型 3 二元条件最值

例 5 设 $x,y>0$，若 $\dfrac{1}{x}+\dfrac{9}{y}=1$，则 $x+y$ 的最小值

是_____.

解:_____

_____

_____

点评 本例解答过程中利用了"1"的代换.

题型 3 对接练习

1. 设 $x,y>0$ 且 $2x+3y=3$，则 $\dfrac{3}{x}+\dfrac{2}{y}$ 的最小值

是_____.

2. 已知 a,b 是正实数，且 $a+b=2$，求证:

(1) $\sqrt{a}+\sqrt{b}\leqslant 2$;

(2) $(a+b^3)(a^3+b)\geqslant 4$.

方法归纳

解题时为了挖掘出"积"或"和"为定值，常常需要根据题设条件采取合理配式、配系数的方法，创造正确使用基本不等式的条件.

校本作业

❶ 已知实数 $a>0,b>0$，且 $2a+b=2ab$，则 $a+2b$ 的最小值为 (　　)

A. $\dfrac{5}{2}+\sqrt{2}$　B. $\dfrac{9}{2}$　　C. $\dfrac{5}{2}$　　D. $4\sqrt{2}$

❷ 若正实数 x,y 满足 $x+y=1$，则 $\dfrac{4}{x+1}+\dfrac{1}{y}$ 的最小值为 (　　)

A. $\dfrac{44}{7}$　　B. $\dfrac{27}{5}$　　C. $\dfrac{14}{3}$　　D. $\dfrac{9}{2}$

❸ 已知 $x>0,y>0$，且 $\dfrac{1}{x+1}+\dfrac{1}{y}=\dfrac{1}{2}$，则 $x+y$ 的最小值为 (　　)

A. 3　　　B. 5　　　C. 7　　　D. 9

❹ 已知正数 x,y,z 满足 $x+y+z=1$，则 $\dfrac{1}{x}+\dfrac{4}{y}+\dfrac{9}{z}$ 的最小值是_____.

❺ 一批救灾物资随 51 辆汽车从某市以 $v\,\mathrm{km/h}$ 的速度匀速直达灾区，已知两地公路线长 400km，为了安全起见，两辆汽车的间距不得小于 $\dfrac{v^2}{800}\mathrm{km}$，那么这批物资全部到达灾区，最少需要_____h.

❻ 已知 $a,b\in\mathbb{R}$，且 $a>b>0,a+b=1$，则 a^2+2b^2 的最小值为_____，$\dfrac{4}{a-b}+\dfrac{1}{2b}$ 的最小值为_____.

❼ 已知实数 a,b,c,d 满足 $a+b=1,c+d=1$，则 $\dfrac{1}{abc}+$ $\dfrac{1}{c+d}$ 的最小值是 (　　)

A. 10　　B. 9　　C. $4\sqrt{2}$　　D. $3\sqrt{3}$

❽ 已知 $a>0,b>0$，且 $\dfrac{1}{a}+\dfrac{1}{b}=1$，则 $4a+2b+\dfrac{b}{a}$ 的最小值等于_____.

❾ 已知实数 $a>b>0$，且 $a+b=2$，则 $\dfrac{3a-b}{a^2+2ab-3b^2}$ 的最小值为_____.

❿ 在实数集 $\mathbb{R}$ 中定义一种运算 $*$，具有性质:

(1) 对任意 $a,b\in\mathbb{R}$，$a*b=b*a$;

(2) 对任意 $a\in\mathbb{R}$，$a*0=a$;

(3) 对任意 $a,b\in\mathbb{R}$，$(a*b)*c=c*(ab)+(a*c)+(b*c)-5c$.

则函数 $f(x)=x*\dfrac{1}{x}(x>0)$ 的最小值等于_____.

⓫ 设 a,b,c 为三角形的三边，则三角形的面积 S 可由公式

$$S=\sqrt{p(p-a)(p-b)(p-c)}$$

求得，其中 p 为三角形周长的一半，这个公式被称为海伦-秦九韶公式. 现有一个三角形的边长满足 $a+b=12,c=8$，则此三角形面积的最大值为 (　　)

A. $4\sqrt{5}$　　B. $4\sqrt{15}$　　C. $8\sqrt{5}$　　D. $8\sqrt{15}$

参考文献

【1】 陈志杰,赵书钦,万福永,等. LaTeX 入门与提高 [M]. 北京:高等教育出版社,2006.

【2】 胡伟. LaTeX 2ε 完全学习手册 [M]. 北京:清华大学出版社,2011.

【3】 刘海洋. LaTeX 入门 [M]. 北京:电子工业出版社,2013.

【4】 胡伟. LaTeX 文类和宏包学习手册 [M]. 北京:清华大学出版社,2017.

【5】 李平. LaTeX 2ε 及常用宏包指南 [M]. 北京:清华大学出版社,2004.

例题索引

中国科学技术大学出版社中学数学用书

名牌大学学科营与自主招生考试绿卡·数学真题篇(第2版)/李广明　张剑

强基计划校考数学模拟试题精选/方景贤

数学思维培训基础教程/俞海东

从初等数学到高等数学.第1卷/彭翕成

高中数学一点一题型/李鸿昌　杨春波　程汉波

高中数学知识体系通讲/刘运

函数777题问答/马传渔　陈荣华

亮剑高考数学压轴题/王文涛　薛玉财　刘彦永

理科数学高考模拟试卷(全国卷)/安振平

直线形/毛鸿翔　等

圆/鲁有专

几何极值问题/朱尧辰

同中学生谈排列组合/苏淳

有趣的染色方法/苏淳

组合恒等式/史济怀

不定方程/单墫　余红兵

概率与期望/单墫

组合几何/单墫

解析几何的技巧(第4版)/单墫

重要不等式/蔡玉书

有趣的差分方程(第2版)/李克正　李克大

趣味数学100题/单墫

面积关系帮你解题(第3版)/张景中　彭翕成

周期数列(第2版)/曹鸿德

微微对偶不等式及其应用(第2版)/张运筹

递推数列/陈泽安

根与系数的关系及其应用(第2版)/毛鸿翔

怎样证明三角恒等式(第2版)/朱尧辰

向量、复数与质点/彭翕成

漫话数学归纳法(第4版)/苏淳

从特殊性看问题(第4版)/苏淳

国际数学奥林匹克240真题巧解/张运筹

Fibonacci数列/肖果能

数学奥林匹克中的智巧/田廷彦

极值问题的初等解法/朱尧辰

巧用抽屉原理/冯跃峰

函数与函数思想/朱华伟　程汉波

美妙的曲线/肖果能

统计学漫话(第2版)/陈希孺　苏淳

中国科学技术大学出版社中学物理用书

初中物理培优讲义.一阶/郭军

初中物理培优讲义.二阶/郭军

新编初中物理竞赛辅导/刘坤

高中物理学.1/沈克琦

高中物理学.2/沈克琦

高中物理学.3/沈克琦

高中物理学.4/沈克琦

高中物理学习题详解/黄鹏志　李弘　蔡子星

加拿大物理奥林匹克/黄晶　矫健　孙佳琪

美国物理奥林匹克/黄晶　孙佳琪　矫健

俄罗斯物理奥林匹克/黄晶　俞超　申强

中学奥林匹克竞赛物理教程·力学篇(第2版)/程稼夫

中学奥林匹克竞赛物理教程·电磁学篇(第2版)/程稼夫

中学奥林匹克竞赛物理讲座(第2版)/程稼夫

中学奥林匹克竞赛物理进阶选讲/程稼夫

高中物理奥林匹克竞赛标准教材(第2版)/郑永令

中学物理奥赛辅导:热学·光学·近代物理学(第2版)/崔宏滨

物理竞赛真题解析:热学·光学·近代物理学/崔宏滨

物理竞赛专题精编/江四喜

物理竞赛解题方法漫谈/江四喜

奥林匹克物理一题一议/江四喜

中学奥林匹克竞赛物理实验讲座/江兴方　郭小建

国际物理奥林匹克竞赛理论试题与解析(第31—47届)/陈怡　杨军伟

亚洲物理奥林匹克竞赛理论试题与解析(第1—19届)/陈怡　杨军伟

全国中学生物理竞赛预赛试题分类精编/张元元

全国中学生物理竞赛复赛试题分类精编/张元元

物理学难题集萃.上册/舒幼生　胡望雨　陈秉乾

物理学难题集萃.下册/舒幼生　胡望雨　陈秉乾

大学物理先修课教材:力学/鲁志祥　黄诗登

大学物理先修课教材:电磁学/黄诗登　鲁志祥

大学物理先修课教材：热学、光学和近代物理学/钟小平

强基计划校考物理模拟试题精选/方景贤　陈志坚

名牌大学学科营与自主招生考试绿卡·物理真题篇(第2版)/王文涛　黄晶

重点大学自主招生物理培训讲义/江四喜

高中物理母题与衍生·力学篇/董马云

高中物理母题与衍生·电磁学篇/董马云

物理高考题典：压轴题(第2版)/尹雄杰　张晓顺

物理高考题典：选择题/尹雄杰　张晓顺

高中物理解题方法与技巧(第2版)/尹雄杰　王文涛

高中物理必修1学习指导：概念·规律·方法/王溢然

高中物理必修2学习指导：概念·规律·方法/王溢然

中学物理数学方法讲座/王溢然

高中物理经典名题精解精析/江四喜

高中物理一点一题型/温应春

力学问题讨论/缪钟英　罗启蕙

电磁学问题讨论/缪钟英

中学生物理思维方法丛书

分析与综合/岳燕宁

守恒/王溢然　徐燕翔

猜想与假设/王溢然

图示与图像/王溢然　王亮

模型/王溢然

等效/王溢然

对称/王溢然　王明秋

分割与积累/王溢然　许洪生

归纳与演绎/岳燕宁

类比/王溢然　张耀久

求异/王溢然　徐达林　施坚

数学物理方法/王溢然

形象、抽象、直觉/王溢然

中国科学技术大学出版社少儿科普图书

宝宝的物理学.第一辑(6册)/克里斯·费利

宝宝的物理学.第二辑(4册)/克里斯·费利

宝宝的网页设计(3册)/约翰·C.范德-霍伊维尔

宝宝的编程(4册)/约翰·C.范德-霍伊维尔

宝宝的勾股定理/麦克·兹尼提

宝宝的非欧几何/麦克·兹尼提

科学初体验(3册)/沙利纳·赛图安

生活中的数学(4册)/纳塔莉·萨亚　卡罗琳·莫德斯特

小猪也能飞(6册)/柯丝蒂·福尔摩斯

欧若拉与太阳"黑点"/孔苏埃洛·锡德　安德雷斯·加西亚

神奇魔方书/克莱尔·祖切利-罗默

神奇陀螺书/克莱尔·祖切利-罗默

了不起的小发明(6册)/拉斐尔·费伊特

积木游戏与数学启蒙/北京启蒙町玩具有限公司

Scratch3.0图形化编程入门及案例/朱贵俊　等

Scratch3.0学语数英/王广彦　高龙　王浩羽

跟Wakaba酱一起学网站制作/凑川爱

跟Wakaba酱一起学Git使用/凑川爱

人工智能读本(三年级)/《人工智能读本》编委会

人工智能读本(四年级)/《人工智能读本》编委会

人工智能读本(五年级)/《人工智能读本》编委会

人工智能读本(六年级)/《人工智能读本》编委会

STEAM课例精编(幼儿园小班)/张海银　等

STEAM课例精编(幼儿园中班)/张海银　等

STEAM课例精编(幼儿园大班)/张海银　等

STEAM课例精编(一年级)/张海银　等

STEAM课例精编(二年级)/张海银　等

STEAM课例精编(三年级)/张海银　等

STEAM课例精编(四年级)/张海银　等

STEAM课例精编(五年级)/张海银　等

STEAM 课例精编(六年级)/张海银　等

STEAM 课例精编(七年级)/张海银　等

STEAM 课例精编(八年级)/张海银　等

STEAM 课例精编(九年级)/张海银　等

100 个看上去很傻其实一点都不傻的问题/斯特凡纳·弗拉蒂尼

玩转星球/杰拉德·特·胡夫特

量子力学(少年版)/曹则贤

物质、暗物质和反物质/罗舒

光的故事:从原子到星系/傅竹西　林碧霞

陨石户外搜寻与鉴定/陈宏毅　李世杰

半导体的故事/姬扬

世纪幽灵:走进量子纠缠/张天蓉

弯曲时空中的黑洞/赵峥

物理学咬文嚼字(4 卷)/曹则贤

至美无相:创造、想象与理论物理/曹则贤

数学人的逻辑/彭翕成

见微知著:纳米科学/曾杰　等

无处不在的氟/闻建勋　闻宇清

奇思妙想创意画(3 册)/麦特·巴拉尔

法式呆萌简笔画(3 册)/巴鲁

趣味转转书(自然篇)(5 册)/玛乔丽·贝亚尔

趣味转转书(社会篇)(5 册)/玛乔丽·贝亚尔

夏日虫鸣/叁小石

小猪埃德加/阿朗·梅斯

像小熊一样入睡/吉勒·迪德里希斯　奥德蕾·卡列哈

像小梅花鹿一样入睡/吉勒·迪德里希斯　奥德蕾·卡列哈

快快去睡吧,宝贝/乔·维特克　克里斯蒂娜·鲁塞

宝宝与宝宝/伊莎贝拉·帕利亚　安娜·劳拉·坎托内

小客人/安特耶·达姆

在一起/米歇尔·安格勒　尤艾乐·托罗尼阿斯